高等职业教育机械类专业系列教材

典型零件数控加工工艺——项目式教学法

主　编　曹永洁　王凌云
副主编　黄立新　曾红兵　许文全
参　编　万　军　皮智谋　王　丹
　　　　张梦梦　皮　杰
主　审　宋放之　谢志江

机 械 工 业 出 版 社

本教材是根据教育部"高职高专机械类专业人才培养目标及基本规格"的要求和"数控机床操作工国家职业技能鉴定标准"编写的。

本教材包括数控加工工艺基础、轴类零件数控车削工艺编制、盘套类零件数控车削工艺编制、数控车削类工件的综合工艺编制、平面类工件数控铣削工艺编制、型腔类工件数控铣削工艺编制、数控铣削类工件的综合工艺编制、箱体类工件加工中心工艺编制和叶轮类工件加工中心工艺编制等内容，其任务案例大多数来自于生产实际，具有较高的示范性，有利于培养学生的职业能力。本教材还具有结构系统性强、内容全面、实用性高的特点。

本教材的内容涵盖了数控车削、数控铣削、加工中心中高级操作工国家职业标准的大部分知识点，可作为高等职业教育数控技术专业和机械制造类专业的专业教材，也可以作为各层次继续教育的培训教材，还可供有关技术人员参考。

图书在版编目（CIP）数据

典型零件数控加工工艺：项目式教学法/曹永洁，王凌云主编. —北京：机械工业出版社，2015.8(2024.7重印)

高等职业教育机械类专业系列教材

ISBN 978-7-111-50600-3

Ⅰ.①典… Ⅱ.①曹… ②王… Ⅲ.①机械元件-数控机床-加工工艺-高等职业教育-教材 Ⅳ.①TH13②TG659

中国版本图书馆CIP数据核字（2015）第136185号

机械工业出版社（北京市百万庄大街22号 邮政编码100037）
策划编辑：汪光灿 责任编辑：王莉娜 责任校对：樊钟英
封面设计：张 静 责任印制：常天培
北京机工印刷厂有限公司印刷
2024年7月第1版第6次印刷
184mm×260mm · 14.5印张 · 353千字
标准书号：ISBN 978-7-111-50600-3
定价：44.00元

电话服务 网络服务
客服电话：010-88361066 机 工 官 网：www.cmpbook.com
010-88379833 机 工 官 博：weibo.com/cmp1952
010-68326294 金 书 网：www.golden-book.com
封底无防伪标均为盗版 机工教育服务网：www.cmpedu.com

编写编委会

（以下排名不分先后）

曹永洁　上海工程技术大学

王凌云　上海工程技术大学

万　军　上海工程技术大学

黄立新　上海工程技术大学

王　丹　上海工程技术大学

张梦梦　上海工程技术大学

谢志江　重庆大学

宋放之　北京航空航天大学

傅建中　浙江大学

曾红兵　上海第二工业大学高职学院

许文全　湖南科技职业学院

皮　杰　湖南科技职业学院

皮智谋　湖南工业职业技术学院

冯鹤敏　上海理工大学

周德俭　桂林电子科技大学

屠　立　浙江机电职业技术学院

朱小平　浙江交通职业技术学院

本教材以生产一线数控人才知识结构和工作能力为目标，突出了职业技术教育的特点，侧重生产技能的培养，重点突出了生产过程中数控加工工艺技术所需的知识和技能。本教材结合大量的生产案例，以项目驱动方式阐述数控加工工艺技术的要点，易于培养学生的职业能力和素质。

本教材具有以下特色。

1. 结构严谨，图文并茂，特色鲜明，内容丰富，实用性强；以项目为驱动，通过典型案例，系统地讲解了数控技术、数控设备、数控刀具、装夹方式、数控加工工艺等方面的知识。

2. 内容包含数控加工工艺基础、轴类零件数控车削工艺编制、盘套类零件数控车削工艺编制、数控车削类工件的综合工艺编制、平面类工件数控铣削工艺编制、型腔类工件数控铣削工艺编制、数控铣削类工件的综合工艺编制、箱体类工件加工中心工艺编制和叶轮类工件加工中心工艺编制 9 个项目，由简单到复杂，使学生更容易接受数控加工工艺分析的过程。

3. 打破原有教材的知识结构和顺序，根据实际加工的工件，结合数控加工工艺分析的过程和顺序，按照图样识别、机械加工工艺过程卡的编写、数控加工工序卡的编写、数控加工刀具卡的编写和数控加工进给路线图的编写顺序安排内容，不仅将相关的理论知识分散到各个任务，而且提高了学生填写工艺卡的能力，锻炼了学生的实际动手能力。

本教材由上海工程技术大学制造工程系曹永洁、王凌云任主编，上海工程技术大学工程实训中心黄立新、上海第二工业大学高职学院曾红兵、湖南科技职业学院许文全担任副主编。编写分工如下：单元一、单元二、单元五、单元七由曹永洁编写，单元八、单元九由王凌云编写，单元三由黄立新编写，单元六由曾红兵编写，单元四由许文全、皮智谋编写。全书由北京航空航天大学宋放之、重庆大学谢志江担任主审。上海工程技术大学万军、张梦梦、王丹和湖南科技职业学院皮杰参加了部分内容的编写工作。

由于编者水平有限，书中难免存在一些缺点和错误，恳请读者批评指正。

编　者

目录

前言
项目一　数控加工工艺基础 …… 1
任务一　数控加工与数控加工工艺概述 …… 1
任务二　数控机床的组成、分类及机械结构 …… 4
任务三　数控机床加工原理 …… 21
任务四　数控机床精度检验 …… 23
任务五　数控加工技术的发展趋势 …… 29
思考与练习题 …… 33
项目二　轴类零件数控车削工艺编制 …… 34
任务一　图样识别 …… 34
任务二　机械加工工艺过程卡的编写 …… 42
任务三　数控加工工序卡的编写 …… 47
任务四　数控加工刀具卡的编写 …… 58
任务五　数控加工进给路线图的编写 …… 75
思考与练习题 …… 78
单元三　盘套类零件数控车削工艺编制 …… 79
任务一　图样识别 …… 79
任务二　机械加工工艺过程卡的编写 …… 81
任务三　数控加工工序卡的编写 …… 82
任务四　数控加工刀具卡的编写 …… 84
任务五　数控加工进给路线图的编写 …… 88
思考与练习题 …… 90
项目四　数控车削类工件的综合工艺编制 …… 91
任务一　连接轴工件工艺编制 …… 91
任务二　偏心套工件的工艺编制 …… 95
思考与练习题 …… 101
项目五　平面类工件数控铣削工艺编制 …… 105
任务一　图样识别 …… 105
任务二　机械加工工艺过程卡的编写 …… 111
任务三　数控加工工序卡的编写 …… 115
任务四　数控加工刀具卡的编写 …… 124
任务五　数控加工进给路线图的编写 …… 133
思考与练习题 …… 135

项目六　型腔类工件数控铣削工艺编制 …… 137
任务一　图样识别 …… 137
任务二　机械加工工艺过程卡的编写 …… 139
任务三　数控加工工序卡的编写 …… 140
任务四　数控加工刀具卡的编写 …… 142
任务五　数控加工进给路线图的编写 …… 143
思考与练习题 …… 146
项目七　数控铣削类工件的综合工艺编制 …… 147
任务一　正弦曲线曲面类工件工艺编制 …… 147
任务二　对刀块工件工艺编制 …… 155
任务三　凸轮工件工艺编制 …… 161
思考与练习题 …… 168
项目八　箱体类工件加工中心工艺编制 …… 169
任务一　图样识别 …… 169
任务二　机械加工工艺过程卡的编写 …… 176
任务三　数控加工工序卡的编写 …… 178
任务四　数控加工刀具卡的编写 …… 186
任务五　数控加工进给路线图的编写 …… 197
思考与练习题 …… 203
项目九　叶轮类工件加工中心工艺编制 …… 204
任务一　图样识别 …… 204
任务二　机械加工工艺过程卡的编写 …… 206
任务三　数控加工工序卡的编写 …… 207
任务四　数控加工刀具卡的编写 …… 209
任务五　数控加工进给路线图的编写 …… 210
思考与练习题 …… 213
附录　思考与练习题参考答案 …… 216
参考文献 …… 223

项目一 数控加工工艺基础

［学习目标］

1. 了解数控加工工艺过程。
2. 掌握数控机床主传动系统和进给伺服系统的结构和特点。
3. 了解数控机床的加工原理。
4. 了解数控机床精度检验的方法和步骤。
5. 了解数控加工技术的发展趋势。

［项目重点］

1. 数控机床主传动系统和进给伺服系统的结构和特点。
2. 数控机床精度检验的方法和步骤。

［项目难点］

数控机床的加工原理。

任务一　数控加工与数控加工工艺概述

一、数控加工

数控加工是指根据零件图样及工艺要求等原始条件编制零件数控加工程序（简称为数控程序），然后将其输入数控系统，控制数控机床中刀具与工件的相对运动，从而完成零件的加工。

数控机床用数字信息来控制机床的运动，其所有运动包括主运动、进给运动及各种辅助运动，这些运动都是用输入数控装置的数字信号来控制的。具体而言，数控机床的工作过程，即加工零件的过程，如图 1-1 所示。

（1）阅读零件图样　充分了解图样的技术要求，如尺寸精度、几何公差、表面质量、工件的材料、硬度、加工性能以及工件数量等。

（2）工艺分析　根据零件图样的要求进行工艺分析，包括零件的结构工艺性分析、材料和设计精度合理性分析、大致工艺步骤等。

（3）制订工艺　根据工艺分析制订出加工所需要的一切工艺信息，如加工工艺路线、工艺要求、刀具的运动轨迹、位移量、切削用量（主轴转速、进给量、背吃刀量）以及辅助功能（换刀、主轴正转或反转、切削液开或关）等，并填写加工工序卡和工艺过程卡。

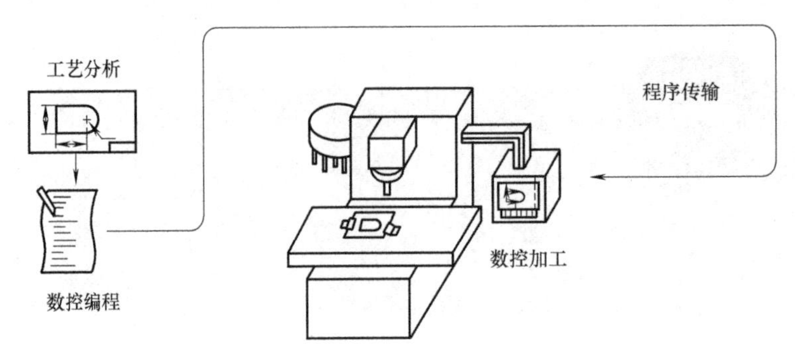

图 1-1　数控机床的工作过程

（4）数控编程　根据零件图和制订的工艺内容，再按照所用数控系统规定的指令代码及程序格式进行数控编程。

（5）程序传输　通过传输接口将编写好的数控程序输入到数控机床的数控装置中。

（6）数控加工　调整好机床并调用该数控程序，就可以加工出符合图样要求的零件。

二、数控加工工艺

数控加工工艺是采用数控机床加工零件时所运用各种方法和技术手段的总和，应用于整个数控加工工艺过程。数控加工工艺是伴随着数控机床的产生、发展而逐步完善起来的一种应用技术，是大量数控加工实践的经验总结。数控加工工艺的主要内容如图 1-2 所示。

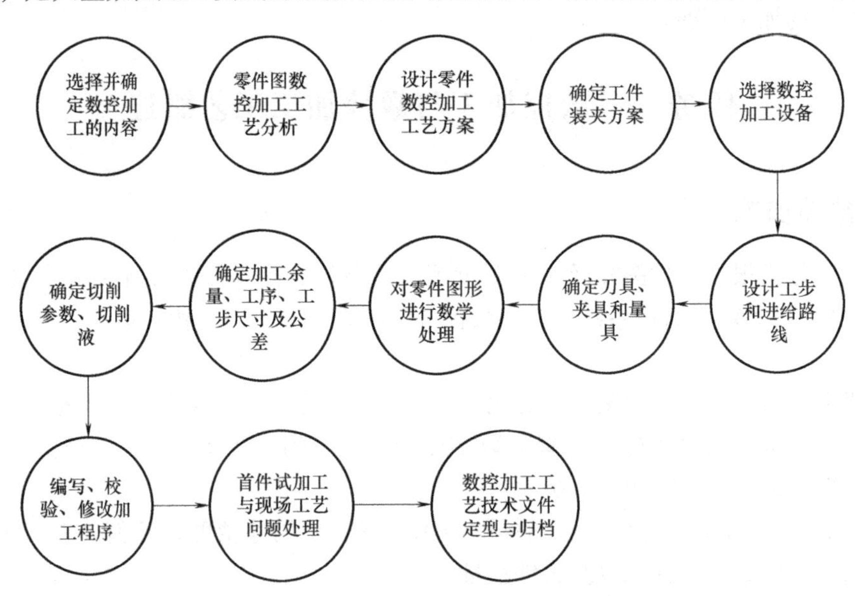

图 1-2　数控加工工艺的主要内容

由于数控加工具有加工自动化程度高、精度高、质量稳定、生产率高、设备使用费用高等特点，从而使数控加工工艺相应形成了下列特点。

（1）数控加工工艺内容要求具体、详细　如前所述，在用普通机床加工时，许多具体的工艺问题，如工艺中各工步的划分与安排、刀具的几何形状及尺寸、进给路线、加工余量

以及切削用量等，在很大程度上都是由操作工人根据自己的实践经验和习惯自行考虑和决定的，一般无须工艺人员在设计工艺规程时进行过多的规定，零件的尺寸精度也可由试切保证。而在数控加工时，原本在普通机床上由操作工人灵活掌握并可通过适时调整来处理的上述工艺问题，不仅成为数控工艺设计时必须认真考虑的内容，而且编程人员必须事先设计和安排好并选择正确的工艺参数编写加工程序。数控工艺不仅包括详细描述的切削加工步骤，而且还包括工、夹具规格型号、切削用量和其他特殊要求的内容以及标有数控加工坐标位置的工序图等。在自动编程中，更需要确定详细的各种工艺参数。

（2）数控加工工艺要求更严密、精确　数控机床自适应性较差，它不能像普通机床那样，加工时可以根据加工过程中出现的问题比较自由地进行人为调整。如在攻螺纹时，数控机床不知道孔中是否挤满切屑、是否需要退刀清理一下切屑再继续进行加工，这些情况必须事先由工艺人员精心考虑，否则可能会导致严重的后果。在普通机床上加工零件时，通常经过多次“试切”过程来满足零件的精度要求，而数控加工过程是严格按程序规定的尺寸进给的，因此要准确无误。在实际工作中，由于一个小数点或一个逗号的差错而酿成重大机床事故和质量事故的例子屡见不鲜。因此，数控加工工艺设计要求更加严密、精确。

（3）制订数控加工工艺要进行零件图形的数学处理和编程尺寸设定值的计算　编程尺寸并不是零件图上设计的公称尺寸的简单再现。在对零件图进行数学处理和计算时，要根据零件尺寸公差要求和零件的几何关系重新调整、计算编程尺寸设定值，才能确定合理的编程尺寸。这是编程前必须要做的一项基本工作，也是制订数控加工工艺时必须进行的分析工作（详细分析见项目四任务三）。

（4）制订数控加工工艺时要特别强调刀具选择的重要性　复杂型面的加工编程通常要用自动编程软件来实现。由于绝大多数三轴以上联动的数控机床不具有刀具补偿功能，在自动编程时必须先选定刀具再生成刀具中心运动轨迹。若刀具选择不当，所编程序将只能重写。

（5）数控加工工艺的特殊要求

1）由于数控机床较普通机床的刚度高，所配的刀具也较好，因而在同等情况下，所采用的切削用量通常要比普通机床大，加工效率也较高。选择切削用量时要充分考虑这些特点。

2）由于数控机床的功能复合化程度越来越高，因此工序相对集中是现代数控加工工艺的特点，明显表现为工序数目少、工序内容多，并且由于在数控机床上尽可能安排较复杂的工序，所以数控加工的工序内容要比普通机床加工的工序内容复杂。

3）由于数控机床加工的零件比较复杂，同时常采用自动换刀方式进行多刀加工，因此在确定装夹方式和进行夹具设计时，要特别注意刀具与夹具、工件的干涉问题。

（6）数控加工程序的编写、校验与修改是数控加工工艺的一项特殊内容　普通机床加工工艺中划分工序、选择设备等重要内容对数控加工工艺来说属于已基本确定的内容，所以制订数控加工工艺的着重点在于整个数控加工过程的分析，关键在于确定进给路线及生成刀具运动轨迹，这也恰是数控加工程序的主要内容。生成复杂表面的刀具运动轨迹需借助自动编程软件，这既是编程问题也是数控加工工艺问题。所以数控加工程序的编写、校验与修改本身就是数控加工工艺的一项内容，这也正是数控加工工艺与普通机床加工工艺的明显不同之处。

任务二　数控机床的组成、分类及机械结构

一、数控机床的组成

数控机床主要由以下几个部分组成，如图 1-3 所示。

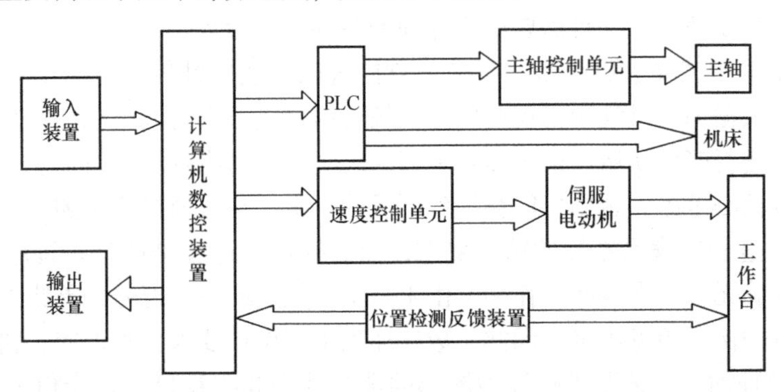

图 1-3　数控机床的组成

（1）输入、输出装置　根据零件图编制加工程序，包括零件加工的工艺过程、工艺参数和刀具运动等，将这些信息输入到数控装置，从而控制数控机床对零件进行切削加工。现代数控系统一般可利用通信方式进行信息交换。这是实现 CAD（计算机辅助设计）/CAM（计算机辅助制造）的集成、FMS（柔性制造系统）和 CIMS（计算机集成制造系统）的基本技术。目前在数控机床上常用的通信方式有串行通信、自动控制专用接口和网络技术。

（2）数控装置　数控装置（图 1-4）是数控机床的核心。其功能是接受输入的加工信息，经过数控装置的系统软件和逻辑电路进行译码、运算和逻辑处理，向伺服系统发出相应的脉冲，并通过伺服系统控制机床运动部件按加工程序的指令运动。

图 1-4　数控系统控制面板

（3）伺服系统　伺服系统是联系计算机与机床的环节，包括主轴伺服驱动装置、主轴电动机、进给伺服驱动装置及进给电动机。常说的数控系统是指数控装置与伺服系统的集

成，所以伺服系统是数控系统的执行系统。主轴伺服系统的主要作用是实现零件加工的切削运动，其控制量为速度。进给伺服系统的主要作用是实现零件加工的成形运动，其控制量为速度和位置，特点是能灵敏、准确地实现CNC装置的位置和速度指令。

（4）机床本体　机床本体是数控系统的控制对象，是实现加工零件的执行部件。它主要由主运动部件（主轴、主运动传动机构）、进给运动部件（工作台、滑板及相应的传动机构）、支承件（立柱、床身等）以及特殊装置、自动工件交换（APC）系统、自动刀具交换（ATC）系统和辅助装置（如冷却、润滑、排屑、转位和夹紧装置等）组成。

（5）辅助控制装置　辅助控制装置包括PLC及强电设备控制电、液、气、机械系统，完成有关动作及润滑、冷却、吹屑等。

二、数控机床的分类

数控机床可以根据不同的方法进行分类，常用的有按数控机床加工工艺方法分类、按数控机床运动轨迹分类、按进给伺服系统控制方式分类和按数控系统的功能水平分类。

（1）按数控机床加工工艺方法分类　数控机床按此方法分类有数控车床、数控钻床、数控镗床、数控铣床、数控磨床、数控齿轮加工机床、数控冲床、数控折弯机、数控电加工机床、数控激光与火焰切割机和加工中心等。其中，现代数控铣床基本上都兼有钻、镗加工功能。当某数控机床具有自动换刀功能时，即可称之为加工中心。

（2）按数控机床运动轨迹分类　数控机床按此方法分类主要有点位控制运动、直线控制运动和轮廓控制运动三种形式。

1）点位控制的数控机床。点位控制的数控机床只控制刀具相对于工件定位点的位置，不控制点与点之间的运动轨迹，移动过程中不进行切削加工，如数控钻床、数控坐标镗床和数控冲床等。为提高生产率和保证定位精度，机床设定快速进给、临近终点时自动减速，从而减少运动部件因惯性而引起的定位误差。此类数控机床的运动轨迹如图1-5所示。

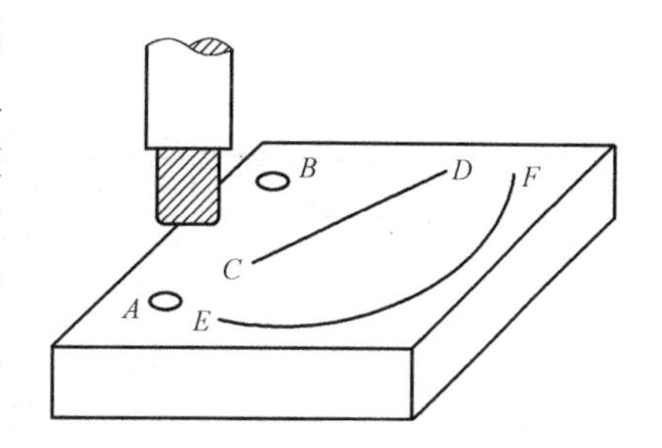

图1-5　点位控制数控机床的运动轨迹

2）直线控制的数控机床。直线控制运动指刀具或工作台以给定的速度按直线运动。平面轮廓加工的数控系统，控制刀具或机床工作台以给定速度沿平行于某一坐标轴方向，或沿着与坐标轴成一定角度的斜线方向，从一个位置到另一个位置精确移动并进行切削加工。

3）轮廓控制的数控机床。轮廓控制运动也称为连续控制运动，指刀具或工作台按工件的轮廓轨迹运动，运动轨迹为任意方向的直线、圆弧、抛物线或其他函数关系的曲线。这种数控系统有一个轨迹插补器，根据运动轨迹和速度精确计算并控制各伺服电动机沿轨迹运动。

大多数数控机床能同时控制2~5个坐标轴，使刀具和工件按平面、曲面或空间曲面轮廓的规律进行相对运动，加工出复杂的零件，运动轨迹是任意斜率的直线、圆弧和螺旋线等。

（3）按进给伺服系统控制方式分类　数控机床按此分类方法分为开环控制系统、半闭环控制系统和闭环控制系统。

1）开环控制系统。这种控制系统采用步进电动机，无位置测量元件，输入数据经过数控系统运算，输出指令脉冲控制步进电动机工作，如图1-6所示。这种控制方式对执行机构不进行检测，无反馈控制信号，因此称为开环控制系统。开环控制系统的设备成本低，调试方便，操作简单，但控制精度低，工作速度受到步进电动机的限制。

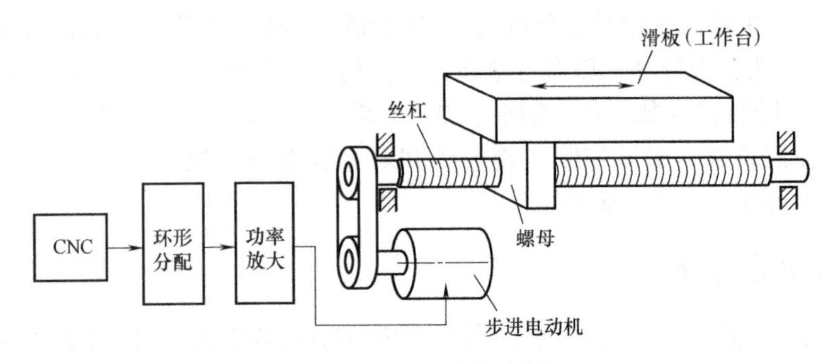

图1-6　开环控制系统

2）半闭环控制系统。如图1-7所示，测量伺服电动机的转角（脉冲编码器）经过推算得出工作台位移值，反馈至位置比较电路，与指令中的位移值相比较，用比较的误差值控制伺服电动机工作，称为半闭环控制系统。半闭环控制系统的控制精度高于开环控制系统，调试比闭环控制系统容易，设备的成本介于开环与闭环控制系统之间。

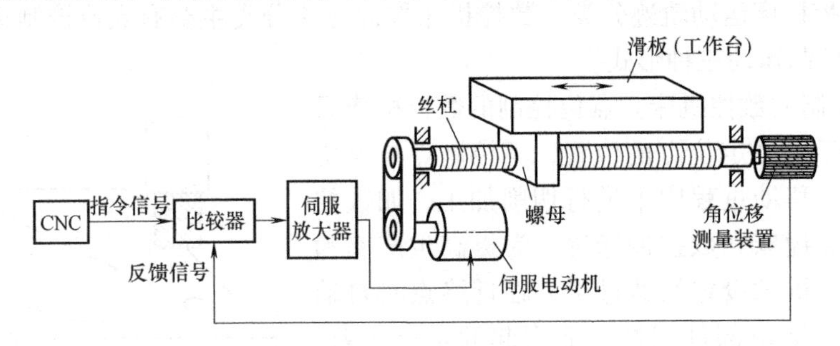

图1-7　半闭环控制系统

3）闭环控制系统。如图1-8所示，测量元件（光栅尺）安装在工作台上，测出工作台的实际位移值反馈给数控装置。位置比较电路将测量元件反馈的工作台实际位移值与指令的位移值相比较，用比较的误差值控制伺服电动机工作，直至到达实际位置，误差值消除，称

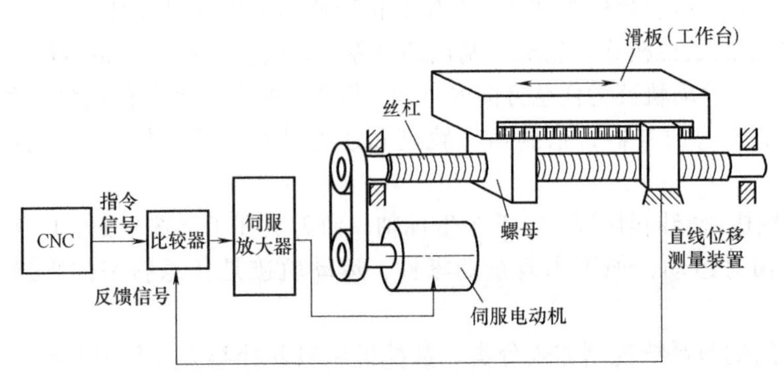

图1-8　闭环控制系统

为闭环控制系统。闭环控制系统的控制精度高，但要求机床的刚性好，对机床的加工、装配要求高，调试较复杂，而且设备的成本高。

（4）按照数控系统的功能水平分类　按此方法通常可把数控机床划分为经济型、普及型和高级型数控机床三类。

1）经济型数控机床。经济型数控机床结构简单、精度中等，仅能满足一般精度要求的加工，但价格便宜，能加工形状较简单的直线、斜线、圆弧及带螺纹的零件。

2）普及型数控机床。普及型数控机床具有人机对话功能，应用较广且价格适中，通常称为全功能数控机床。

3）高级型数控机床。高级型数控机床是指加工复杂形状的零件、多轴控制或工序集中、自动化程度高、柔性度高的数控机床。

这种划分方式的界限也是相对的，不同时期其划分标准会有所不同。就目前的发展水平来看，可根据表 1-1 中的功能及指标，将各类数控机床分为经济型、普及型和高级型三大类。

表 1-1　不同档次数控机床的功能及指标

功　能	经济型	普及型	高级型
系统分辨率/μm	10	1	0.1
快速移动速度/(m/min)	8～15	15～24	24～100
伺服类型	开环及步进电动机	半闭环及直、交流伺服电动机	闭环及直、交流伺服电动机
联动轴数	2～3 轴	2～4 轴	5 轴或 5 轴以上
通信功能	无	RS-232 或 DNC	RS-232、DNC、MAP 联网
显示功能	数码管显示	CRT、二维图形、人机对话	CRT、三维图形、自诊断
内装 PLC	无	内装	强功能内装 PLC
主 CPU	8 位 CPU	16 位、32 位 CPU	32 位、64 位 CPU

三、数控机床主传动系统

主传动部分是数控机床的重要组成部分之一。在数控机床上，主轴夹持工件或刀具旋转，直接参加表面成形运动。主轴部件的刚度、精度、抗振性和热变形直接影响加工零件的精度和表面质量。主运动的转速高低及范围、传递功率大小和动力特性，决定了数控机床的切削加工效率和加工工艺能力。

（1）主传动系统的特点

1）主轴转速高、调速范围宽并可实现无级调速。数控机床工艺范围宽，工艺能力强，为了保证加工时能选用合理的切削用量，从而获得最高的生产率以及较好的加工精度和表面质量，必须具有较高的转速和较大的调速范围。它能使数控机床进行大功率切削和高速切削，实现高效率加工。通常，数控机床主轴最高转速比同类型普通机床主轴最高转速高出两倍左右。

2）主轴部件具有较大的刚度和较高的精度。零件在数控机床上一次装夹要完成全部或绝大部分切削加工，包括粗加工和精加工，以及为提高效率的强力切削。数控机床加工工艺范围广、使用刀具种类多，这样会使数控机床的切削负载非常复杂，因此要求机床主轴部件必须有较大的刚度和较高的精度。在加工过程中机床是在程序控制下自动运行的，取消了人为调整机床和对加工过程的干扰，这就更需要主轴部件的刚度和精度有较大的裕量，从而保证数控机床使用过程中的可靠性。

3）良好的抗振性和热稳定性。数控机床加工时，由于断续切削、加工余量不均匀、运动部件不平衡以及切削过程中的自振等原因引起冲击力和交变力，会使主轴产生振动，影响加工精度和表面质量，严重时甚至可能破坏刀具和主轴系统中的零件，使其无法工作。主轴系统的发热还会使其中所有零部件产生热变形，降低传动效率，破坏零部件之间的相对位置精度和运动精度，从而造成加工误差。因此，主轴部件要有较高的固有频率和较好的动平衡，且要保持合适的配合间隙，并要进行循环润滑。

4）为实现刀具的快速或自动装卸，数控机床主轴具有特有的刀具安装结构。主轴上设计有刀具自动装卸、主轴定向停止和主轴孔内的切屑清除装置。这些结构与同类型普通机床的刀具夹紧结构完全不同。

（2）数控机床主轴的传动方式　数控机床的主传动要求具有较大的调速范围，以保证加工时能选用合理的切削用量，从而获得最佳的生产率、加工精度和表面质量。数控机床的变速是按照控制指令自动进行的，因此变速机构必须适应自动操作的要求，故大多数数控机床采用无级变速系统。

1）直接驱动。如图1-9a所示，电动机轴与主轴用联轴器同轴连接，大大简化了主轴箱和主轴的结构，有效地提高了主轴部件的刚度，但主轴输出转矩不能放大，电动机发热对主轴精度影响较大。现多采用交流伺服电动机，其功率大且输出功率与实际消耗的功率能保持同步，效率高。

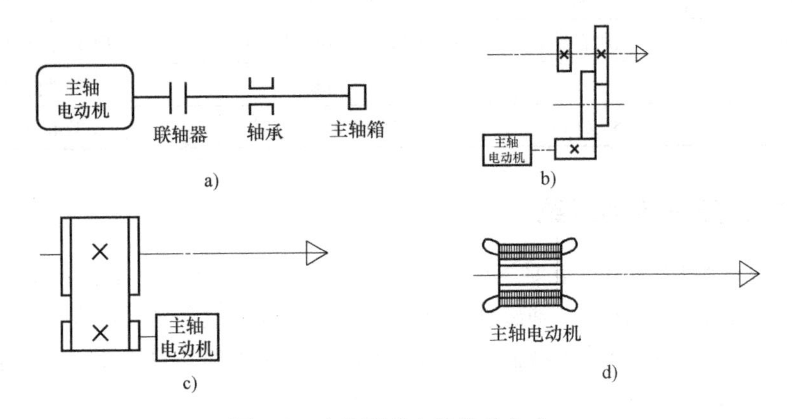

图1-9　直接驱动主轴传动方式

2）齿轮传动。如图1-9b所示，主轴电动机经二级齿轮变速，使主轴获得低速和高速两种转速，成为分段无级变速。通过齿轮传动降速后，输出转矩可以扩大，以满足主轴低速时输出转矩特性的要求。这种配置方式在大中型数控机床中采用得较多，小型数控机床也有采用，以获得强力切削时所需要的转矩。

3）带传动。如图1-9c所示为带传动。带传动是一种传统的传动方式，常见带的类型有V带、平带、多楔带和同步带。带传动主要应用在小型数控机床上，可克服齿轮传动时引起的振动和噪声，但只能适用于低转矩特性要求。

4）电主轴调速。如图1-9d所示，电动机转子轴即为机床主轴的电动机主轴，简称电主

轴，是近年来新出现的一种结构，其优点是主轴部件结构更紧凑，且刚度大、质量轻、惯性小，可提高调速电动机起动、停止的响应特性。其缺点是电动机发热易引起热变形，且造价较高。

（3）主轴组件　主轴、主轴支承、装在主轴上的传动件和密封件等组成了主轴组件，如图1-10所示。在加工过程中，主轴带动工件或刀具执行机床的切削运动，因此数控机床主轴组件的精度、刚度、抗振性和热变形对加工质量和生产率等有着重要的影响，而且由于数控机床在加工过程中不进行人工调整，这些影响就更为重要。

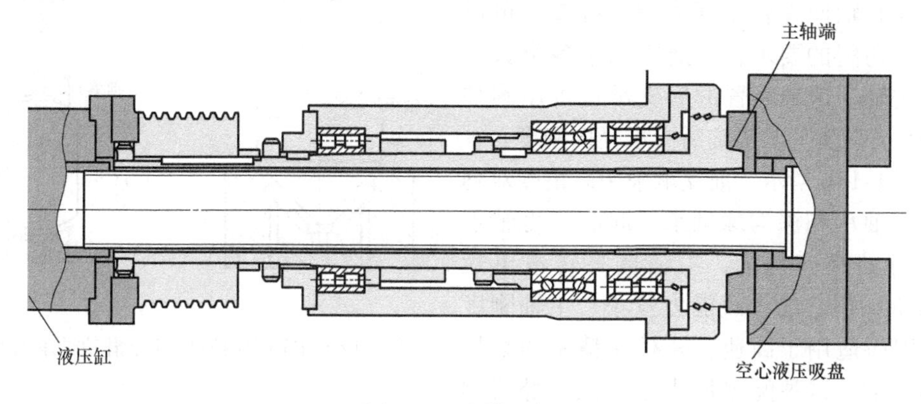

图1-10　主轴组件

主轴在结构上要处理好卡盘或刀具的装夹、主轴的卸荷、主轴轴承的定位和间隙调整、主轴组件的润滑和密封等一系列问题。对于加工中心的主轴，为实现刀具的快速或自动装卸，主轴上还必须设有刀具的自动装卸、主轴定向停止和主轴孔内的切屑清除装置。

1）主轴轴承的类型。数控机床主轴经常采用滚动轴承和滑动轴承两类轴承。滚动轴承的类型如图1-11所示，包括角接触球轴承（图1-11a）、单列圆锥滚子轴承（图1-11b）、双向推力角接触球轴承（图1-11c）、双列圆锥滚子轴承（图1-11d）和双列圆柱滚子轴承（图1-11e）等。

图1-11　主轴常用滚动轴承的类型

数控机床常用的液体静压滑动轴承的类型如图 1-12 所示，包括径向轴承（图 1-12a）、推力轴承（图 1-12b）、锥式轴承（图 1-12c）和球面式轴承（图 1-12d）等。

2）主轴轴承的配置。如图 1-13 所示，数控机床主轴轴承常见的配置有三种形式。

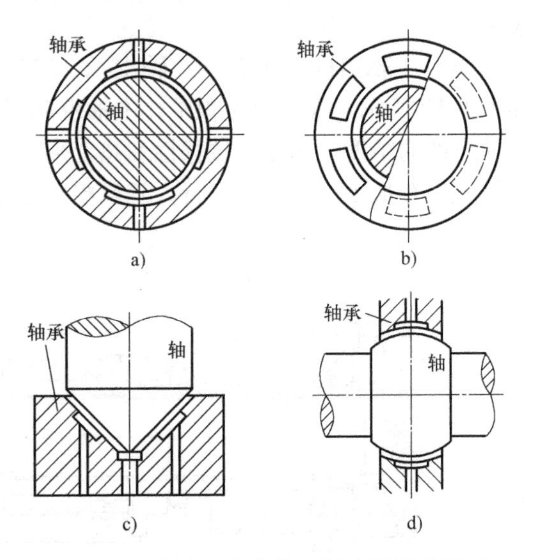

图 1-12　主轴常用液体静压滑动轴承的类型

如图 1-13a 所示，前支承采用双列短圆柱滚子轴承和角接触双列向心推力轴承组合，后支承采用向心推力轴承。此配置形式使主轴的径向和轴向综合刚度大幅度提高，可以满足强力切削的要求，普遍应用于各类数控机床的主轴。这种配置的后支承也可用圆柱滚子轴承，以进一步提高后支承径向刚度。

如图 1-13b 所示，前支承采用高精度双列向心推力轴承和深沟球轴承，向心推力轴承具有良好的高速性能，主轴最高转速可达 4000r/min，但它的承载能力较小、主轴刚度较小，因而适用于高速、轻载和精密的数控机床的主轴。这种配置形式在立式、卧式加工中心上得到了广泛应用，满足了这类机床转速范围大、最高转速高的要求。为提高这种形式配置的主轴刚度，前支承可以用四个或多个轴承组配，后支承用两个轴承组配。

如图 1-13c 所示，采用双列和单列圆锥滚子轴承。这种轴承能承受较大的背向力和进给力，能承受重载荷，尤其能承受较强的动载荷，安装与调整性能好，但这种配置方式限制了主轴最高转速和精度，适用于中等精度、低速与重载（尤其是动载荷）的数控机床主轴。

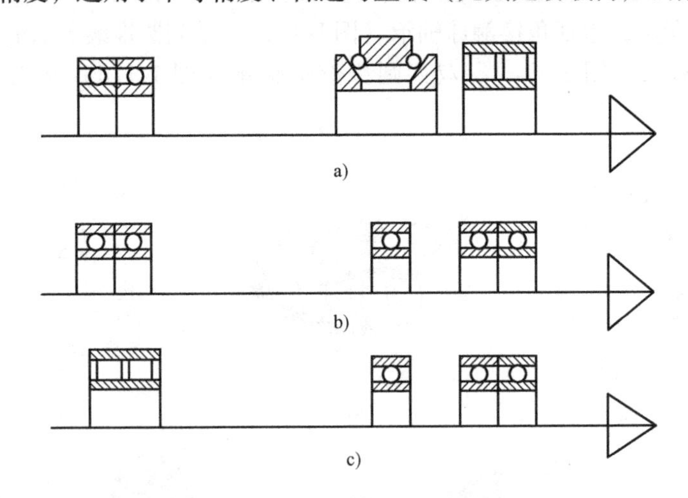

图 1-13　主轴轴承的配置

（4）主轴的润滑与冷却

1）主轴轴承的润滑方式。

① 油脂润滑方式。这是当前数控机床主轴轴承上最常用的润滑方式，特别在前支承轴承上更是常用。如主轴箱中无冷却、润滑油系，则后支承轴承和其他轴承也应采用油脂润滑

方式，所用油脂种类为高级锂基油脂或德国产 NBU-15 型油脂。

主轴轴承油脂填充量通常为轴承空间容积的 10%，切忌随意填满，因为油脂过多会加剧主轴发热。若用油脂润滑方式，还要采用有效的密封措施，以防止切削液或润滑油进入轴承中。

② 油液循环润滑方式。在中等转速的数控机床主轴上，有采用油液循环润滑方式的。装有法国 GAMET 轴承的主轴，即可使用这种方式。对一般轴承来说，在主轴后支承上采用这种润滑方式较为常见。

③ 油雾润滑方式。采用油雾润滑方式，冷却效果好。油雾润滑通常采用 0.05～0.25MPa 的压缩空气并以每个轴承 5～10L/min 的空气流量和 0.25～1mL/h 的供油量喷入轴承内形成油雾，但油雾容易被吹出，会污染环境，与油脂润滑相比，其摩擦力矩大、温升高。

④ 油气润滑方式。油气润滑方式是针对高速主轴而开发的新型润滑方式（图 1-14）。它是定时地将 0.01～0.06mL 的微量油送进 0.3～0.5MPa 的压缩空气中，供油量比油雾润滑少，但可准确、稳定地供给极少量的油，且油的黏度和极压添加剂不受限，压缩空气压力较高，流量大可产生冷却效果，无油雾污染，可防止切削液和粉尘进入轴承。与油脂润滑相比，其摩擦力矩小、温升低。

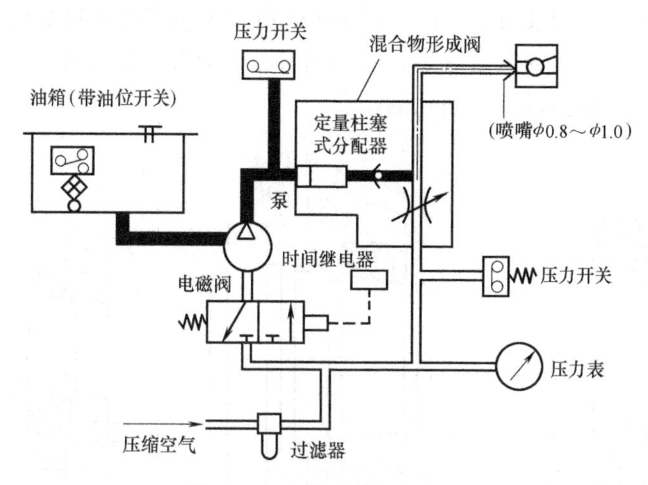

图 1-14　主轴油气润滑方式

轻载高速轴承宜采用油脂润滑、油雾润滑和油气润滑方式，载荷较大且高速的条件下适宜采用喷射润滑。喷射润滑通常以 0.1～0.5MPa 的压缩空气和 1～5L/min 的供油量通过口径为 1～2mm 的喷嘴向内圈和保持架之间喷射润滑油并使其轴承内部。它可保证滚动接触面完全分离形成射流润滑，使接触压力远低于 200MPa 的长期耐久极限。

2）主轴轴承冷却方式。主轴轴承冷却方式以电主轴水套冷却，如图 1-15 所示。水套冷却方式能够减少轴承和切割磁力线发热，同时有效地排除已产生的热量。

（5）主轴的密封　主轴的密封有非接触式和接触式两种。

非接触式密封如图 1-16 所示。图 1-16a 所示为利用轴承盖与轴的间隙密封，轴承盖的孔内开槽则是为了提高密封效果。这种密封形式用在工作环境比较清洁的油脂润滑处；图 1-16b 所示为在螺母的外圆上开锯齿形环槽，当油向外流时，靠主轴传动的离心力把油沿斜

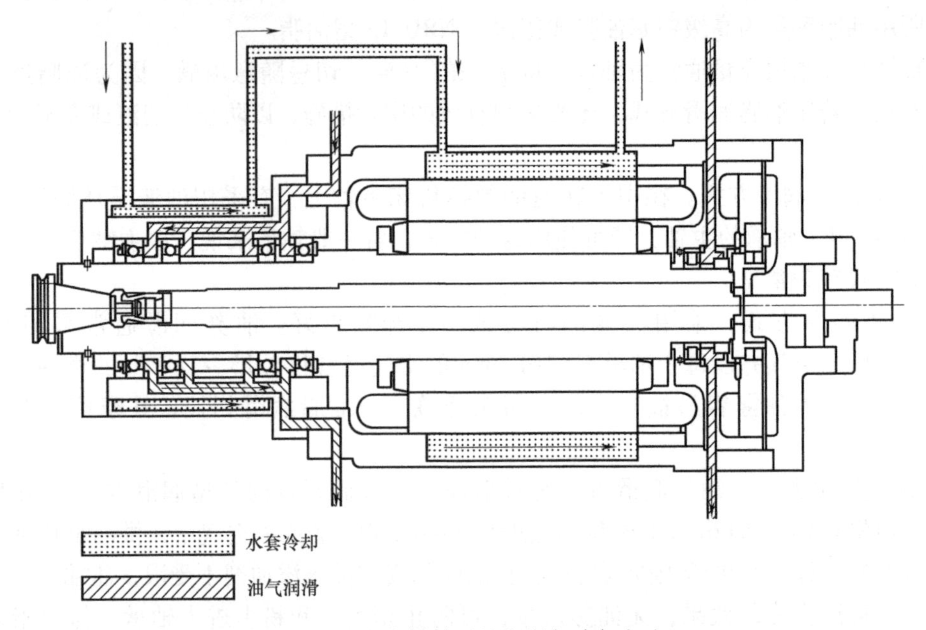

图 1-15　电主轴轴承的润滑与冷却方式

面甩到端盖 1 的空腔内，油液流回箱内；图 1-16c 所示为迷宫式密封结构，在切屑多、灰尘大的工作环境下可获得可靠的密封效果，适用油脂或油液润滑的密封。为了防漏，非接触式密封应保证回油能尽快排掉以及回油孔的畅通。

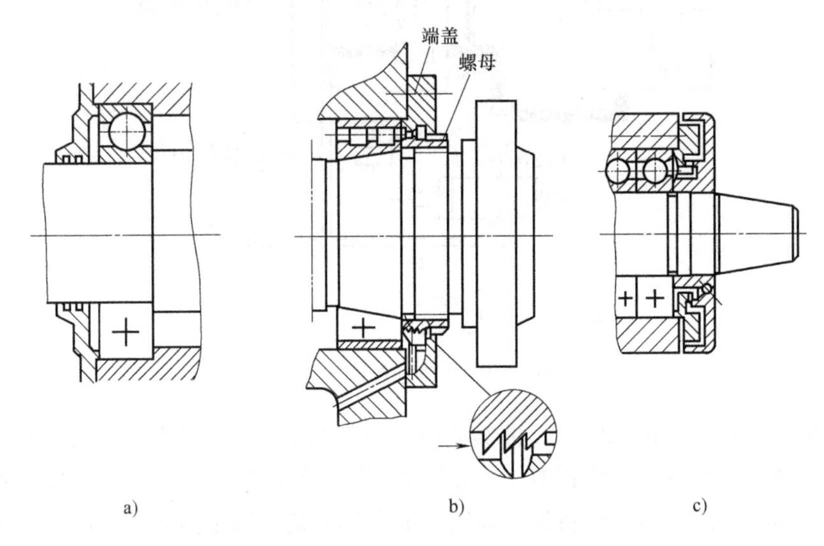

图 1-16　非接触式密封

接触式密封如图 1-17 所示，图 1-17a 所示为油毡圈密封，图 1-17b 所示为耐油橡胶密封圈密封。

四、数控机床进给伺服系统

数控机床的进给伺服系统示意图如图 1-18 所示。数控机床的进给传动系统常通过伺服进给系统来工作。伺服进给系统的作用是把数控系统传来的指令信息进行放大以后控制执行

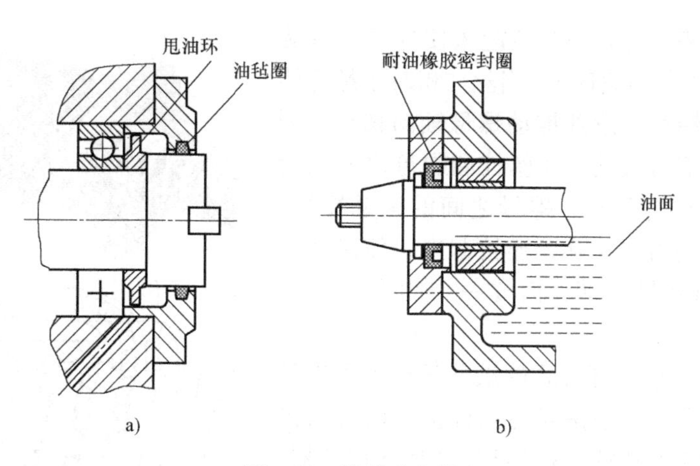

图 1-17　接触式密封

部件的运动，不仅控制进给传动的速度，同时还要精确控制刀具相对于工件的移动位置和轨迹。因此，数控机床进给系统，尤其是轮廓控制系统，必须对进给传动的位置和传动的速度同时实现自动控制。

（1）对进给伺服系统的要求

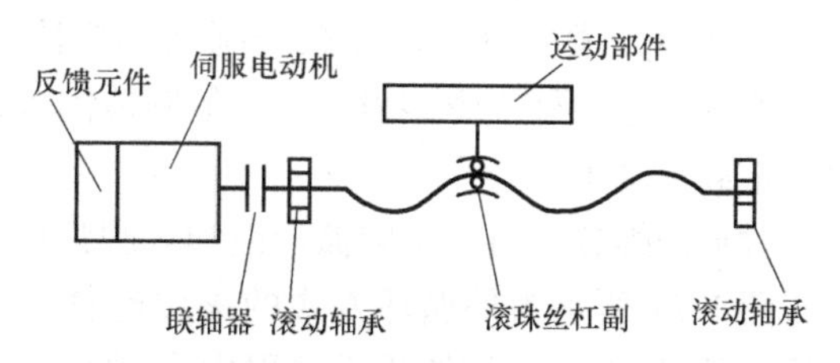

图 1-18　数控机床的进给伺服系统示意图

1）稳定性好。稳定是指系统在给定输入或干扰作用下，经过短暂的调节过程后能达到新的或者恢复到原有的平衡状态。

2）精度高。伺服系统的精度是指输出量能跟随输入量的精确程度。作为精密加工的数控机床，要求的定位精度或轮廓加工精度通常都比较高，允许的偏差一般都在 0.01 ~ 0.001mm 范围内。

3）快速响应性好。快速响应性是伺服系统动态品质的标志之一，即指令信号的响应要快。一方面要求过渡过程时间短，一般在 200ms 以内，甚至小于几十毫秒；另一方面，为满足超调要求，要求过渡过程的前沿陡，即上升率要大。

4）宽的进给调速范围。伺服进给系统在承担全部工作负载的条件下，应具有很宽的调速范围，以适应各工件材料、尺寸和刀具等变化的需要，工作进给速度范围可达 3 ~ 6000mm/min（调速范围 1:2000）。为了完成精密定位，伺服系统的低速趋近速度达 0.1mm/min；为了缩短辅助时间，提高加工效率，快速移动速度应高达 15m/min。

在多轴联动的数控机床上，合成速度维持常数，是保证表面质量要求的重要条件。为保证较高的轮廓精度，各轴方向的运动速度也要配合适当，这是对数控系统和伺服进给系统提出的共同要求。

5）稳定性好、寿命长。稳定性是伺服进给系统能够正常工作的最基本条件，特别是在低速进给情况下不产生爬行，并能适应外加负载的变化而不发生共振。进给系统寿命是指各传动部件能够保持原来制造精度的周期。

（2）滚珠丝杠螺母副

1）工作原理。滚珠丝杠螺母副的结构有内循环和外循环两种形式。图 1-19 所示为滚珠丝杠螺母副的结构，由丝杠 1、滚珠 2、回珠管 3 和螺母 4 组成。在丝杠 1 和螺母 4 上各加

工有圆弧形螺旋槽，将它们套装起来便形成了螺旋形滚道，在滚道内装满滚珠2。当丝杠相对于螺母旋转时，丝杠的旋转面经滚珠推动螺母轴向移动，同时滚珠沿螺旋形滚道滚动，使丝杠和螺母之间的滑动摩擦转变为滚珠与丝杠、螺母之间的滚动摩擦。螺母螺旋槽的两端用回珠管3连接起来，使滚珠能够从一端重新回到另一端，构成一个闭合的循环回路。

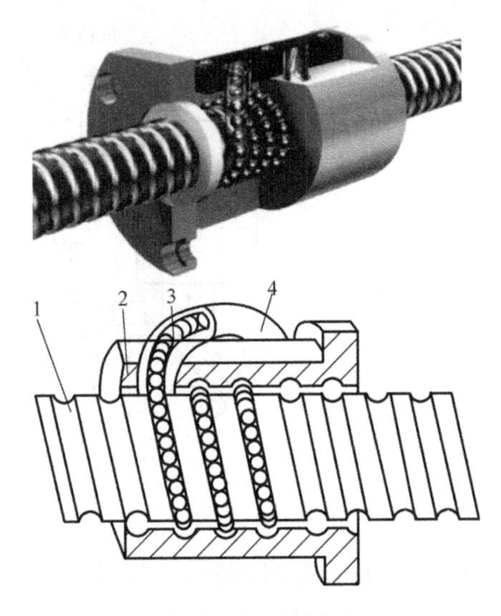

图1-19　滚珠丝杠螺母副的结构

1—丝杠　2—滚珠　3—回珠管　4—螺母

图1-20所示为内循环方式的滚珠丝杠螺母副的结构。滚珠在循环过程中始终与丝杠接触的称为内循环。在螺母的侧孔中装有圆柱凸轮式反向回珠器，反向回珠器上铣有S形的凹珠槽，将相邻两螺纹滚道连接起来。滚珠从螺纹滚道进入反向回珠器，借助反向回珠器迫使滚珠越过丝杠牙顶进入相邻滚道，实现循环。

内循环方式的滚珠丝杠螺母副结构紧凑、刚度好、滚珠流通性好、摩擦损失小，但制造困难，适用于高灵敏度、高精度的进给系统，不宜用于重载传动中。

常见的螺旋滚道有单圆弧形面和双圆弧形面，此外还有矩形面等。

图1-21所示为外循环方式的滚珠丝杠螺母副的结构。滚珠在循环过程中有时与丝杠脱离接触的称为外循环。外循环滚珠丝杠螺母副在螺母外圆上铣有两个回珠槽，其两端与螺旋滚珠滚道相通，引导滚珠通过回珠槽形成多圈循环链。

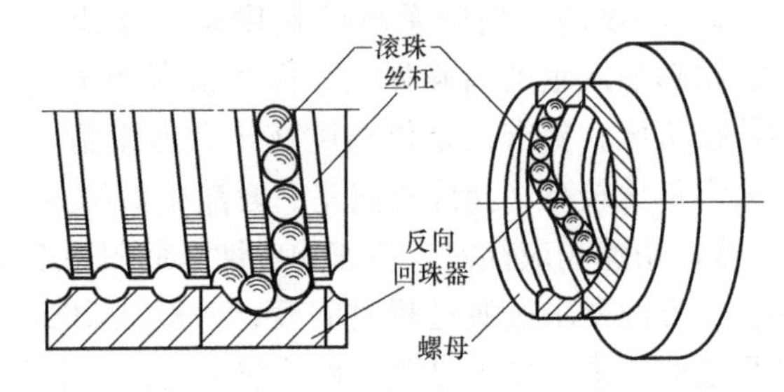

图1-20　内循环方式的滚珠丝杠螺母副的结构

外循环方式结构简单、工艺性好、承载能力较大，但径向尺寸较大。其应用较为广泛，可用于重载传动系统中。

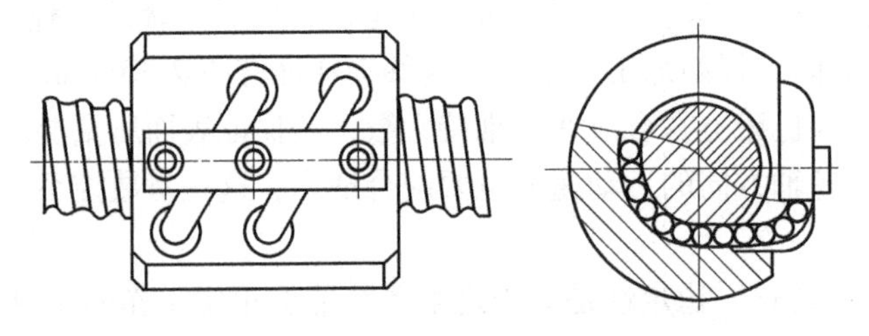

图1-21　外循环方式的滚珠丝杠螺母副的结构

2）滚珠丝杠螺母副的特点

① 传动效率高，摩擦损失小。滚珠丝杠螺母副的传动效率为91%～96%，而一般的常规（滑动）丝杠螺母副的传动效率为20%～40%。故滚珠丝杠螺母副的传动效率比常规丝

杠螺母副提高了3～4倍，因此其功率消耗只相当于常规丝杠螺母副的1/4～1/3。

② 给予适当的预紧，可消除丝杠和螺母螺纹间隙。适当预紧后的滚珠丝杠螺母副，可消除螺纹间隙，这样反向时就可以没有空行程死区，反向定位精度高，与常规丝杠螺母副相比有较高的轴向刚度。

③ 运动平稳，无爬行现象，传动精度高。滚珠丝杠螺母副基本是滚动摩擦，摩擦阻力小，摩擦阻力的大小几乎与运动速度完全无关，这样就可以保证运动的平稳性而不易出现爬行现象，故传动精度高。

④ 有可逆性。由于滚珠丝杠螺母副摩擦损失小，可以从旋转运动转换为直线运动，也可以从直线运动转换为旋转运动，即丝杠和螺母都可作为主动件，也可作为从动件。

⑤ 磨损小，使用寿命长。因为滚动摩擦的摩擦因数小，磨损也小，故其寿命长。

⑥ 制造工艺复杂。滚珠丝杠和螺母等元件的加工精度要求高，表面粗糙度值要求低，如丝杠和螺母上的螺旋槽滚道，一般都要求磨削成形，故制造成本高。

⑦ 不能自锁。特别是垂直安装的丝杠，由于自身质量引起的惯性力的作用，下降时当传动切断后，不能立即停止运动，故常需要增加制动装置。

3）间隙的调整。为了保证滚珠丝杠螺母副的反向传动精度和轴向刚度，必须消除轴向间隙。常采用双螺母施加预紧力的办法消除轴向间隙，但必须注意预紧力不能太大，否则会造成传动效率降低、摩擦力增大、磨损增大、使用寿命降低。常用的消除间隙的方法有如下几种。

① 垫片调整间隙法。如图1-22所示，调整垫片的厚度，使左右两螺母产生轴向位移，从而消除滚珠丝杠螺母副的间隙和产生预紧力。这种方法简单、可靠，但调整费时，适用于一般精度的传动。

② 齿差调整间隙法。如图1-23所示，两个螺母1、2的凸缘为圆柱外齿轮，齿数差为1，两个内齿轮3、4用螺钉、定位销紧固在螺母座上。调整时先将内齿轮卸下，根据间隙大小使两个螺母分别向相同方向转过1个齿或几个齿，然后再插入内齿轮，使螺母在轴向相互移动了相应的距离，从而消除两个螺母的轴向间隙。这种方法的结构复杂，尺寸较大，适用于高精度的传动。

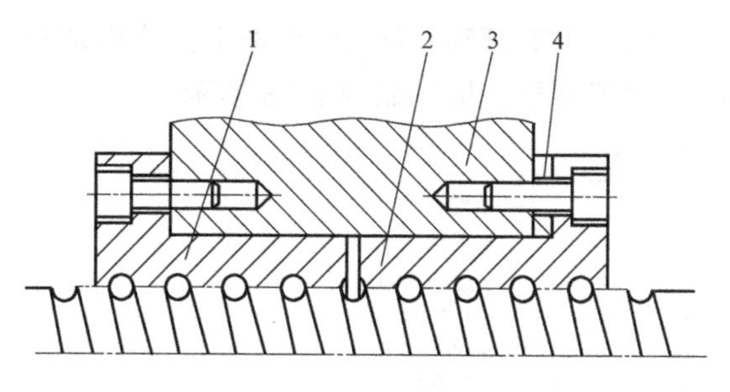

图1-22　垫片调整间隙法

1、2—螺母　3—螺母座　4—垫片

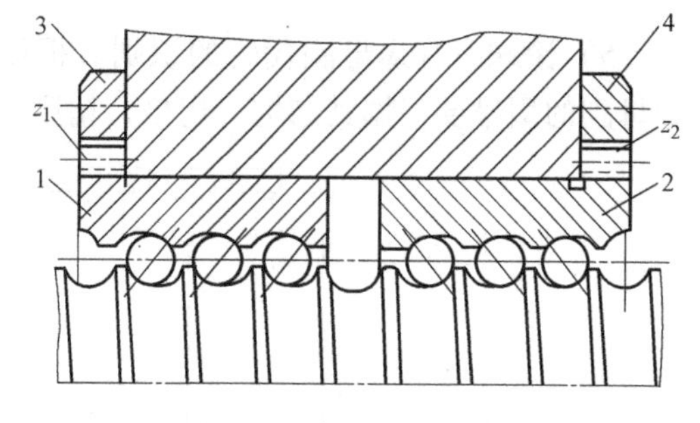

图1-23　齿差调整间隙法

1、2—螺母　3、4—内齿轮

③ 螺纹调整间隙法。如图1-24所示，右螺母外圆上有普通螺纹，并用两螺母固定。当调整左螺母时，即可调整轴向间隙，然后用右螺母锁紧。这种方法结构紧凑，工作可靠，滚道磨损后可随时调整，但预紧力不准确。

4）滚珠丝杠螺母副的支承。数控机床的进给系统要获得较高的传动刚度，除了加强滚珠丝杠螺母副本身的刚度外，滚珠丝杠螺母副的正确安装及支承结构的刚度也是不可忽视的因素。例如，为减少受力后的变形，螺母座应有加强肋，增大螺母座与机床的接触面积，并且要连接可靠。同时，也可以采用高刚度的推力轴承来提高滚珠丝杠的轴向承载能力。

图 1-25 所示为一端安装推力轴承的方式。这种安装方式只适用于行程小的短丝杠，其承载能力小，轴向刚度低，一般用于数控机床的调整环节或升降台式数控铣床的垂直进给传动结构。

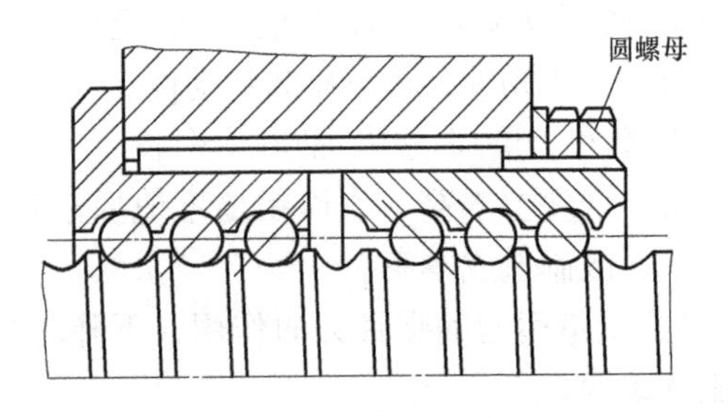

图 1-24　螺纹调整间隙法

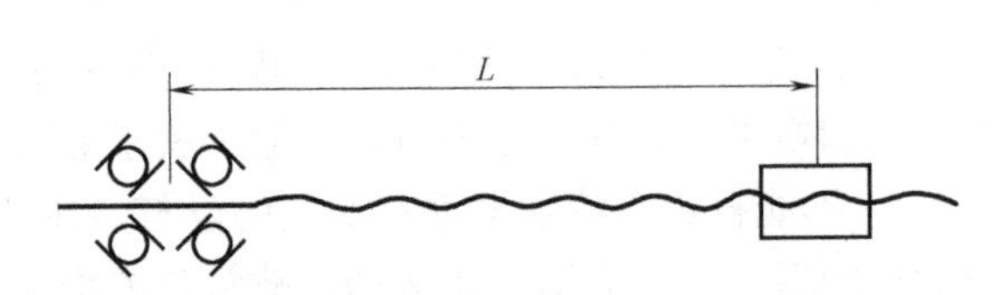

图 1-25　仅一端安装推力轴承

图 1-26 所示为一端安装推力轴承，另一端安装深沟球轴承的方式。这种方式用于丝杠较长的情况，当热变形造成丝杠伸长时，其一端固定，只一端能做微量的轴向移动。为减少丝杠热变形的影响，安装时应使电动机热源和丝杠工作时的常用段远离止推端。

图 1-27 所示为两端安装推力轴承的方式。把推力轴承安装在滚珠丝杠的两端，并施加预紧力，可以提高轴向刚度，但这种安装方式对丝杠的热变形较为敏感。

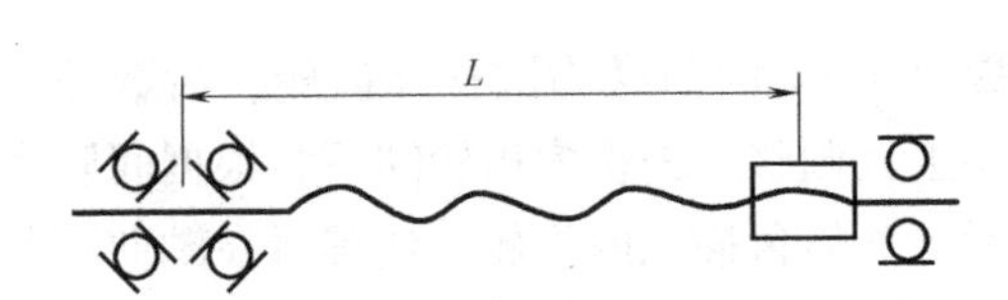

图 1-26　一端安装推力轴承，另一端安装深沟球轴承

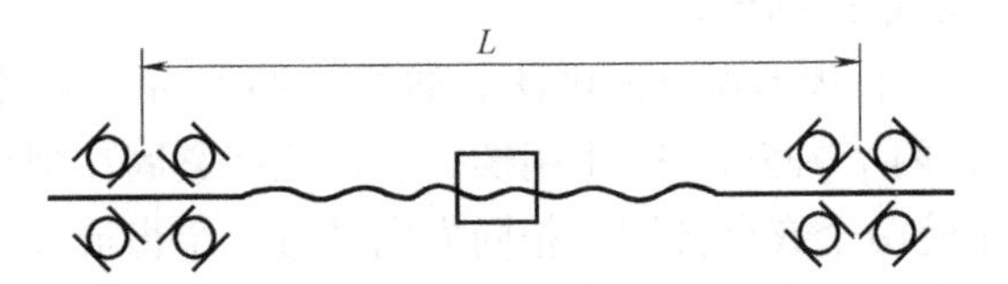

图 1-27　两端安装推力轴承

5）滚珠丝杠螺母副代码的识别。根据国家标准 GB/T 17587.2—1998 规定，滚珠丝杠螺母副的型号要根据其结构、规格、精度和螺纹旋向等特征，标注如图 1-28 所示。

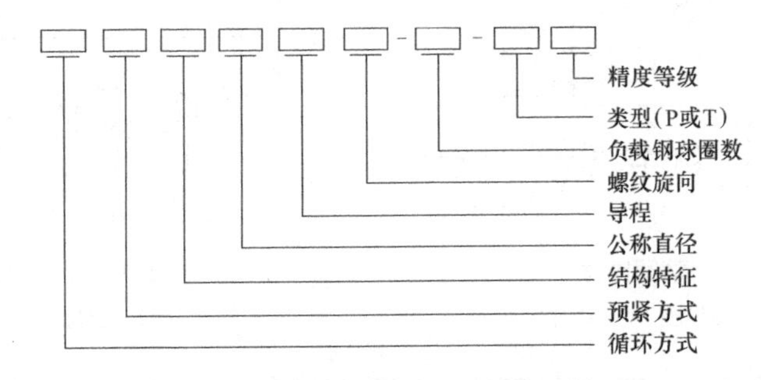

图 1-28　滚珠丝杠螺母副代号的标注格式

① 循环方式（见表 1-2）。

表 1-2 循环方式

循环方式		标记代号
内循环	浮动式	F
	固定式	G
外循环	插管式	C

② 预紧方式（见表 1-3）。

表 1-3 预紧方式

预紧方式	单螺母变位导程预紧	双螺母垫片预紧	双螺母齿差预紧	双螺母螺纹预紧	单螺母无预紧
标记代号	B	D	C	L	W

③ 结构特征（见表 1-4）。

表 1-4 结构特征

结构特征	标记代号
导珠管埋入式	M
导珠管凸出式	T

④ 公称直径 d_0。公称直径是滚珠与螺纹滚道在理论接触角状态时包络滚珠球心的圆柱直径。公称直径是滚珠丝杠螺母副的特征尺寸（图 1-29），其值越大，滚珠丝杠螺母副的承载能力和刚度越大。推荐滚珠丝杠螺母副的公称直径 d_0 应大于丝杠工作长度的 1/30。数控机床常用的进给丝杠公称直径 d_0 为 $\phi30 \sim \phi80$mm。

公称直径系列：6mm、8mm、10mm、12mm、16mm、20mm、25mm、32mm、40mm、50mm、63mm、80mm、100mm、120mm、125mm、160mm 和 200mm。

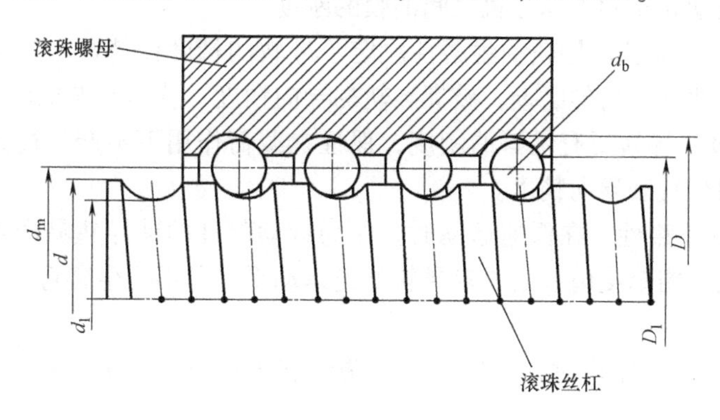

图 1-29 滚珠丝杠螺母副代号中的公称直径

⑤ 导程 L。丝杠相对螺母旋转任意弧度时，螺母上基准点的轴向位移为导程。导程 L 是丝杠相对于螺母旋转一周时，螺母上的基准点的轴向位移。

导程系列：1mm、2mm、2.5mm、3mm、4mm、5mm、6mm、8mm、10mm、12mm、16mm、20mm、25mm、32mm 和 40mm，应尽量选用 2.5mm、5mm、10mm、20mm 和 40mm。

⑥ 螺纹旋向。右旋不标注，左旋标记代号为“LH”。

⑦ 负载钢球圈数。试验表明，在每一个循环回路中，各圈滚珠所受的轴向负载是不均

匀的，第一回路滚珠承受总负载的50%左右，第二回路约承受总负载的30%，第三回路约承受总负载的20%。因此，滚珠丝杠螺母副中的每个循环回路的滚珠工作因数取为2.5～3.5圈，工作圈数大于3.5则无实际意义。

滚珠的总数一般不超过150个。

⑧ 类型。

P类为定位滚珠丝杠螺母副，即通过旋转角度和导程控制轴向位移量的滚珠丝杠螺母副。

T类为传动滚珠丝杠螺母副，是用于传递动力的滚珠丝杠螺母副，与旋转角度无关。

⑨ 精度等级。根据GB/T 17587.2—1998，滚珠丝杠螺母副按其使用范围及要求分为7个精度等级，即1、2、3、4、5、7、10，一级精度最高，其余逐级递减。一般动力传动可选用4、5、7级精度。数控机床和精密机械可选用2、3级精度，精密仪器、仪表机床、螺纹磨床可选用1、2级精度。滚珠丝杠螺母副的精度直接影响定位精度、承载能力和接触刚度，因此它是滚珠丝杠螺母副的重要指标，选用时要予以考虑。

如CDM6012-2.5-P4表示外循环插管式（C）、双螺母垫片预紧（D）、导珠管埋入式的滚珠丝杠螺母副（M），公称直径为60mm（60），基本导程为10mm（1），螺纹旋向为右旋，负载总圈数为2.5圈（2.5）的定位滚珠丝杠螺母副（P），精度等级为4级（4）。

（3）导轨　导轨主要用来支承和引导运动部件沿一定的轨道运动。在导轨副中，运动的部件称为动导轨，不动的部件称为支承导轨。动导轨相对于支承导轨的运动，通常是直线运动或回转运动。

1）对导轨的要求。

① 导向精度高。导向精度主要是指导轨运动的直线度或圆度。影响导向精度的主要因素有导轨的几何精度、导轨的接触精度、导轨的结构形式、动导轨及支承导轨的刚度和热变形、装配质量以及动导轨和支承导轨之间油膜的刚度。

② 耐磨性好、寿命长。导轨的耐磨性决定了导轨的精度保持性。动导轨沿支承导轨面长期运动会引起导轨的不均匀磨损，破坏导轨的导向精度，从而影响机床的加工精度。

③ 足够的刚度。导轨要有足够的刚度，保证在载荷作用下不产生过大的变形，从而保证各部件间的相对位置和导向精度。

④ 低速运动的平稳性。在低速运动时，作为运动部件的动导轨易产生爬行。爬行将提高被加工表面的表面粗糙度值，故要求导轨低速运动平稳，不产生爬行，这对于高精度机床尤其重要。

⑤ 工艺性好。设计导轨时，要使制造、调整和维修方便，力求结构简单、工艺性好、经济性好。

按运动部件的运动轨迹，导轨可分为直线运动导轨和圆周运动导轨。按导轨接合面的摩擦性，导轨可分为滑动导轨、滚动导轨和静压导轨。滑动导轨又可分为普通滑动导轨和塑料滑动导轨：前者是金属与金属相摩擦，摩擦因数大，而且动、静摩擦因数差大，一般在普通机床上使用；后者简称塑料导轨，是塑料与金属相摩擦，导轨的滑动性能好，在数控机床上广泛采用。静压导轨根据介质的不同又可分为液压导轨和气压导轨。

2）滑动导轨。滑动导轨有若干个平面，从制造、装配和检验的角度来说，平面的数量应尽可能少，故常用矩形、三角形、燕尾形和圆形截面形状，如图1-30所示。

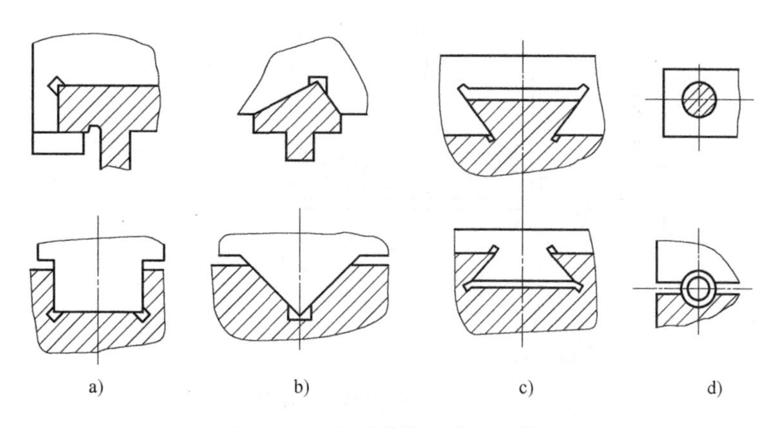

图 1-30　滑动导轨的截面形状

矩形导轨（图 1-30a）易加工制造，刚度和承载能力大，安装调整方便。矩形导轨中支承导轨上表面起支承兼导向作用，起主要导向作用的左右两侧面磨损后不能自动补偿间隙，需要有间隙调整装置。它适用于载荷大且导向精度要求不高的机床。三角形导轨（图1-30b）由左右两个平面组成，起支承和导向作用。在垂直载荷作用下，导轨磨损后能自动补偿，不产生间隙，导向精度高，但仍须设有压板面间隙调整装置。三角形顶角夹角为 90°，若重型机床承受载荷大时，为增大承载面积，夹角可取 110° ~ 120°，但导向精度差。精密机床夹角可小于 90°，以提高导向精度。燕尾形导轨（图 1-30c）是闭式导轨中接触面最少的一种结构，磨损后不能自动补偿间隙，需用镶条调整。燕尾面两侧面起导向和压板作用。燕尾导轨可承载倾覆力矩，制造、检验和维修较复杂，摩擦阻力大，刚度较差。其导轨面的夹角为 55°，用于高度小的多层移动部件。圆形截面导轨（图 1-30d）刚度高，易制造，外径可磨削，内孔可珩磨达到精密配合，但磨损后间隙调整困难。它适用于受轴向载荷的场合，如压力珩磨机、攻丝机和机械手等。

直线运动导轨一般由两条导轨组成，不同的组合形式可满足各类机床的工作要求。数控机床上滑动导轨的形状主要为三角形-矩形式和矩形-矩形式，只有少部分结构采用燕尾式。

塑料导轨已广泛用于数控机床上，其摩擦因数小，且动、静摩擦因数差很小，能防止低速爬行现象。塑料导轨多与铸铁导轨或淬硬钢导轨相配合使用。塑料导轨轨道有贴塑料导轨软带的贴塑导轨和注塑导轨，常用贴塑导轨。贴塑导轨刚度好，动、静摩擦因数差值小，在油润滑状态下其摩擦因数约为 0.06，耐磨性好，使用寿命为普通铸铁导轨的 8 ~ 10 倍，无爬行，减振性好。其形式主要有塑料导轨板和塑料导轨软带两种。软带是以聚四氟乙烯为基材，添加青铜粉、二硫化钼和石墨的高分子复合材料。软带应粘贴在机床直线导轨副的短导轨面上，圆形导轨应粘贴在下导轨面上。塑料导轨软带有各种厚度规格，长与宽由用户自行裁剪，粘贴方法如图 1-31 所示，比较固定。由于塑料导轨软带较软，容易被硬物刮伤，因此应用时要有良好的密封防护措施。

3）滚动导轨。滚动导轨是指在动导轨面和支撑导轨面之间安放多个滚动体（如滚珠、滚柱或滚针），使两导轨之间的滑动摩擦成为滚动摩擦的导轨。滚动导轨被广泛应用于各类机床，特别是数控机床。其优点是运动灵敏度高，牵引力小；低速运动平稳性好，定位精度高；磨损小，精度保持性好，使用寿命长；润滑简单，可以采用最简单的油脂润滑，维修方便。但滚动导轨的刚度和抗振性较差，对脏物比较敏感，必须有良好的防护装置。

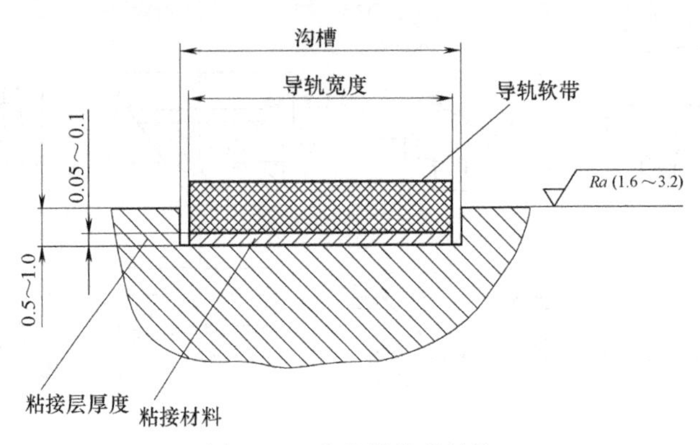

图 1-31　贴塑导轨的结构

按照滚动体的类型，滚动导轨可以分为滚珠导轨、滚柱导轨和滚针导轨三种结构形式。滚珠导轨结构紧凑，容易制造，但因为是点接触，所以承载能力低，刚度差，适用于载荷较小的场合。滚柱导轨结构简单，制造精度高，承载能力和刚度都比滚珠导轨高，适用于载荷较大的机床。滚针比滚柱的长径比大，因此滚针导轨的尺寸小，结构紧凑，承载能力大，但摩擦因数也大，可以用在结构尺寸受到限制的场合。

按照滚动体循环与否，滚珠导轨可以分为循环式和非循环式。非循环式滚珠导轨结构简单，一般用于短行程导轨，逐渐被循环式滚动导轨代替。循环式滚动导轨安装、使用、维护方便，已经基本形成系列产品，由专业厂家生产，主要有滚珠导套、整体式滚珠导轨和滚柱导轨块等。图 1-32 和图 1-33 所示为整体式滚珠直线导轨；图 1-34 所示为滚柱导轨块，滚柱在支撑块中形成循环；图 1-35 所示为滚柱导轨块在机床中的应用。

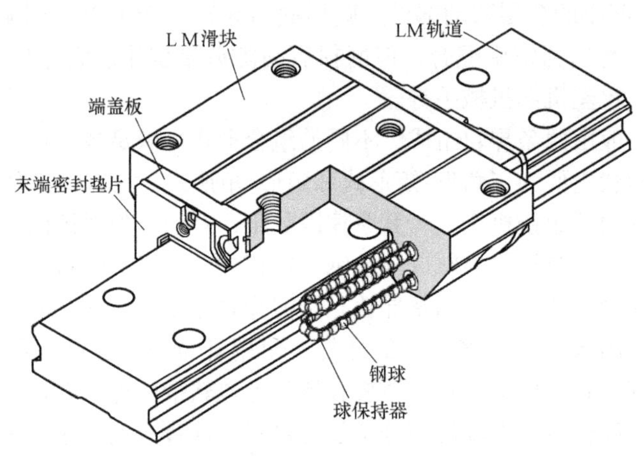

图 1-32　整体式滚珠直线导轨示意图

4）静压导轨。静压导轨是将具有一定压力的油液输入到导轨副间形成承载油膜。工作过程中，导轨面油腔中的油压能随着负载的变化自动调节，并与之相平衡。静压导轨的特点是摩擦因数小、传动效率高、驱动功率小、导轨面几乎不磨损、油膜厚度几乎不受速度影响、运动平稳性好、承载能力大、刚度高、吸振性好，但需要一套供油系统，结构复杂，调整、维修比较麻烦。因此，静压导轨适用于各种大型、重型机床、数控机床和精密机床。

静压导轨按照所承受的载荷不同，可以分为开式和闭式两种结构形式；按照静压导轨的供油方式，又可以分为定压供油和定量供油两种类型。图 1-36 所示为闭式静压直线导轨示意图。

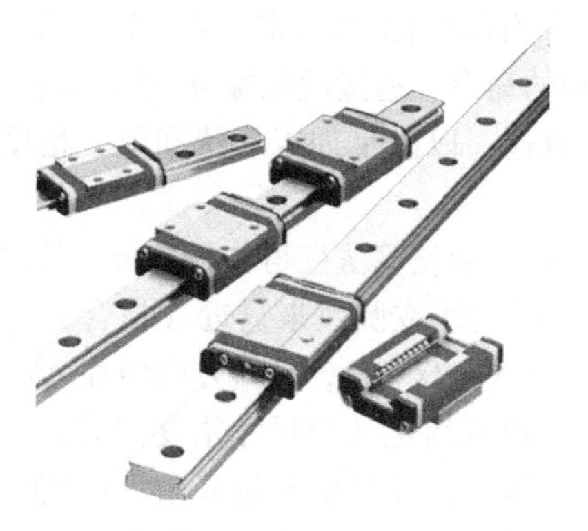

图 1-33　整体式滚珠直线导轨实体图

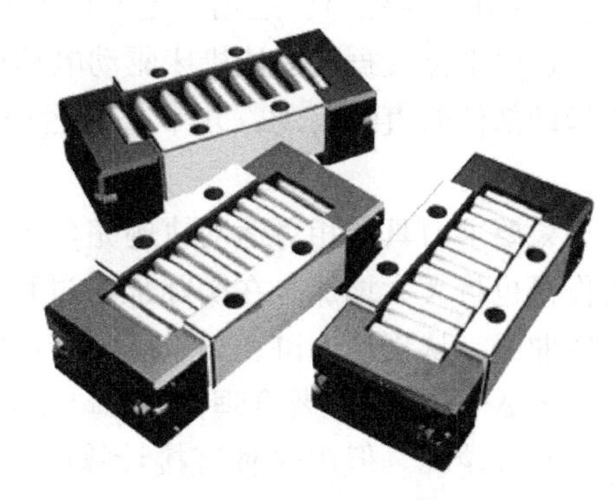

图 1-34　滚柱导轨块

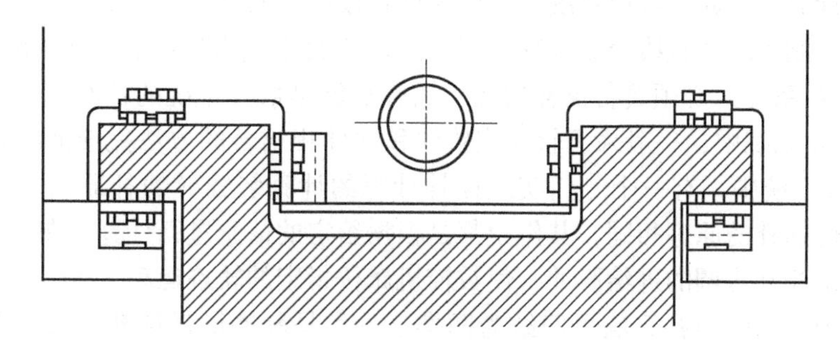

图 1-35　滚柱导轨块在机床中的应用

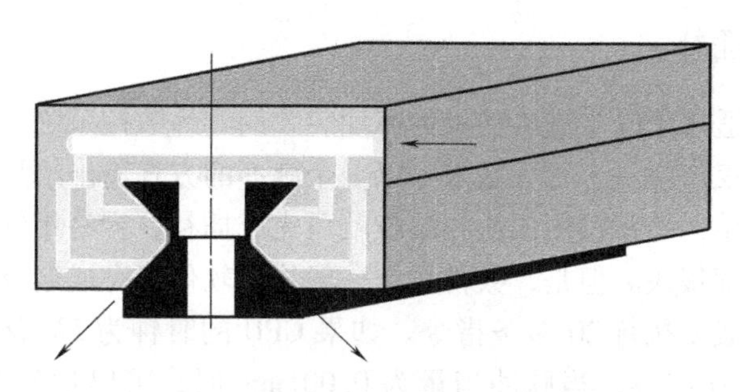

图 1-36　闭式静压直线导轨示意图

任务三　数控机床加工原理

一、插补方法

零件的形状轮廓由各种线型（如直线、圆弧、螺旋线、抛物线和自由曲线等）组成，数控加工就是控制刀具或工件，让它们按轮廓形状相对运动，同时使加工出的零件满足几何尺寸精度和表面质量要求，这是数控系统的核心任务。根据零件轮廓来控制数控机床的相对运动，把刀具补偿之后数控系统中存储的数据变成驱动数控机床运动部件的一系列命令，是插补要完成的工作。

所谓插补，就是数据密化的过程。计算机根据曲线的特征，对输入数控系统的有限坐标

点（例如起点、终点），运用一定的计算方法，自动地在有限坐标点之间生成一系列的坐标数据。这些坐标数据变成让机床驱动电动机正反转运动的命令，通过丝杠螺母或齿轮齿条转化为运动部件的直线运动，几个直线运动合成为刀具轨迹，以满足加工形状和加工精度的要求。

如果要求刀具的相对运动轨迹完全符合工件形状轮廓，会使算法变得非常复杂，计算机的工作量也将大大增加。在实际加工过程中，常常用小段直线或圆弧来逼近（拟合）零件的轮廓曲线。从理论上讲，如果已知零件的轮廓方程，如 $y=2x^2+1$，则 x 方向增加 Δx 时，可计算出 Δy 的值。只要合理控制 Δx、Δy 的值，就可以得到满足几何尺寸精度和表面质量要求的零件轮廓。但用这种直接计算的方法，曲线次数越高，计算也就越复杂，占用 CPU 的时间也越多，加工效率也越低。此外，还有一些用离散数据表示的曲线、曲面等，无法用上述方法进行计算。因此，数控系统不采用这种直接计算的方法。

除了点位控制系统和直线控制系统不需要插补功能外，其他数控系统（包括硬件 NC 系统和计算机 CNC 系统）必须具备插补功能。插补功能是数控系统的核心功能。插补方式可以不同：在 CNC 系统中，一般采用软件或软件和硬件相结合的方法完成插补运算，称为软件插补；在 NC 系统中，有一个专门实现插补计算的计算装置（插补器），称为硬件插补。软件插补和硬件插补的原理相同，其作用都是根据给定的信息进行计算，在计算过程中不断向各坐标轴发出相互协调的进给脉冲，使数控机床按指定的轨迹运动。

数控技术中常用的插补算法可归纳为两类，一类是脉冲增量插补，另一类是数据采样插补。

二、脉冲增量插补

脉冲增量插补法适用于以步进电动机为驱动装置的开环数控系统。这类插补算法的特点是每一次插补的结果仅产生一个行程增量，以一个脉冲的方式输出给步进电动机。脉冲增量插补的实现方法较简单，通常仅用加法和移位就可完成插补，容易用硬件来实现，而且用硬件实现这类运算的速度很快。但是，数控系统一般均用软件来完成这类计算。用软件实现的脉冲增量插补算法一般要执行 20 多条指令。如果 CPU 的时钟为 5MHz，那么计算一个脉冲当量所需的时间大约为 40μs，当脉冲当量为 0.001mm 时，可以达到的坐标轴极限速度为 5m/min。如果要控制两个或两个以上坐标，且还要承担其他必要的数控功能时，所能形成的轮廓插补进给速度将进一步降低。如果要求保证一定的进给速度，只能增大脉冲当量，使精度降低。例如当脉冲当量为 0.01mm 时，单坐标控制速度为 15m/min。因此脉冲增量插补输出的速率主要受插补程序所用的时间限制，脉冲增量插补仅仅适用于中等精度和中等速度、以步进电动机为执行机构的机床数控系统。

在逐点比较法中，每进给一步都需要 4 个节拍：即偏差判别；坐标进给，根据偏差情况，决定进给方向；偏差计算，每走一步都要计算新的偏差值，作为下一步偏差判别的依据；终点判断，每走一步都要判断是否到终点，若到终点，则停止插补，否则继续插补。图 1-37 和图 1-38 所示为逐点比较法直线插补和圆弧插补的走步轨迹。

三、数据采样插补

使用基准脉冲插补的数控系统，计算机每进行一次插补，坐标轴进给一个脉冲当量，进

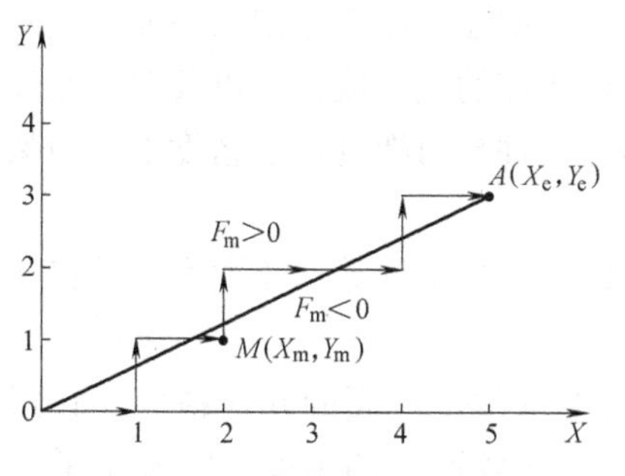

图 1-37　逐点比较法直线插补走步轨迹

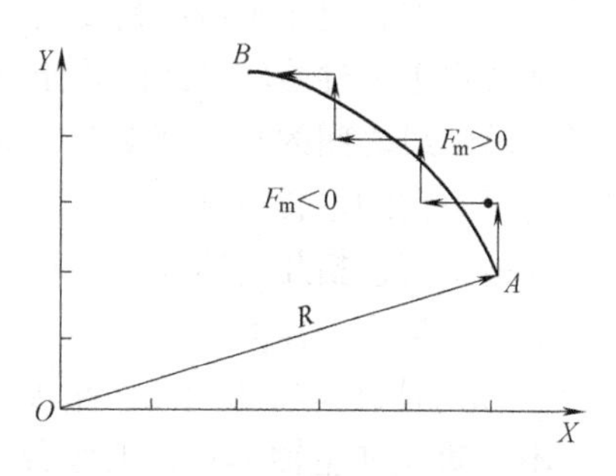

图 1-38　逐点比较法圆弧插补走步轨迹

给速度受到计算机插补速度的限制，难以满足现代数控机床高速度的要求。而在使用数据采样插补的数控系统中，插补输出的是下一个插补周期内各坐标轴的运动距离，不需要每进给一个脉冲当量都插补一次，因此可以达到很高的运行速度。随着计算机技术和伺服技术的发展，以伺服电动机作为驱动装置的计算机闭环数控系统已成为 CNC 系统的主流。在这些系统中，插补计算一般都采用不同类型的数据采样插补算法。

数据采样插补是将被加工零件的轮廓曲线分割为插补采样周期的进给步长。根据加工直线或圆弧段的进给速度，计算出每一个插补周期内的插补进给量，即步长。对于曲线插补，插补步长和插补周期越短，插补精度就越高；进给速度越快，插补精度就越低。插补算法由两部分组成：一部分是精插补，用硬件实现；另一部分是粗插补，用软件实现。在每一插补周期中，调用一次插补程序。用软件粗插补计算出各坐标轴在下一插补周期内的位移增量（而不是单个脉冲），然后送到硬件插补器内，经过硬件插补器精插补后，再控制电动机驱动运动部件到达相应的位置。

插补周期与插补运算时间有密切的关系，一旦选定了插补算法，完成插补运算的最大指令条数也就确定了，则此算法占用计算机 CPU 的时间也就确定了。一般来说，插补周期必须大于插补运算时间。因为在一个插补周期内，不仅要完成基本的插补运算，一般来说还要留出约 3/4 个插补周期进行后续程序段的插补预处理计算和完成其他数控功能，包括编程、存储、采集运行状态数据、监视系统和机床等数控功能。因此在计算机 CPU 的处理速度不变的情况下，通过缩短插补周期来提高插补精度和进给速度的潜力是有限的。另外，插补周期还会对圆弧的插补误差产生一定的影响。

插补周期与位置反馈采样周期可以相同，也可以不同。若不相同，则取插补周期为位置反馈采样周期的整数倍。如日本 FANUC 7M 系统的插补周期是 8ms，而位置控制周期是 4ms。华中 I 型数控系统的插补周期也是 8ms，位置控制周期可以设定为 1ms、2ms、4ms 和 8ms。

任务四　数控机床精度检验

一、机床精度的概念

机床的加工精度是衡量机床性能的一项重要指标。影响机床加工精度的因素很多，有机床本身的精度，还有机床及工艺系统变形、加工中产生振动、机床的磨损以及刀具磨损等。

在上述各因素中，机床本身的精度是一个重要的因素。例如在车床上车削圆柱面，其圆柱度误差主要决定于工件旋转轴线的稳定性、车刀刀尖移动轨迹的直线度误差以及刀尖运动轨迹与工件旋转轴线之间的平行度误差，即主要决定于车床主轴与刀架的运动精度以及刀架运动轨迹相对于主轴的位置精度。

机床的精度包括几何精度、传动精度、定位精度以及工作精度等，不同类型的机床对这些方面的要求是不一样的。

（1）几何精度　机床的几何精度是指机床某些基础零件工作面的几何精度。它指的是机床在不运动（如主轴不转，工作台不移动）或运动速度较低时的精度。它规定了决定加工精度的各主要零部件间以及这些零部件的运动轨迹之间的相对位置允差。该指标可分为两类：一类是对机床的基础件和运动大件（如床身、立柱、工作台和主轴箱等）的直线度、平面度、垂直度等的要求，如工作台面的平面度，各坐标方向移动的直线度和相互垂直度，X、Y（立式）或 X、Z（卧式）坐标方向移动时工作台面的平行度，X 坐标方向移动时工作台面上 T 形槽侧面的平行度误差等；另一类是对机床主轴的要求，如主轴的轴向窜动、主轴孔的径向圆跳动、主轴轴线与工作台面的垂直度（立式）或平行度（卧式）误差等。在机床上加工的工件表面形状，是由刀具和工件之间的相对运动轨迹决定的，而刀具和工件是由机床的执行件直接带动的，所以机床的几何精度是保证加工精度的最基本条件。

（2）传动精度　机床的传动精度是指机床内联系传动链两末端件之间的相对运动精度。这方面的误差就称为该传动链的传动误差。如车床在车削螺纹时，主轴每转一转，刀架的移动量应等于螺纹的导程。但是实际上由于主轴与刀架之间的传动链中，齿轮、丝杠及轴承等存在着误差，使得刀架的实际移动量与要求的移动量之间有了误差，这个误差将直接造成工件的螺距误差。为了保证工件的加工精度，不仅要求机床有必要的几何精度，而且还要求内联系传动链有较高的传动精度。

（3）定位精度　机床定位精度是指机床主要部件在运动终点所达到的实际位置的精度。实际位置与预期位置之间的误差称为定位误差。对于主要通过试切和测量工件尺寸来确定运动部件定位位置的机床，如卧式车床、万能升降台铣床等普通机床，对定位精度的要求并不太高。但对于依靠机床本身的测量装置、定位装置或自动控制系统来确定运动部件定位位置的机床，如各种自动化机床、数控机床和坐标测量机等，对定位精度必须有很高的要求。机床的几何精度、传动精度和定位精度通常是在没有切削载荷以及机床不运动或运动速度较低的情况下检测的，故一般称之为机床的静态精度。静态精度主要决定于机床上的主要零部件，如主轴及其轴承、丝杠螺母、齿轮以及床身等的制造精度以及它们的装配精度。

（4）工作精度　静态精度只能在一定程度上反映机床的加工精度，因为机床在实际工作状态下，还有一系列因素会影响加工精度。例如，由于切削力、夹紧力的作用，机床的零部件会产生弹性变形，在机床内部热源（如电动机、液压传动装置的发热，轴承、齿轮等零件的摩擦发热等）以及环境温度变化的影响下，机床零部件将产生热变形；由于切削力和运动速度的影响，机床会产生振动；机床运动部件以工作速度运动时，由于相对滑动面之间的油膜以及其他因素的影响，其运动精度也与低速下测得的精度不同。所有这些都将引起机床静态精度的变化，影响工件的加工精度。机床在外载荷、温升及振动等工作状态作用下的精度，称为机床的动态精度。动态精度除与静态精度有密切关系外，还在很大程度上取决于机床的刚度、抗振性和热稳定性等。目前，生产中一般是通过切削加工出的工件精度来考

核机床的综合动态精度，称为机床的工作精度。工作精度是各种因素对加工精度影响的综合反映。常见的检验项目有镗孔精度检查、斜线铣削精度检查、面铣刀铣削平面精度检查、圆弧铣削精度检查和直线铣削精度检查。

二、数控机床轴线定位精度的检验

（1）用球柄仪测量　球柄仪（DBB）是由两个高精度的金属球通过一根伸缩杆相连接组成的，两球之间的距离是通过安装在伸缩杆上的线性光栅来测量的，测量时可以沿一系列的圆形轮廓轨迹进行数据采集。DBB 系统还可以对机床一些常见的误差源做较快的分析。球柄仪的基本测量原理如图 1-39 所示。球柄仪的测量结果如图 1-40、图 1-41 和图 1-42 所示。

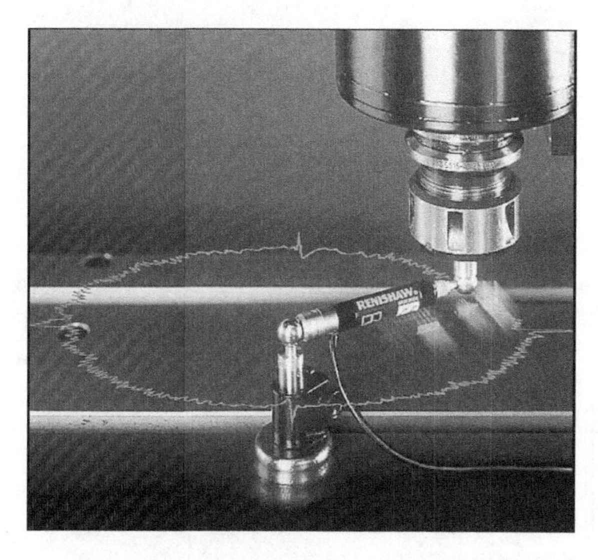

图 1-39　球柄仪的基本测量原理

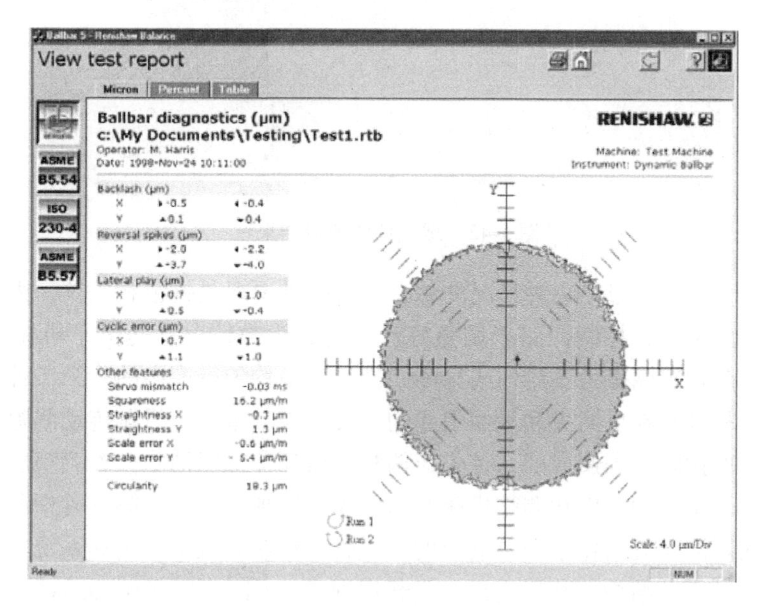

图 1-40　球柄仪的测量结果一

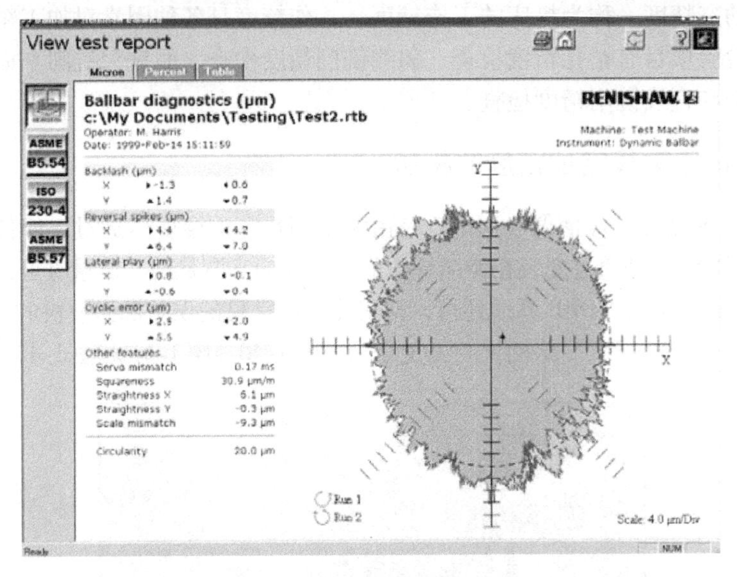

图 1-41　球柄仪的测量结果二

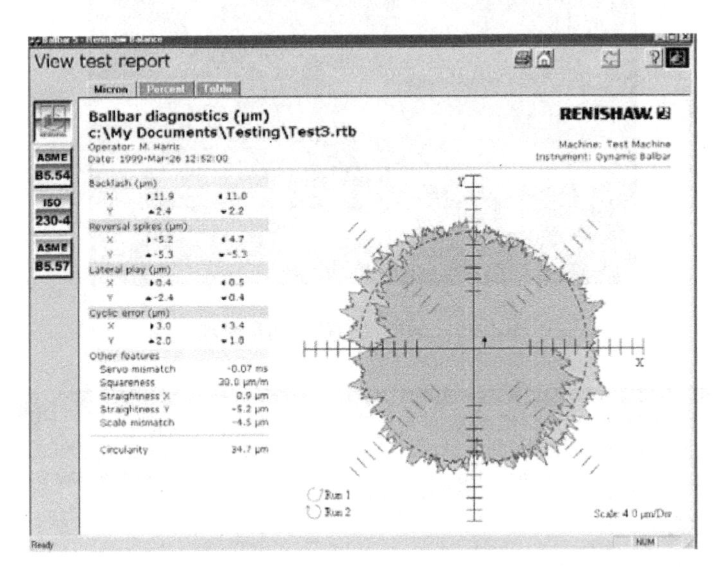

图 1-42　球柄仪的测量结果三

球柄仪的测量结果是以上三种情况的综合。第一种情况是锯齿状条纹，齿状条纹多为该轴的速度控制回路和位置控制回路未调整好产生的，少数情况下是由于机械负载变化不均匀、低速爬行、防护罩摩擦力不均匀或检测元件传动不均匀等产生的。第二种情况为两半圆错位，这是由一根轴存在反向失动量而引起的。反向失动量是由机械传动间隙、不稳定的弹性变形和变动的摩擦阻尼等造成的，首先应调整机械环节加以消除。若调整后通过快速定位测出某轴仍有失动量，则可以在调整机床时由电控系统加以补偿。第三种情况为斜椭圆，是由于两坐标轴实际的系统增益不一致造成的。尽管在控制系统上两坐标系统增益设置成完全一样，但由于机械部分结构、装配质量和负载情况等不同，就会造成实际系统增益的差异，可根据实际情况适当调整速度反馈增益、位置回路增益和系统增益参数等以求改善。

用磁性球柄仪对数控机床进行测量，具有精度较高、测量时间短、成本低并且不需专业人员、可以在生产现场测量的优点，但也有其不尽人意的地方。由于DBB采用接触式测量方法，使得钢球和磁性凹座之间有一定的摩擦，从而降低了测量精度。同时，DBB检测的路径是按一定半径进行圆周运动，由于运动半径受到检测设备本身的影响，只能在一定的范围变化，使其应用范围受到一些限制。

（2）用激光干涉仪测量

1）激光干涉仪的工作原理。以用Renishaw双频激光干涉仪测量机床的线性位移误差为例，其测量原理如图1-43所示。从激光头发出的激光被分光镜分为两束光，一束经过固定的反射镜形成参考光，另一束经过移动的反射镜形成测量光，反射光和测量光经过分光镜后汇合，并且彼此干涉。如果两束光相位相同，则光波会叠加增强，表现亮条纹；如果两束光相位相反，则光波会相互抵消，表现为暗条纹。激光干涉仪通过接收到的激光的明暗条纹变化，再通过电子细分，从而知道距离的细微和准确变化。在线性测量过程中，一个光学组件保持静止不动，另一个光学组件沿线性轴移动，通过监测测量光束和参考光束之间的光路差异值，产生定位精度测量值。一般将反射镜设定为移动光学部件，将干涉镜设定为静止部件。对于短轴测量，也可以将干涉镜设定为移动部件；但对于长轴测量，要将反射镜设定为移动光学部件。

因为激光干涉仪测量时用激光实时波长作为测量基准，所以为提高测量精度及增强适用范围，采用环境补偿系统对整个测量过程中的波长进行实时补偿，并对被测机床温度、湿度误差进行补偿，从而使系统可应用于环境不同的生产现场。

图1-43　激光干涉仪的测量原理

2）激光干涉仪的组成。用来测量线性定位误差的双频激光干涉仪主要由ML10激光器、EC10环境补偿器和传感器、直线测量光学组件、PCM20接口卡和连接线、三脚架和计算机组成，如图1-44所示。

3）安装及对光。

① 安装。置机床于恒定温度（最好20℃左右）24h，使机床刚性稳定，调整数控机床呈水平状态。测量X、Y轴时，把工作台降至最低，关闭门窗，使空气无流动，以免影响激光的传播而降低机床检测精度。接电源，光路为激光发生器→干涉镜→反射镜。气温传感器是空气温度、湿度传感器，用来测量实验时室内的温度和湿度，X轴末端放置的是材料温度传感器，用来测量X轴的表面温度。气温传感器和材料温度传感器获得的数据通过EC10环境补偿器采集后传输给计算机，计算机根据实验的需要，通过软件补偿系统自动调整环境参数。

② 对光。检查并保持干涉镜、反射镜干净。先以反射镜上某点（如螺纹孔）为基准点，调整激光发生器上的左右、上下螺钉，使激光束斑点在丝杠运行全程上与基准点始终重合，即表示激光已平行于机床导轨丝杠；转动反射镜，让反射光反射到激光发生器的接收孔内

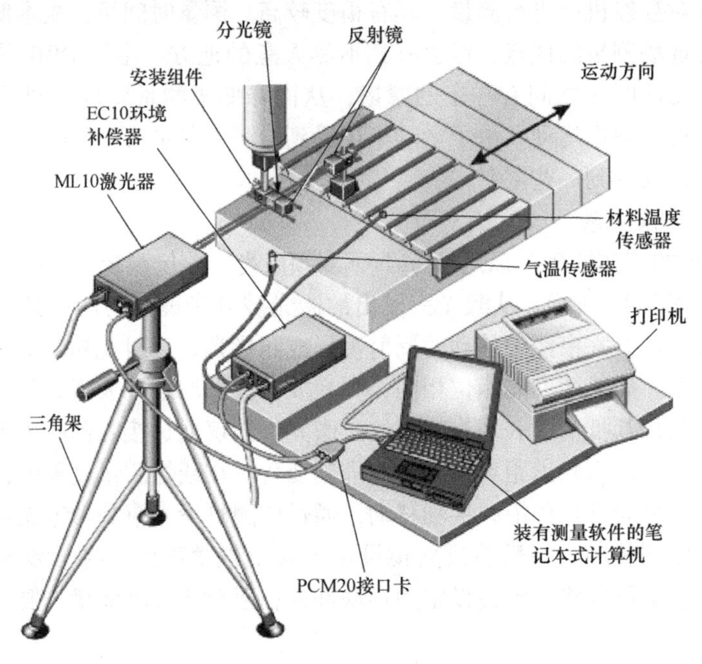

图 1-44　双频激光干涉仪的组成

（下孔），保证在全行程上激光器右上角红灯亮；装干涉镜于发生器与反射镜之间，使干涉后的光线与反射光线重合，激光器右上角红灯亮。

4）测量程序的编制。测量循环方式有线性循环、阶梯循环和摆动循环，一般是采用线性循环方式。编制机床数控程序使运动部件按检验标准循环（图 1-45），沿着轴线匀速运动到各个目标位置，按 GB/T 17421.2—2000《机床检验通则　第 2 部分：数控轴线的定位精

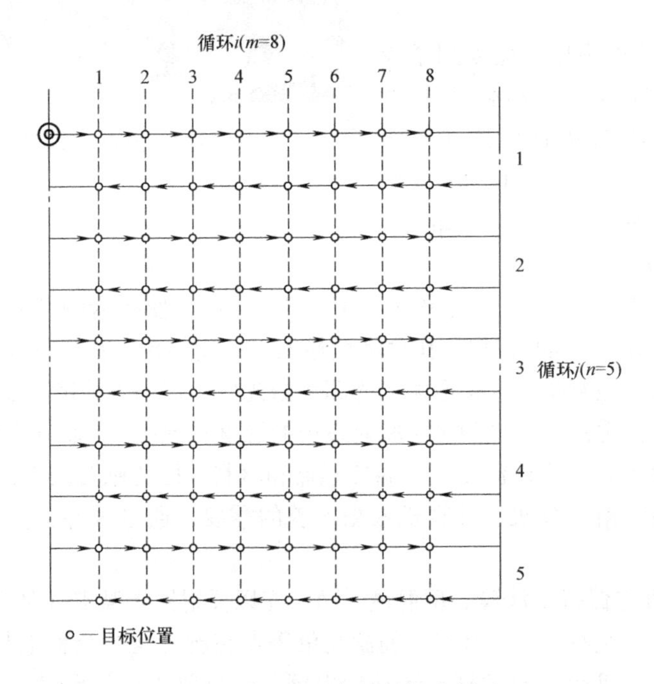

图 1-45　激光干涉仪检验标准循环

度和重复定位精度的确定》的规定，测量循环次数为5次。在编制机床数控程序的过程中，注意运动部件的进给速度不应过快，防止移动光学部件时的振动引起测量光信号不稳；运动部件目标位置的停顿时间要比激光干涉仪数据采集时间长（一般长0.5～1s），以便于激光干涉仪的数据采集。为了使激光干涉仪能够采集到每个目标位置的数据，在数控编程时要求要有一定的越程量，来保证运动部件到达最后一个目标位置后，反向时激光干涉仪还能采集到目标数据。在安装调整反射镜和干涉镜时，应先检查机床的运动部件并按照已编好的数控程序进行试运行，看其是否会影响反射镜或干涉镜的预设安装位置，以防碰坏测量光学镜组。

5）软件系统。Renishaw 激光干涉仪配套的处理软件 Renishaw Laser10 软件界面如图1-46所示，该处理软件具有十分强大的数据处理能力。

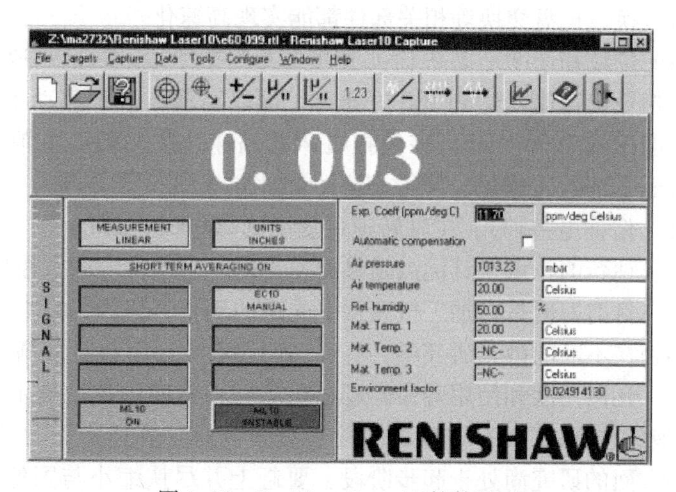

图1-46 Renishaw Laser10 软件界面

激光的光束发射角小、能量集中、单色性好，其产生的干涉条纹可用光电接收器接收，变为电信号并由计数器记录下来，从而提高测量精度。双频激光干涉仪具有精度高（极限误差<0.1μm）、方法简便等优点。但激光干涉仪的测量所需的时间很长。通常，对多轴数控机床完成其运动精度检测时，一般需要1～3天。因此，激光干涉仪多用于数控机床的出厂验收。在数控机床的加工过程中或在柔性加工生产线上检测数控机床的运动精度时，测量效率比较低的激光干涉仪应用得就比较少。

任务五 数控加工技术的发展趋势

随着计算机技术突飞猛进的发展，数控技术正不断采用计算机、控制理论等领域的最新技术成就，使其朝着高速化、高精化、智能化、复合化、高柔性化及信息网络化等方向发展，数控加工技术整体向着CIMS（计算机集成制造系统）方向发展。

一、高速化

高速加工技术是自20世纪80年代发展起来的一项高新技术，其研究应用的一个重要目标是缩短加工时的切削与非切削时间，对于复杂形状和难加工材料及高硬度材料减少加工工序，最大限度地实现产品的高精度和高质量。由于不同的加工工艺和工件材料有不同的切削速度范围，因而很难就高速加工给出一个确切的定义。高速加工是通过高性能的机床，以几倍甚至几十倍的加工速度来实现对工件加工的高精度、高效率，最终达到提高生产率的目的。一般而言，高速加工包含两层含义：一是高主轴转速，一般情况下，主轴转速至少在12000r/min左右，最高可达200000r/min；二是高速进给，进给速度一般在每分钟几米甚至几十米。高速加工技术以其显著的加工优势和无法替代的先进性，首先在国外工业发达国家中迅速发展起来，其进程也堪称“高速”。我国起步较晚，竞争力明显处于劣势，因此推广应用这一先进技术就显得刻不容缓了。

实现数控系统的高速化，首先要求计算机在读入加工指令和加工数据后，能高速处理并计算出伺服电动机的位移量；其次要求伺服电动机能够高速做出响应；此外，还要求主轴转速、进给率、刀具交换、托盘交换等相关部件都能实现高速化。

提高微处理器的位数和速度是提高CNC速度的最有效手段。目前高速CNC普遍采用32位微处理器技术，指令执行速度达到100万条/s，可以实现在最小移动单位为0.1μm的情况下，最大进给速度达到100m/min。在数控机床的高速化中，提高主轴转速占重要地位。研究报告指出，由于主轴的高速化，使得切削时间比过去缩短了80%。高速主轴一般采用内装式主轴电动机（俗称电主轴），主轴转速可提高到200000r/min。

高速加工作为一种新的技术，其优点是显而易见的。它给传统的数控加工带来了一种革命性的变化。但是，目前即便是在加工机床水平先进的瑞士、德国、日本、美国，对这一崭新技术的研究也还处在不断的摸索研究中，有许多问题有待于解决：如高速机床的动态、热态特性；刀具材料、几何角度和使用寿命问题；机床与刀具间的接口技术（刀具的动平衡、转矩传输）；切削液的选择；CAD/CAM的程序后处理问题；高速加工时刀具轨迹的优化问题等。国内在这一方面的研究尚处于起步阶段，要赶上并尽快缩小与国外同行业间的差距，还有许多路要走。

二、高精化

高精加工是高速加工技术与数控机床的广泛应用的结果。以前汽车零件的加工精度要求在0.01mm数量级，现在随着计算机硬盘、高精度液压轴承等精密零件的增多，高精加工所需精度已提高到0.1μm，加工精度进入了亚微米世界。

提高数控机床加工精度的途径，一是减少数控系统误差，二是采用补偿技术。为减小控制误差，一方面可提高数控系统的分辨率，以微小程序段实现连续进给，使CNC单元精细化；另一方面可提高位置检测精度以及在位置伺服系统中采用前馈控制和非线性控制等先进控制技术。数控系统目前采取的补偿技术，除间隙补偿、丝杠螺距补偿和刀具补偿之外，热变形补偿技术也在被大力研究和逐渐采用，一方面设法减少电动机、回转主轴和传动丝杠副在运转中的发热（如采用流动油波对内装主轴电动机和主轴轴承进行冷却），另一方面采取热补偿技术。可以提高数控机床加工精度的措施如图1-47所示。

三、智能化

现代数控系统的智能化发展趋势主要指将专家系统和智能控制技术引入数控系统，模拟专家智能控制技术对制造中出现的问题进行分析、推断、构思和决策，同时用计算机取代或

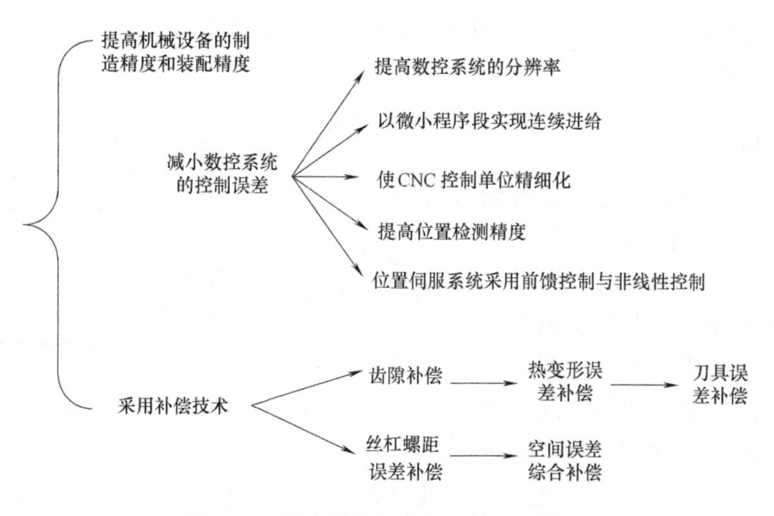

图1-47　提高数控机床加工精度的措施

延伸制造环境中人的脑力劳动，对专家系统的制造智能进行收集、存储、完善和发展。现代数控系统的智能化主要体现在以下几个方面。

（1）加工过程自适应控制技术　通过监测加工过程中的切削力、主轴和进给电动机的功率、电流和电压等信息，利用传统的或现代的算法进行识别，以辨识出刀具的受力、磨损、破损状态及机床加工的稳定性状态，并根据这些状态实时调整加工参数（主轴转速、进给速度）和加工指令，使设备处于最佳运行状态，以提高加工精度、降低加工表面质量并提高设备运行的安全性。

（2）加工参数的智能优化与选择　将工艺专家或技师的经验、零件加工的一般与特殊规律，用现代智能方法，构造基于专家系统或基于模型的“加工参数的智能优化与选择器”，利用它获得优化的加工参数，从而达到提高编程效率和加工工艺水平、缩短生产准备时间的目的。

（3）智能故障自诊断与自修复技术　根据已有的故障信息，应用现代智能方法实现故障的快速、准确定位。

（4）智能化交流伺服驱动装置　能自动识别负载，并自动调整参数的智能化伺服系统，包括智能主轴交流驱动装置和智能化进给伺服装置。这种驱动装置能自动识别电动机及负载的转动惯量，并自动对控制系统参数进行优化和调整，使驱动系统实现最佳运行。

（5）智能故障、回放和故障仿真技术　能够完整记录系统的各种信息，对数控机床发生的各种错误和事故进行回放和仿真，用以确定引起错误的原因，找出解决问题的办法，积累生产经验。

（6）智能4M数控系统　在制造过程中，加工、检测一体化是实现快速制造、快速检测和快速响应的有效途径，将测量（Measurement）、建模（Modelling）、加工（Manufacturing）、机器操作（Manipulator）四者（即4M）融合在一个系统中，实现信息共享，促进测量、建模、加工、装夹、操作的一体化。

四、复合化

机床的复合化加工通过增加机床的功能，减少工件加工过程中的多次装夹、重新定位、对刀等辅助工艺时间，来提高机床利用率。复合化加工的两重含义即工序和工艺的集中、工艺的成套（图1-48）。

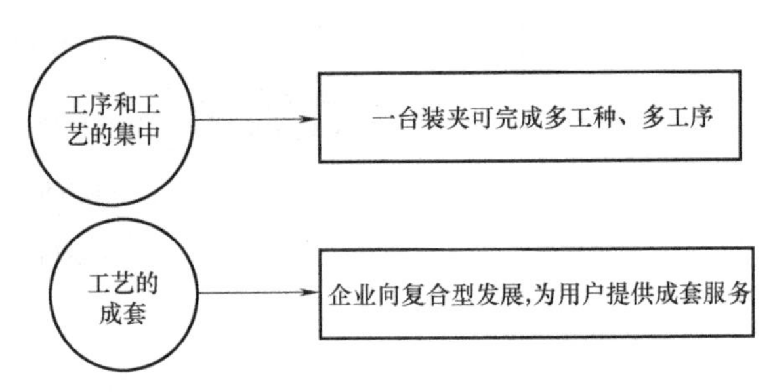

图1-48　复合化加工的两重含义

五、网络化

为了适应柔性制造单元、柔性制造系统以及进一步联网组成计算机集成制造系统的要求，一般的数控系统都具有RS-232C和RS-422远距离串行接口，可以按照用户需要，同上一级计算机进行多种数据交换。高档的数控系统还具有DNC接口，可以实现几台数控机床之间的数据通信，也能够对几台数控机床进行分布式控制。为了适应自动化技术的进一步发展，满足工厂自动化规模越来越大的要求，满足不同厂家、不同类型数控机床联网的需要，现代数控系统普遍具有符合制造自动化协议（MAP，V3.0）的工业控制网络、现场总线控制网络和工业以太网等功能，为现代数控机床加入柔性制造系统和计算机集成制造系统创造了良好的条件，有利于工厂管理层与现场设备层的信息交换，以促进企业信息网络集成化和管控一体化的实现。

六、并联机床

并联运动机床克服了传统机床串联机构移动部件质量大、系统刚度低、刀具只能沿固定导轨进给、作业自由度偏低、设备加工灵活性和机动性不够等固有缺陷，在机床主轴（一般为动平台）与机座（一般为静平台）之间采用多杆并联连接机构驱动，通过控制杆系中杆的长度使杆系支撑的平台获得相应自由度的运动，可实现多轴联动数控加工、装配和测量多种功能，更能满足复杂特种零件的加工要求，具有现代机器人的模块化程度高、质量轻和速度快等优点。并联机床的结构示意图如图1-49所示。

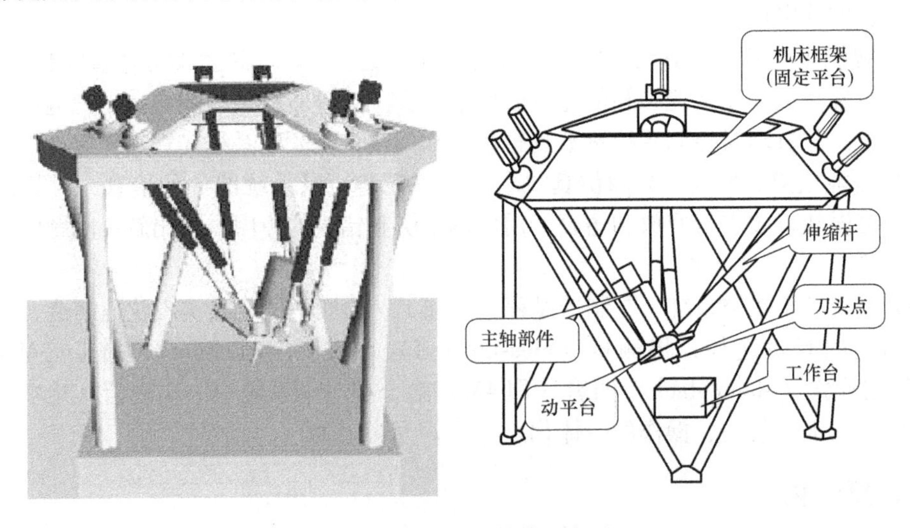

图1-49　并联机床的结构示意图

并联机床作为一种新型的加工设备，已成为当前机床技术的一个重要研究方向，受到了国际机床行业的高度重视，被认为是“自发明数控技术以来在机床行业中最有意义的进步”和“21 世纪新一代数控加工设备”。

思考与练习题

1. 数控加工过程包括________、________、________、________、________、________。

2. 数控机床的可靠性指标包括________、________、________。

3. 数控机床主轴常见的传动方式有________、________、________和电主轴。

4. 数控机床的直线运动精度指标主要是指________和________两项。

5. 导轨按接合面的摩擦性，可以分为________、________和________。

6. 按进给伺服系统的控制方式，数控机床分为________、________和________。

7. 主轴轴承的润滑方式有________、________、________、________。

8. 常用的双螺母消除滚珠丝杠螺母副轴向间隙的方法有________、________、________。

9. 数控机床常见的工作精度检验项目有________、________、________、________、________。

10. 数控加工技术的发展趋势是________、________、________、________、________、________等。

11. 数控机床的核心装置是（　　）。

A. 机床本体　　B. 数控装置　　C. 输入输出装置　　D. 伺服装置

12. 常用的 CNC 控制系统的插补算法可分为脉冲增量插补和（　　）。

A. 数据采样插补　B. 数字积分插补　C. 逐点比较插补　D. 硬件插补

13. 脉冲当量是数控机床数控轴的位移量最小设定单位，脉冲当量的取值越小，插补精度（　　）。

A. 越高　　B. 越低　　C. 与其无关　　D. 不受影响

14. 切削精度检验（　　），对机床几何精度和定位精度的一项综合检验。

A. 又称静态精度检验，是在切削加工条件下

B. 又称动态精度检验，是在空载条件下

C. 又称动态精度检验，是在切削加工条件下

D. 又称静态精度检验，是在空载条件下

15. 闭环控制系统的反馈装置装在（　　）。

A. 电动机轴上　B. 位移传感器上　C. 传动丝杠上　D. 机床移动部件上

轴类零件数控车削工艺编制

［学习目标］

1. 了解轴类零件图样的工艺分析方法；了解数控车床的分类和结构，会合理选择机床类型。
2. 理解数控车削加工中常见的装夹方式以及专用夹具。
3. 掌握数控车削的对刀方式，拟定工艺路线，选择合理的切削用量和切削液。
4. 了解数控车刀的分类，掌握数控车刀的材料及失效形式，掌握数控可转位外圆车刀及其刀片的选择方法。
5. 掌握数控车削进给路线图的设计方法。

［项目重点］

1. 数控车削的对刀方式，拟定工艺路线，选择合理的切削用量和切削液。
2. 数控可转位外圆车刀及其刀片的选择。
3. 数控车削进给路线图的设计。

［项目难点］

1. 数控车削专用夹具的设计。
2. 数控可转位外圆车刀及其刀片的选择。

任务一　图样识别

一、零件图样工艺分析

图 2-1 所示为一个常见的短轴零件，零件的径向尺寸偏差为 ±0.01mm，工件材料为 45 钢，毛坯尺寸为 ϕ18mm ×64mm，生产批量为 20 件。

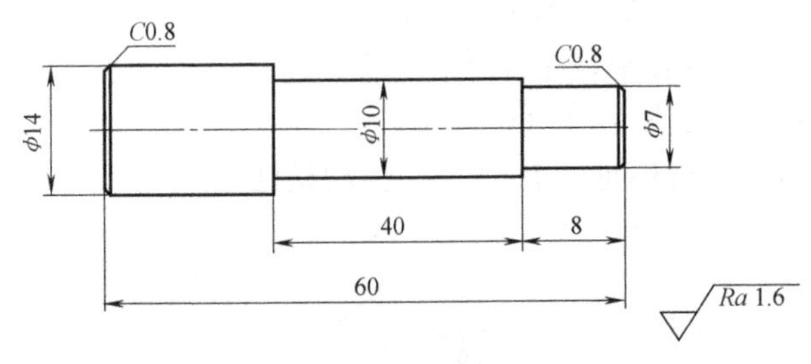

图 2-1　短轴零件图

(1) 零件的精度及技术要求　对零件的精度及技术要求进行分析，是零件工艺性分析

的重要内容，只有在分析零件精度和表面粗糙度的基础上，才能对加工方法、装夹方式、进给路线、刀具及切削用量等进行正确而合理的选择。精度及技术要求分析的主要内容如下：

1）分析精度及各项技术要求是否齐全、合理。对采用数控加工的表面，其精度要求应尽量一致，以便最后能一刀连续加工。

2）分析数控车削加工精度能否达到图样要求，若达不到，需采取其他措施（如磨削）弥补时，注意给后续工序留有余量。

3）找出图样上有较高位置精度要求的表面，这些表面应在一次安装下完成加工。

4）对表面粗糙度值要求较小的表面，应确定用恒线速切削。

（2）零件结构工艺性分析　零件结构工艺性是指在满足使用要求的前提下零件加工的可行性和经济性，即所设计的零件结构应便于加工成形并且成本低、效率高。零件结构工艺性的好坏与生产规模、工艺装配条件、加工方法、工艺过程和技术水平等因素有关。

图 2-2 所示的工件需用三把不同宽度的切槽刀加工，没有特殊情况，该设计是不合理的。若将设计图改为图 2-3 所示的结构，只需一把刀即可完成三个槽的加工，节省了刀具的数量，减少了加工的时间，提高了生产率。

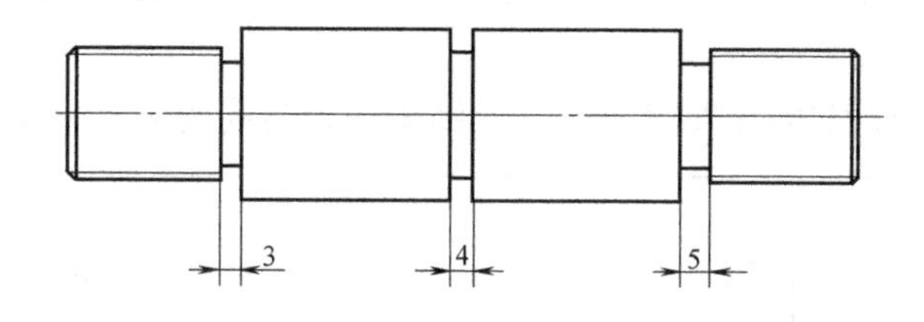

图 2-2　结构示例

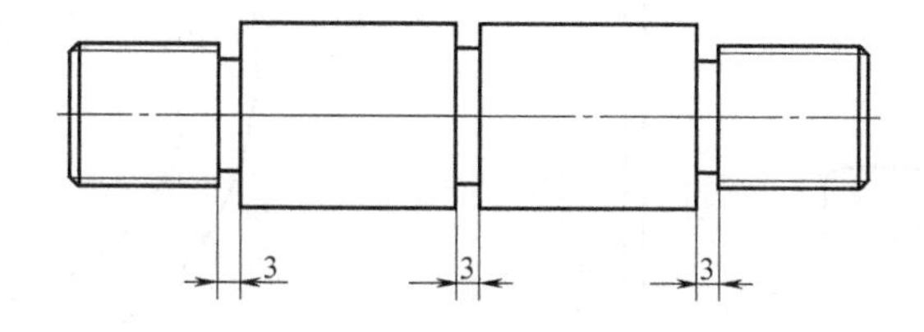

图 2-3　较合理的结构示例

对数控加工来说，最倾向于以同一基准引注尺寸或直接给出坐标尺寸，这就是坐标标注法。这种标注法既便于编程，又便于尺寸之间的相互协调，在保证设计、定位、检测基准与编程原点设置的一致性方面也很方便。由于零件设计人员往往在尺寸标注中较多地考虑装配等使用特性要求，而不得不采取局部分散的标注方法，这样会给工序安排与数控加工带来诸多不便。事实上，由于数控加工精度及重复定位精度都很高，不会因产生较大的累积误差而破坏使用特性，因而改变局部的分散标注法为集中引注或坐标式尺寸标注是完全可行的。目前，国外产品的零件设计尺寸标注绝大部分采用坐标标注法，这是因为这些产品基本采用数控设备制造并充分考虑数控加工特点所采取的一种设计原则。图 2-4 所示零件图采用的即是坐标标注法。

（3）零件图的完整性和正确性　由于设计人员在设计过程中考虑不周或忽略某些环节，

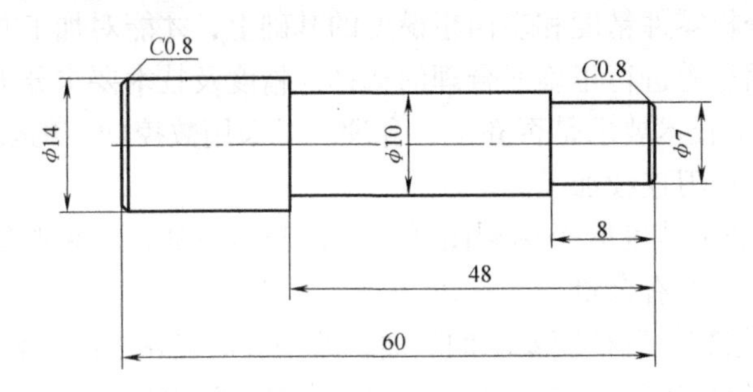

图 2-4　坐标标注法示例

常常遇到构成零件轮廓的几何元素的条件不充分或模糊不清甚至多余的情况，如圆弧与直线、圆弧与圆弧到底是相切还是相交，有些是明明画得相切，但根据图样给出的尺寸计算相切条件不充分或条件多余而变为相交或相离状态，使编程无从下手；有时，所给条件又过于“苛刻”或自相矛盾，增加了数学处理与基点计算的难度。因为在自动编程时要对构成轮廓的所有几何元素进行定义，手工编程时要计算出每一个基（节）点坐标，无论哪一点不明确或不确定，编程都无法进行，所以在审查与分析图样时，一定要认真仔细，发现问题及时找设计人员更改。

图 2-5 所示的心轴 ϕ90mm 外圆处有一个倒角，且与高度为 61mm 的凸台相交，根据图

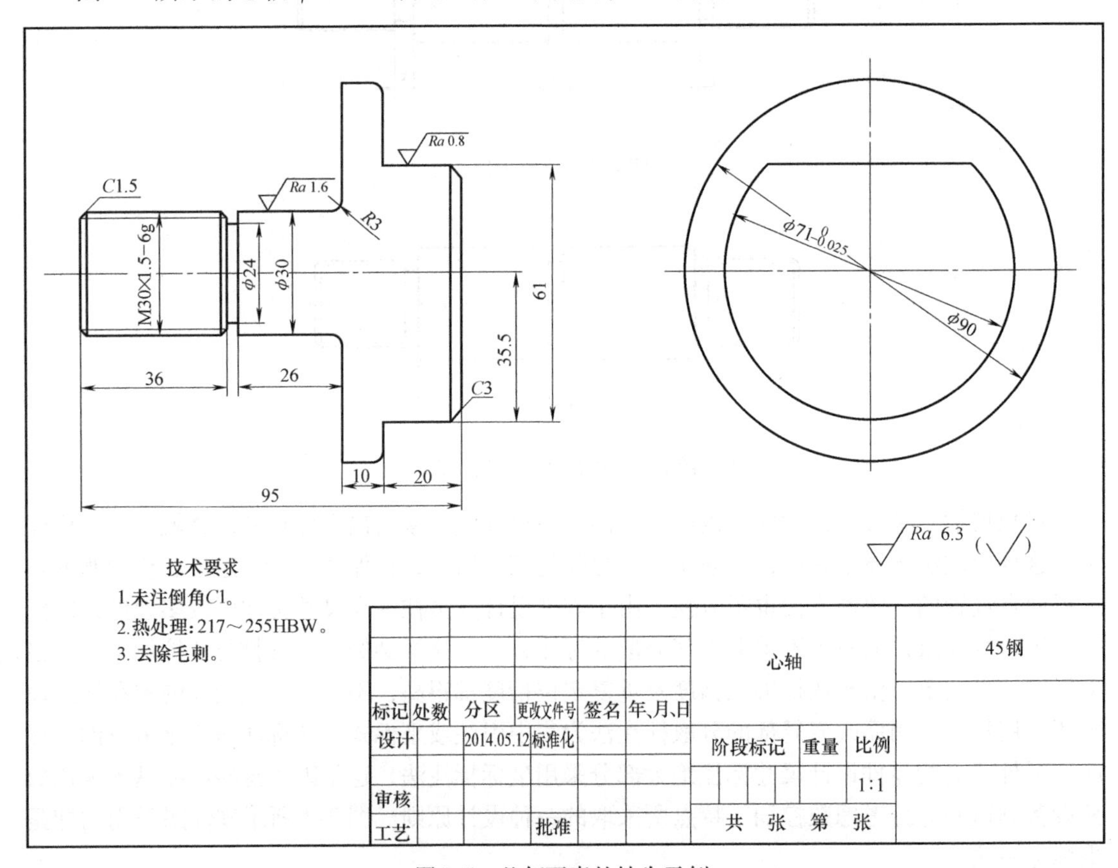

图 2-5　几何要素的缺失示例

样的几何关系，可以确定是回转体零件，需要添加两条径向实线，如图2-6所示；图2-5所示的视图布局存在问题，左视图表达的是右视图的内容，正确的布置方式如图2-6所示；图2-5中左视图没有表达出C3和C1.5这两个倒角，而且主视图中C3倒角与平面接触时画法不正确，较合理的画法与视图布置如图2-6所示。

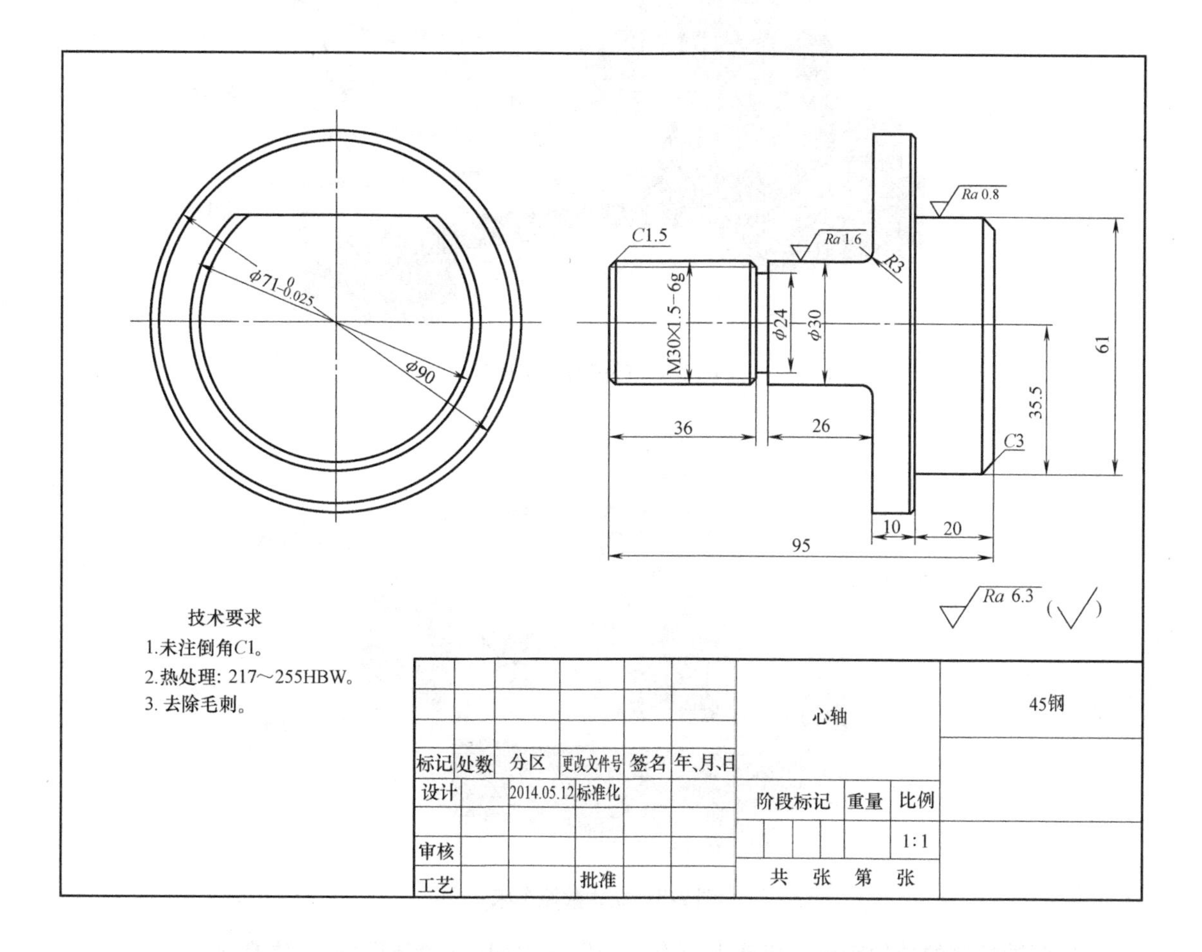

图2-6　较完整的几何要素示例

二、数控机床的选择

（1）数控车床的分类　随着数控车床制造技术的不断发展，为了满足不同的加工需要，数控车床的品种和数量越来越多，形成了产品繁多、规格不一的局面。对数控车床的分类可以采用不同的方法。

1）按主轴的配置形式分类。

① 卧式数控车床。主轴轴线处于水平位置的数控车床，如图2-7所示。

② 立式数控车床。主轴轴线处于垂直位置的数控车床，如图2-8所示。其车床主轴垂直于水平面，一个直径很大的圆形工作台用来装夹工件。这类机床主要用于加工径向尺寸大、轴向尺寸相对较小的大型复杂零件。

2）按数控系统控制的轴数分类。

图 2-7　卧式数控车床

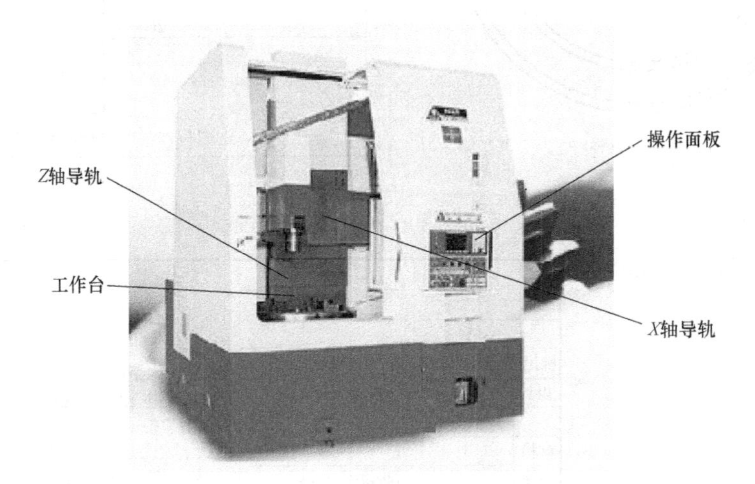

图 2-8　立式数控车床

① 两轴控制的数控车床。机床上只有一个回转刀架，可实现两坐标轴控制。

② 四轴控制的数控车床。机床上有两个独立的回转刀架，可实现四轴控制，如图 2-9 所示。

对于车削中心或柔性制造单元，还要增加其他的附加坐标轴来满足机床的功能要求。目前，我国使用较多的是中小规格的两坐标联动控制的数控车床。

3）按功能分类。

① 经济型数控车床。采用步进电动机和单片机对普通车床的进给系统进行改造后形成的简易型数控车床，成本较低，但自动化程度和功能都比较差，车削加工精度也不高，适用于要求不高的回转类零件的车削加工。

② 普通数控车床。根据车削加工要求在结构上进行专门设计并配备通用数控系统而形成的数控车床，数控系统功能强，自动化程度和加工精度也比较高，适用于一般回转类零件的车削加工。这种数控车床可同时控制两个坐标轴，即 X 轴和 Z 轴。

③ 车削加工中心。在普通数控车床的基础上，增加了 C 轴和动力头，更高级的数控车床还带有刀库，可控制 X、Z 和 C 三个坐标轴，联动控制轴可以是（X、Z）、（X、C）或

(Z、C)。由于增加了 C 轴和铣削动力头，这种数控车床的加工能力大大增强，除可以进行一般车削外，还可以进行径向和轴向铣削、曲面铣削、中心线不在零件回转中心的孔和径向孔的钻削等加工，如图 2-10 所示。

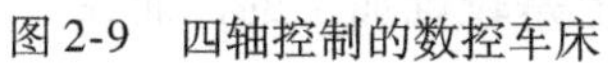
图 2-9 四轴控制的数控车床

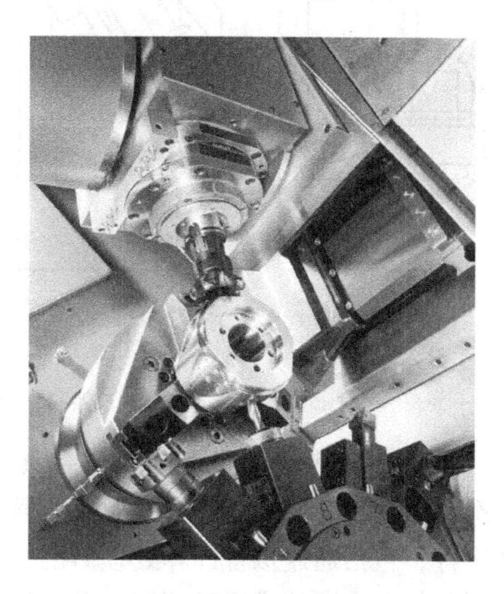

图 2-10 车削加工中心

(2) 数控车床的布局 数控车床的主轴、尾座等部件相对床身的布局形式与普通车床基本一致。因为刀架和导轨的布局形式直接影响数控车床的使用性能及机床的结构和外观，所以刀架和导轨的布局形式发生了根本的变化。另外，数控车床上都设有封闭的防护装置，有些还安装了自动排屑装置。

数控车床床身导轨与水平面的相对位置如图 2-11 所示，它有四种布局形式，图 2-11a 所示为平床身，图 2-11b 所示为斜床身，图 2-11c 所示为平床身斜滑板，图 2-11d 所示为立床身。

水平床身配上水平放置的刀架可提高刀架的运动精度，工艺性好，便于导轨面的加工，一般可用于大型数控车床或小型精密数控车床的布局。但是由于水平床身下部空间小，故排屑困难。从结构尺寸上看，刀架水平放置使得滑板横向尺寸较大，从而加大了机床宽度方向的结构尺寸。水平床身配上倾斜放置的滑板，并配置倾斜式导轨防护罩的布局形式一方面有水平床身工艺性好的特点，另一方面机床宽度方向的尺寸较水平配置滑板的要小，且排屑方便。由于水平床身配上倾斜放置的滑板和斜床身配置斜滑板这两种布局形式具有排屑容易，从工件上切下的炽热切屑不会堆积在导轨上，便于安装自动排屑器，操作方便，易于安装机械手，以实现单机自动化，机床外形简洁、美观，占地面积小，容易实现封闭式防护等特点，所以中、小型数控车床普遍采用这两种形式。

斜床身导轨倾斜的角度分别为 30°、45°、60°和 75°，当角度为 90°时称为立式床身。倾斜角度小，排屑不便；倾斜角度大，导轨的导向性差，受力情况也差。导轨倾斜角度的大小还直接影响机床外形尺寸高度与宽度的比例。综合考虑上面的诸因素，中小规格的数控车床，其床身的倾斜角度以 60°为宜。

(3) 数控车床的加工对象 数控车削是数控加工中用得最多的加工方法之一。与常规加工相比，数控车削加工对象具有如下特点。

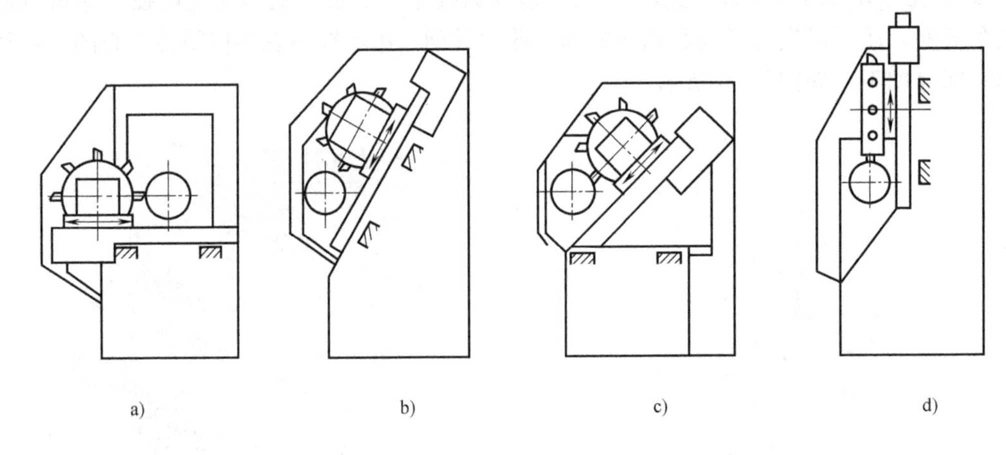

图 2-11　数控车床的布局

1）轮廓形状特别复杂的回转体零件加工。车床数控装置都具有直线和圆弧插补功能，还有部分车床数控装置有某些非圆曲线的插补功能，所以能车削任意平面曲线轮廓所组成的回转体零件，包括通过拟合计算处理后的、不能用方程描述的列表曲线类零件。图 2-12 所示壳体零件封闭内腔的成形面“口小肚大”，在普通车床上是较难加工的，而在数控车床上则很容易加工出来。

2）高精度零件的加工。零件的精度要求主要指尺寸、形状、位置、表面精度要求，其中表面精度主要指表面粗糙度。数控车床可加工尺寸精度高（达 0.001mm 或更小）的零件，圆柱度要求高的圆柱体零件，直线度、圆度和倾斜度均要求高的圆锥体零件，线轮廓度要求高的零件（其轮廓形状精度可超过用数控线切割加工的样板的精度）。在特种精密数控车床上，还可以加工出几何轮廓精度极高（达 0.0001mm）、表面粗糙度值极小（达 $Ra0.02\mu m$）的超精零件，以及通过恒线速切削功能加工表面质量要求高的各种变径表面类零件等，如图 2-13 和图 2-14 所示。

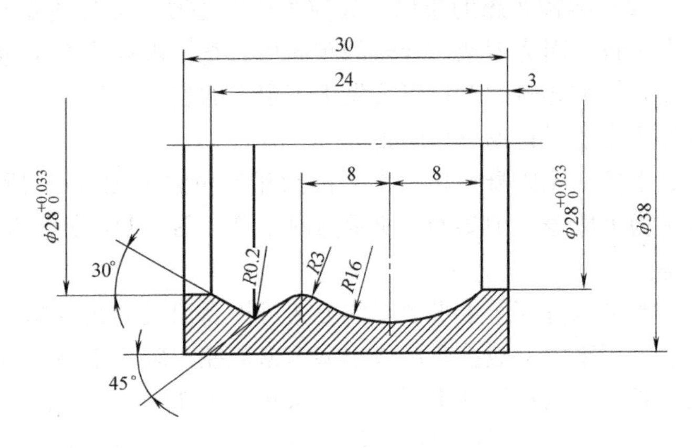

图 2-12　适合数控车削的回转体工件示例

3）特殊的螺旋零件加工。这些螺旋零件是指特大螺距（或导程）、变（增/减）螺距、等螺距与变螺距或圆柱与圆锥螺旋面之间做平滑过渡的螺旋零件，以及高精度的模数螺旋零件（如圆柱、圆弧蜗杆）和端面（盘形）螺旋零件等，如图 2-15 所示为非标丝杠。

4）淬硬工件的加工。在大型模具加工中，有不少尺寸大而形状复杂的零件。这些零件热处理后的变形量较大，磨削加工有困难，而在数控车床上可以用陶瓷车刀对淬硬后的零件进行车削加工，以车代磨，提高加工效率。

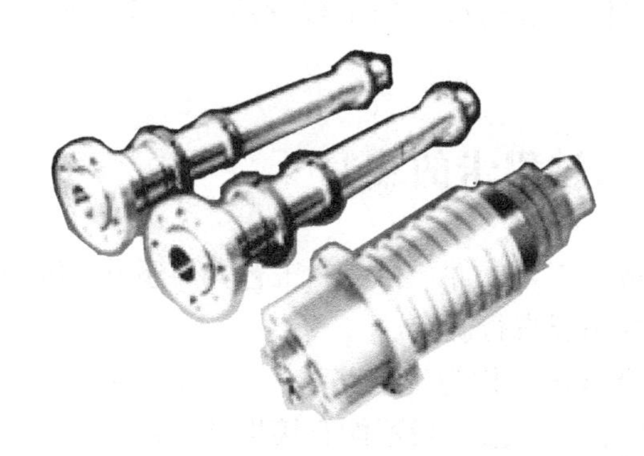

图 2-13　机床主轴

图 2-14　电主轴

5）高效率加工。为了进一步提高车削加工效率，通过增加车床的控制坐标轴，就能在一台数控车床上同时加工出两个多工序的相同或不同的零件。

图 2-16 所示为数控车床加工的常见零件。

图 2-15　非标丝杠

图 2-16　数控车床加工的常见零件

（4）选择并确定数控车削的加工内容

1）通用机床无法加工的内容应作为首先选择内容，常见的有以下几种情况。

① 由轮廓曲线构成的回转表面。

② 具有微小尺寸要求的结构表面。

③ 同一表面采用多种设计要求的结构。

④ 表面间有严格几何关系要求的表面。

2）通用机床难加工、质量难以保证的内容应作为重点选择内容。

① 表面间有严格位置精度要求但在普通机床上无法一次安装加工的表面。

② 表面质量要求很高的锥面、曲面和端面等。

3）通用机床加工效率低、工人手工操作劳动强度大的内容，可在数控机床尚存在富余能力的基础上进行加工。

4）常见的不宜采用数控加工的内容，有以下几种情况。

① 需要通过较长时间占机调整的加工内容，如偏心回转零件用单动卡盘长时间在机床上调整，但加工内容却比较简单。

② 不能在一次安装中加工完成的其他零星部位，采用数控加工很麻烦，效果不明显，可安排通用机床补加工。

任务二　机械加工工艺过程卡的编写

将工艺规程的内容填入一定格式的卡片，即成为工艺文件。目前，工艺文件还没有统一的格式，各厂都是按照一些基本的内容，根据具体情况自行确定。

工艺过程卡主要列出了零件加工所经过的整个路线（称为工艺路线），以及工装设备和工时等内容。由于工艺过程卡对各工序的说明不够具体，故一般不能直接指导工人操作，而多作为生产管理方面使用。在单件小批生产中，通常不编制其他较详细的工艺文件，而是以工艺过程卡指导生产，这时应将其编制得详细些。其具体格式见表 2-1。

表 2-1　机械加工工艺过程卡

机械加工工艺过程卡			产品型号			零件图号	
			产品名称			零件名称	
材料牌号		毛坯种类	毛坯外形尺寸			备注	
工序号	工序名称	工序内容	车间	工段	设备	工艺装备	工时
编制		审核				共　页	第　页

一、数控车床常见装夹方式

（1）卡盘　卡盘是利用均布在卡盘体上的活动卡爪的径向移动，把工件夹紧并定位的机床附件。卡盘一般由卡盘体、活动卡爪和卡爪驱动机构三个部分组成。卡盘体直径最小为65mm，最大可达1500mm，中央有通孔，以便通过工件或棒料；背部有圆柱形或短锥形结构，直接或通过法兰盘与机床主轴端部相连接。卡盘通常安装在车床、外圆磨床和内圆磨床上使用，也可与各种分度装置配合，用于铣床和钻床上。卡盘按驱动卡爪所用动力不同，分为手动卡盘和动力卡盘两种。

手动卡盘为通用附件，常用的有自动定心的自定心卡盘和每个卡爪可以单独移动的单动卡盘。自定心卡盘（图 2-17）由小锥齿轮驱动大锥齿轮，大锥齿轮的背面有阿基米德螺旋槽，与三个卡爪相啮合，因此用扳手转动小锥齿轮，便能使三个卡爪同时沿径向移动，实现

自动定心和夹紧，适于夹持圆形、正三角形或正六边形等工件。单动卡盘（图 2-18）的每个卡爪底面有内螺纹与螺杆连接，用扳手转动各个螺杆便能分别使相连的卡爪做径向移动，适于夹持四边形或不对称形状的工件。

动力卡盘属于自动定心卡盘，配以不同的动力装置（气缸、液压缸或电动机），便可组成气动卡盘、液压卡盘或电动卡盘。气缸或液压缸装在机床主轴后端，用穿在主轴孔内的拉杆或拉管，推拉主轴前端卡盘体内的楔形套，由楔形套的轴向进退使三个卡爪同时径向移动。图 2-19 所示为楔套式动力卡盘，这种卡盘动作迅速，卡爪移动量小，适于在大批量生产中使用。三个卡爪有正爪和反爪之分，有的卡盘可将卡爪反装即成反爪，当换上反爪即可安装较大直径的工件。反爪卡盘如图 2-20 所示。

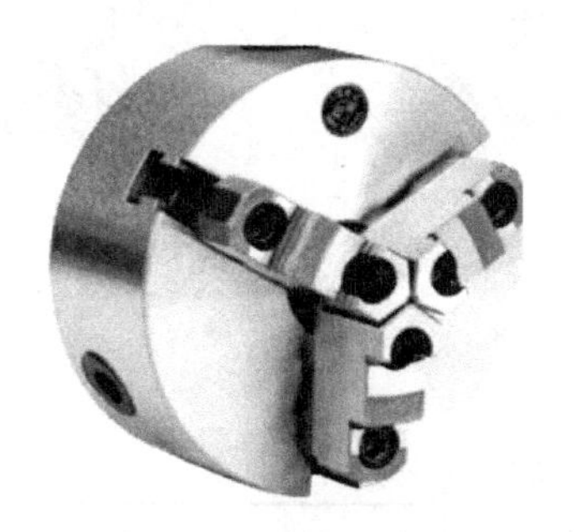

图 2-17　自定心卡盘

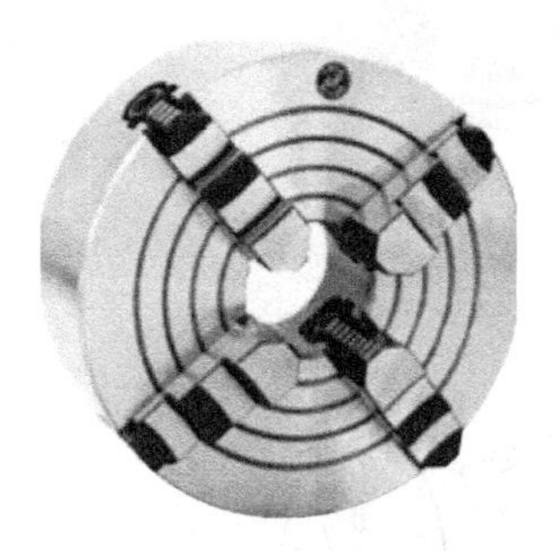

图 2-18　单动卡盘

图 2-19　楔套式动力卡盘

图 2-20　反爪卡盘

（2）顶尖　对于长度尺寸较大或加工工序较多的轴类工件，为保证每次装夹时的装夹精度，可用两顶尖装夹。两顶尖装夹工件方便，不需找正，装夹精度高，但必须先在工件的两端面钻出中心孔，同时还要靠其他方式传递转矩。该装夹方式适用于多工序加工或精加工。常见顶尖的类型如图 2-21 所示。车床用两顶尖夹具常见的形式有鸡心顶尖夹具（图 2-22）和拨齿顶尖夹具（图 2-23）。

用两顶尖装夹工件时的注意事项如下。

1）车削前要调整尾座顶尖轴线，使前后顶尖的连线与车床主轴轴线同轴，否则车出的工件会产生锥度误差。

2）在不影响车刀切削的前提下，尾座套筒应尽量伸出得短些，以增加刚性，减少振动。

3）应选用正确类型的中心孔，形状准确，表面粗糙度值小。

4）两顶尖与中心孔的配合应松紧合适，在加工过程中要注意调整顶尖的顶紧力。

5）在两顶尖间加工细长轴时，应使用跟刀架或中心架，固定顶尖和中心架应注意润滑。

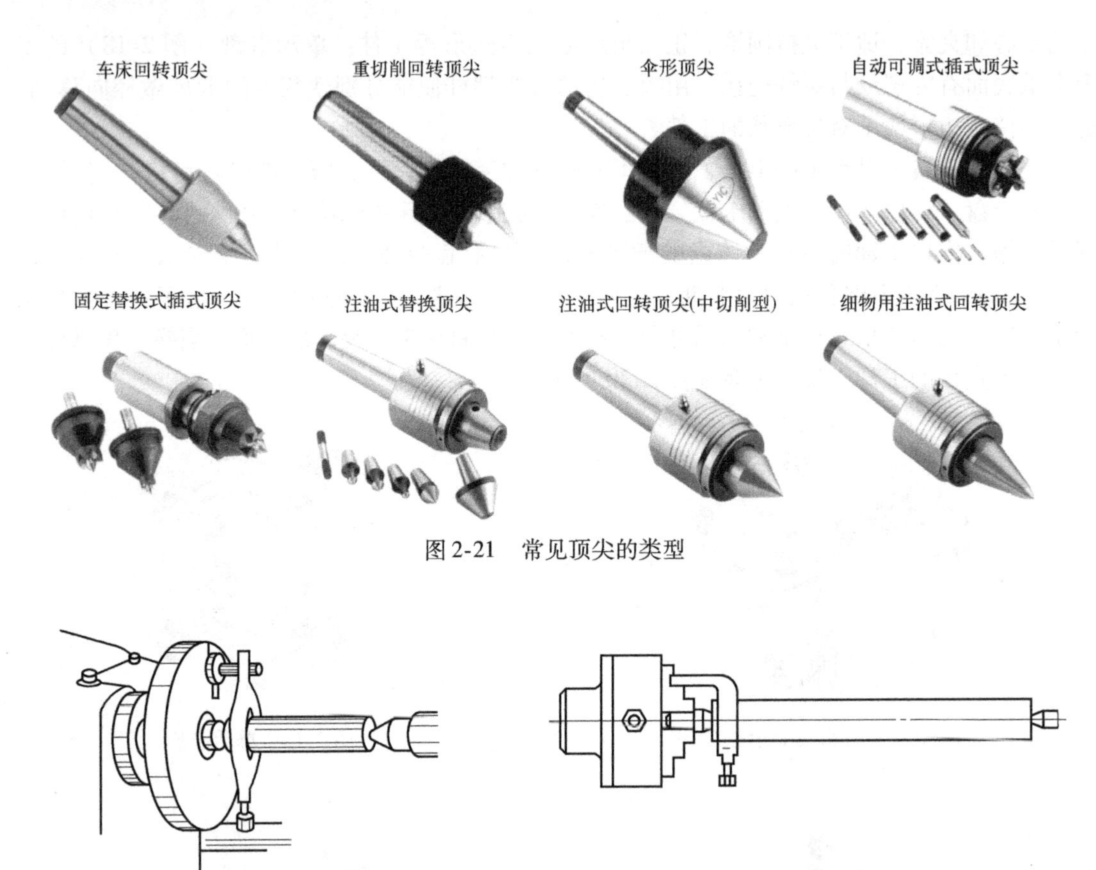

图 2-21　常见顶尖的类型

图 2-22　鸡心顶尖夹具

图 2-23　拨齿顶尖夹具

（3）卡盘和顶尖　用两顶尖装夹工件虽然精度高，但刚性较差。因此，车削质量较大的工件时要一端用卡盘夹住，另一端用后顶尖支承。为了防止工件由于切削力的作用而产生轴向位移，必须在卡盘内装一限位支承，或利用工件的台阶面限位（图 2-24）。这种方法比较安全，能承受较大的进给力，安装刚性好，轴向定位准确，所以应用比较广泛。

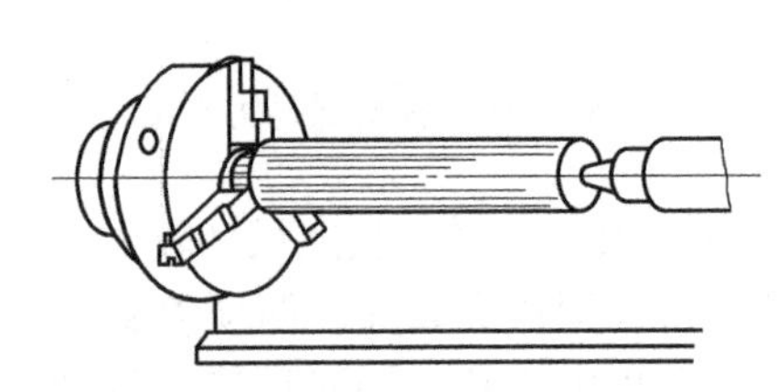

图 2-24　一顶一夹夹具

（4）双卡盘　对于精度要求高、变形要求小的细长轴类零件，可采用双主轴驱动式数控车床加工，机床两主轴轴线同轴、转动同步，零件两端同时分别由自定心卡盘装夹并带动旋转，这样可以减小切削加工时切削力矩引起的工件扭转变形。双卡盘夹具如图 2-25 所示。

二、心轴式车床夹具

这类车床夹具是工件随主轴旋转，刀具做进给运动。按夹具与主轴的连接方法不同，它又可分为两种形式。

心轴宜用于以孔作为定位基准的工件，由于其结构简单而常有应用。按照与机床主轴的连接方式，心轴可分为顶尖式心轴（图 2-26）和锥柄式心轴（图 2-27）两种。前者可加工长筒形工件，而后者仅能加工短的套筒或盘状工件。

图 2-25　双卡盘夹具

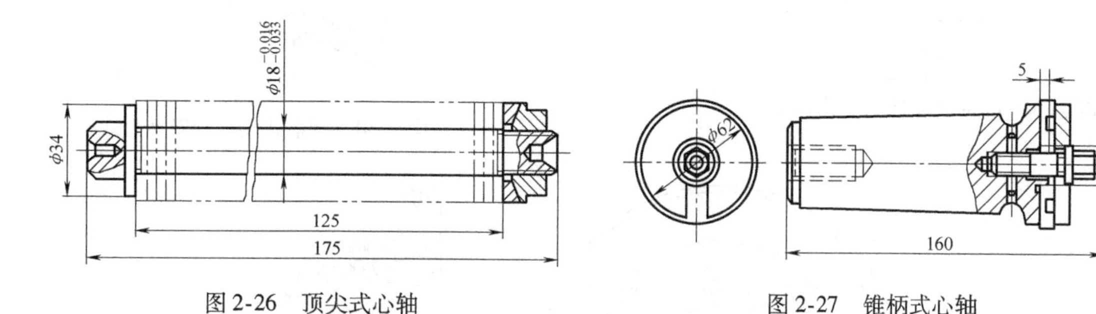

图 2-26　顶尖式心轴　　　　图 2-27　锥柄式心轴

锥柄式心轴的锥度应与机床主轴锥孔的锥度相一致。锥柄尾部的螺纹孔是在承受较大力时用拉杆拉紧心轴用的。

为了减小心轴在机床上的安装误差（心轴定位面对机床主轴的同轴度误差），应使其安装表面（顶尖式心轴的两顶尖孔或锥柄式心轴的锥面）对其定位面的跳动量为最小。

三、圆盘式车床夹具

这种夹具应用范围很广，如各种轴类、盘类、套筒类和齿轮类等工件的夹具，都可设计成这种类型。这种夹具与机床主轴头端相连接。它的回转轴线与机床主轴的回转轴线要求有尽可能高的同轴度，以保证夹具有较高的回转精度。根据圆盘式车床夹具径向尺寸大小的不同，其在机床主轴上的安装方式有两种。

对于径向尺寸 D 小于 140mm，或 $D<(2\sim3)d$ 的小型夹具（图 2-28），一般通过锥柄安装在车床主轴锥孔中，并用螺栓拉紧。这种连接方式定心精度较高。

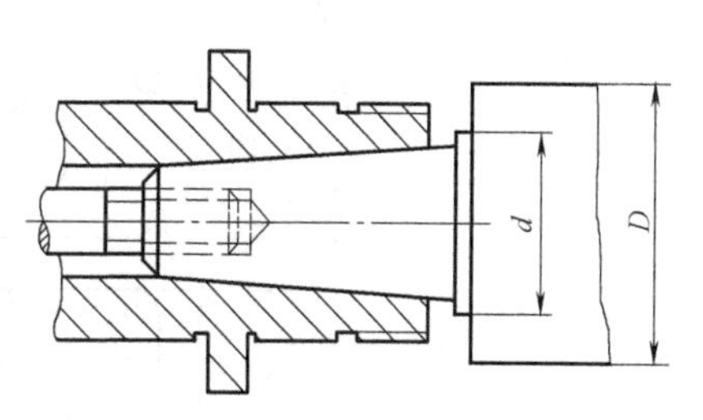

图 2-28　圆盘式夹具的安装方式一

对于径向尺寸较大的夹具，一般通过过渡盘与车床主轴头端连接，如图 2-29 和图 2-30 所示。

图 2-31 所示的车床夹具，工件是以孔及端面为基准在定位件上定位，用三块联动的钩形压板夹紧的。拧动夹具中心处的内六角圆柱头螺钉，即可使三块带螺旋槽的钩形压板同时夹紧工件。反转螺钉时，三块钩形压板靠螺旋槽的作用松开后又自动转开，便于取出工件。

四、角铁式车床夹具

角铁式车床夹具如图2-32和图2-33所示。图2-32所示的夹具，工件以一平面和两孔为基准在夹具定位面和两个销上定位，用两块移动压板夹紧，被加工表面是孔。为了便于在加工过程中检验所车端面的尺寸，靠近加工面处设计有测量基准面。此外，夹具上还装有配重块用于平衡夹具的重心。

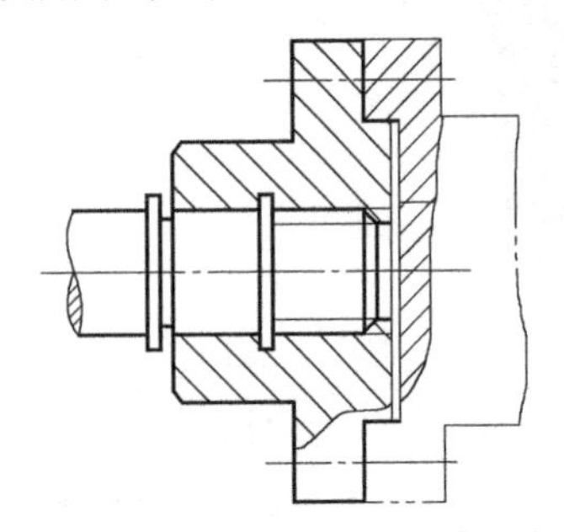

图2-29　圆盘式夹具的安装方式二

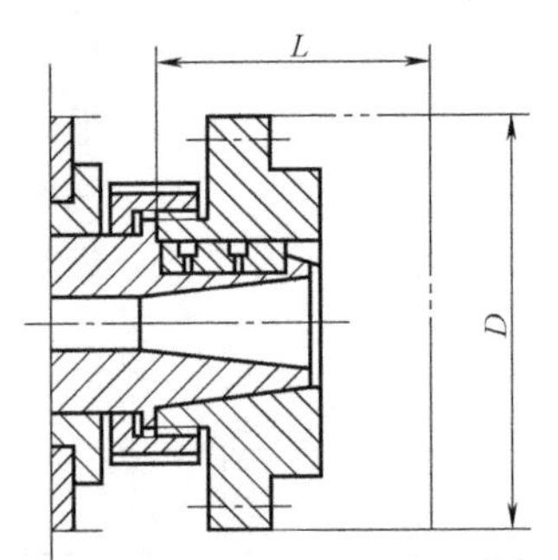

图2-30　圆盘式夹具的安装方式三

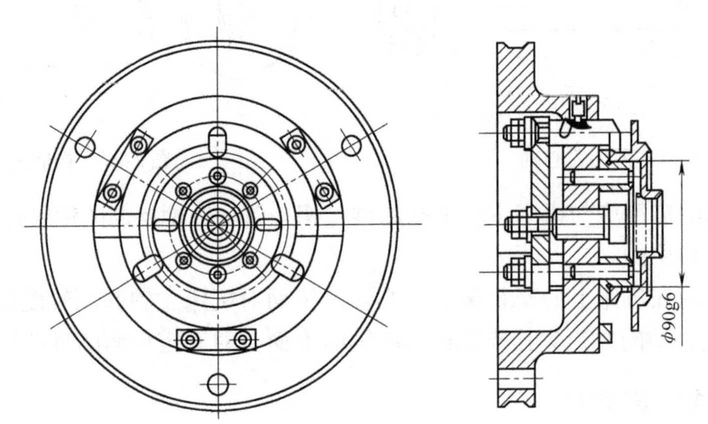

图2-31　圆盘式车床夹具结构图

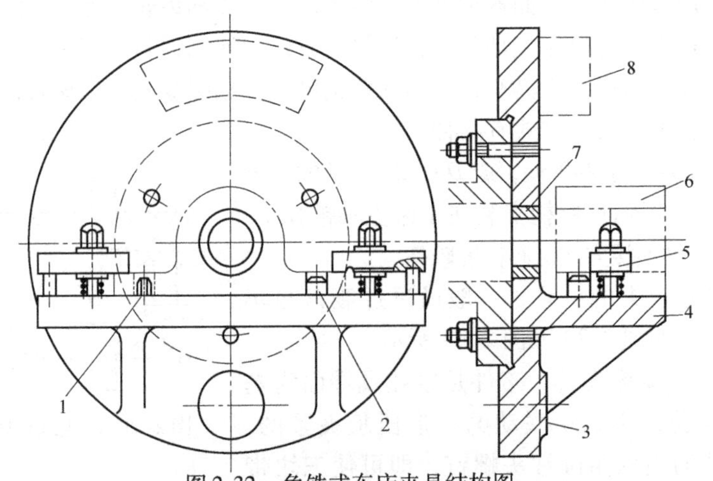

图2-32　角铁式车床夹具结构图

1—削边定位销　2—圆柱定位销　3—轴向定积基面　4—夹具体

5—压板　6—工件　7—导向套　8—平衡配重

图 2-33　角铁式车床夹具实物图

图 2-1 所示短轴工件的机械加工工艺过程卡见表 2-2。

表 2-2　机械加工工艺过程卡

<table>
<tr><td colspan="4" rowspan="2">机械加工工艺过程卡</td><td>产品型号</td><td colspan="2"></td><td>零件图号</td><td></td></tr>
<tr><td>产品名称</td><td colspan="2">短轴</td><td>零件名称</td><td></td></tr>
<tr><td>材料牌号</td><td>45 钢</td><td>毛坯种类</td><td>棒料</td><td>毛坯外形尺寸</td><td colspan="2">ϕ18mm×64mm</td><td>备注</td><td></td></tr>
<tr><td>工序号</td><td>工序名称</td><td colspan="2">工序内容</td><td>车间</td><td>工段</td><td>设备</td><td>工艺装备</td><td>工时</td></tr>
<tr><td>1</td><td>备料</td><td colspan="2">棒料：ϕ18mm × 64mm</td><td></td><td></td><td></td><td></td><td></td></tr>
<tr><td rowspan="2">2</td><td rowspan="2">车</td><td colspan="2">（1）车右端面、外圆并倒角</td><td rowspan="2">数控加工</td><td rowspan="2"></td><td rowspan="2">CKA6136I</td><td rowspan="2">自定心卡盘</td><td rowspan="2"></td></tr>
<tr><td colspan="2">（2）车左端面，保证总长；车外圆并倒角</td></tr>
<tr><td>3</td><td>去毛刺</td><td colspan="2"></td><td></td><td></td><td></td><td></td><td></td></tr>
<tr><td>4</td><td>尺寸检验</td><td colspan="2"></td><td></td><td></td><td></td><td></td><td></td></tr>
<tr><td>5</td><td>检查入库</td><td colspan="2"></td><td></td><td></td><td></td><td></td><td></td></tr>
<tr><td>编制</td><td colspan="2"></td><td>审核</td><td colspan="3"></td><td>共　页</td><td>第　页</td></tr>
</table>

任务三　数控加工工序卡的编写

数控加工工序卡（表 2-3）与普通加工工序卡有许多相似之处，所不同的是加工图中应注明编程原点与对刀点，要进行简要的编程说明及切削参数的选定。

在工序加工内容不十分复杂的情况下，用数控加工工序卡的形式较好，可以把零件加工图、尺寸、技术要求、工序内容及程序要说明的问题集中反映在一张卡片上，做到一目了然。

表 2-3　数控加工工序卡

数控加工工序卡				产品型号		零件图号			
				产品名称		零件名称			
材料牌号		毛坯种类		毛坯外形尺寸		备注			
工序号	工序名称	设备名称	设备型号	程序编号	夹具代号	夹具名称	切削液	车间	
工步号	工步内容	刀具号	刀具	量具及检具	主轴转速 /(r/min)	切削速度 /(m/min)	进给速度 /(mm/min)	背吃刀量 /mm	备注
编制		审核		批准		共　页		第　页	

一、数控车床的对刀

（1）刀位点　刀位点是指在加工程序编制中，用以表示刀具特征的点，也是对刀和加工的基准点。各类车刀的刀位点如图 2-34 所示。

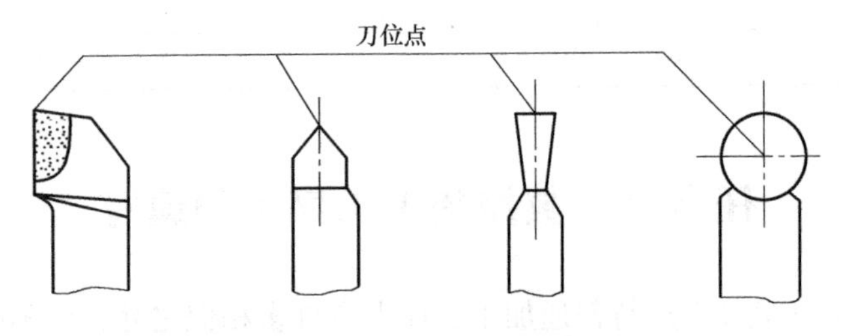

图 2-34　各类车刀的刀位点

（2）对刀方式　数控车床上的对刀方法有四种，即试切法对刀、机外对刀仪对刀、ATC 对刀和自动对刀。根据实际需要，试切法对刀又可以采用三种形式，分别是 T 指令对刀、G54 – G59 对刀和 G50 对刀。

机外对刀仪对刀的原理如图2-35所示，其方法是使刀具球头或刀尖通过放大投射于刻线屏上，把刀具球头或刀尖中心调整到刻线屏米字线中心（图2-36），以测量出刀具长度和半径。

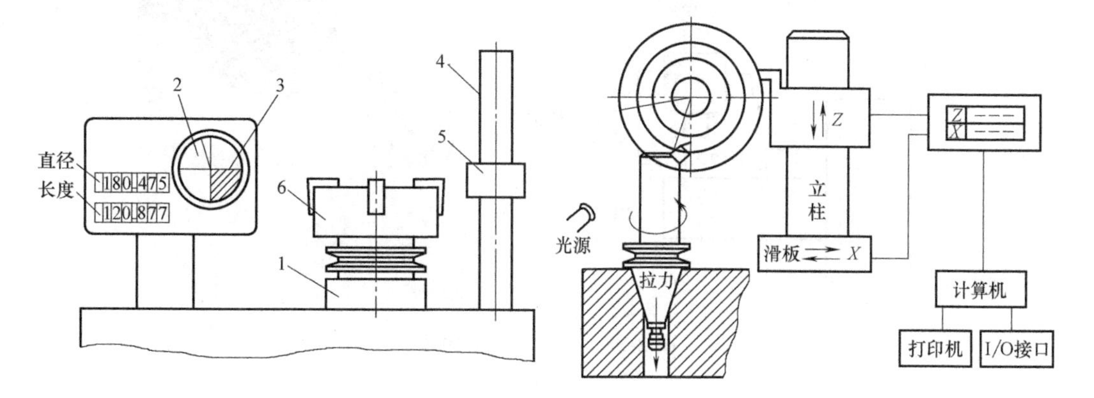

图2-35　机外对刀仪对刀的原理

1—刀座　2—可旋转刻线屏　3—刀具刃口投影　4—立柱　5—光学测量头　6—刀具

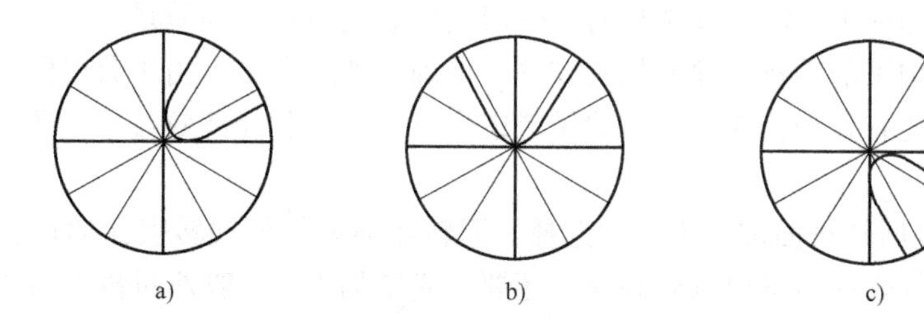

图2-36　对刀投影示意图

a）端面外径刀尖　b）对称刀尖　c）端面内径刀尖

ATC对刀的原理如图2-37所示，它是在机床上利用对刀显微镜自动地计算出车刀长度的一种对刀方法。按下“自动计算（对刀）”按键时，刀具两个方向的长度就被自动计算出来，并自动存入其刀补号区域。

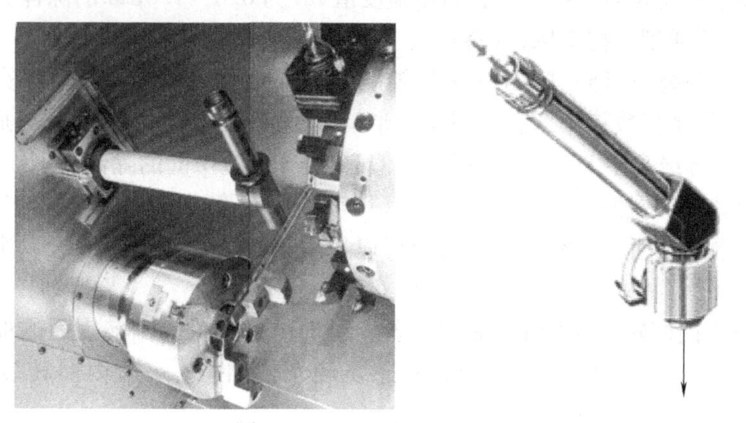

图2-37　ATC对刀的原理

自动对刀的原理如图2-38所示，它是利用数控装置自动、精确地测出刀具两个坐标方向的长度，自动修正刀具补偿值，并且不用停顿就接着开始加工工件的对刀方法。

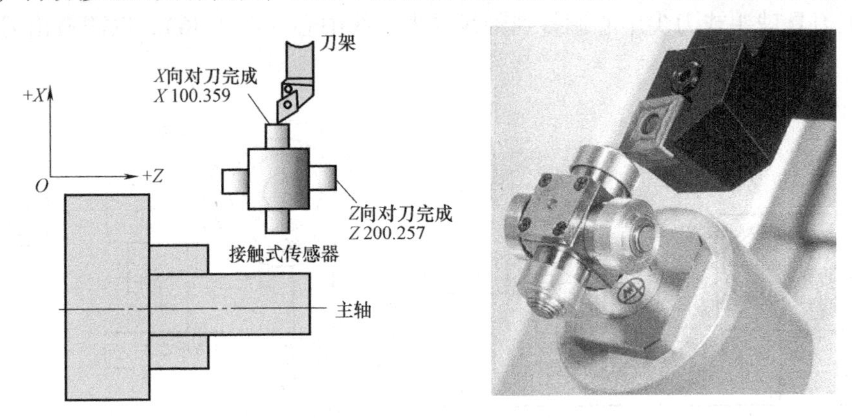

图 2-38　自动对刀的原理

二、工艺路线的拟订

（1）加工方法的选择　数控车削加工方法的选择，就是为零件上每一个有质量要求的表面选择一套合理的加工方法。在选择时，一般先根据表面精度和质量要求选定最终加工方法，然后再确定精加工前准备工序的加工方法，即确定加工方案。由于获得同一精度和表面质量的加工方法往往有几种，在选择时除了考虑生产率要求和经济效益外，还应综合考虑其他因素。

1）数控车削外回转表面加工方法的选择。回转体类零件外回转表面的加工方法主要是车削和磨削，当零件表面质量要求较高时，还要经光整加工。一般外回转表面的参考加工方法如下：

① 尺寸公差等级为 IT11 以下、表面粗糙度值 Ra 为 12.5 ~ 50μm 的除淬火钢以外的常用金属，可以采用普通型数控车床，按粗车（或一次车）的方案进行加工。

② 尺寸公差等级为 IT8 ~ IT10、表面粗糙度值 Ra 为 3.2 ~ 12.5μm 的除淬火钢以外的常用金属，可以采用普通型数控车床，按粗车、精车的方案进行加工。

③ 尺寸公差等级为 IT7 ~ IT8、表面粗糙度值 Ra 为 0.8 ~ 1.6μm 的除淬火钢以外的常用金属，可以采用普通型数控车床，按粗车、半精车、精车的方案进行加工。

④ 尺寸公差等级为 IT5 ~ IT6、表面粗糙度值 Ra 为 0.2 ~ 0.8μm 的除淬火钢以外的常用金属，可以采用精密型数控车床，按粗车、半精车、精车、细车的方案进行加工。

⑤ 尺寸公差等级高于 IT5、表面粗糙度值 Ra 小于 0.08μm 的除淬火钢以外的常用金属，可以采用高档精密型数控车床，按粗车、半精车、精车、精密车的方案进行加工。

⑥ 对淬火钢等难加工材料，在淬火前可以采用粗车、半精车的方法，淬火后安排磨削加工。

2）数控车削内回转表面加工方法的选择。回转体类零件内回转表面的加工方法主要是车削和磨削，当零件表面质量要求较高时还要经光整加工。一般内回转表面的加工方法如下。

① 尺寸公差等级为 IT11 以下、表面粗糙度值 Ra 为 12.5 ~ 50μm 的除淬火钢以外的常用金属，可以采用普通型数控车床，按粗车（或一次车）的方案进行加工。

② 尺寸公差等级为 IT8 ~ IT10、表面粗糙度值 *Ra* 为 3.2 ~ 12.5μm 的除淬火钢以外的常用金属，可以采用普通型数控车床，按粗车、精车的方案进行加工。

③ 尺寸公差等级为 IT7 ~ IT8、表面粗糙度值 *Ra* 为 0.8 ~ 1.6μm 的除淬火钢以外的常用金属，可以采用普通型数控车床，按粗车、半精车、精车的方案进行加工。

④ 尺寸公差等级为 IT5 ~ IT6、表面粗糙度值 *Ra* 为 0.2 ~ 0.8μm 的除淬火钢以外的常用金属，可以采用精密型数控车床，按粗车、半精车、精车、细车的方案进行加工。

⑤ 尺寸公差等级高于 IT5、表面粗糙度值 *Ra* 小于 0.2μm 的除淬火钢以外的常用金属，可以采用高档精密型数控车床，按粗车、半精车、精车、精密车的方案进行加工。

⑥ 对淬火钢等难加工材料，在淬火前可以采用粗车、半精车的方法，淬火后安排磨削加工。

（2）工序的划分　数控机床加工的工艺路线的设计必须全面考虑各种因素，注意工序的正确划分、顺序及合理安排数控机床加工工序与普通工序的衔接。数控机床加工与普通机床加工相比，加工工序更加集中。根据数控机床的加工特点，数控机床加工工序的划分有以下几种形式。

1）以一台机床所进行的加工内容作为一道工序。一般情况下，单件小批生产时，采用工序集中的加工方法，即在一台机床上加工出尽量多的表面。对于需要多台不同的数控机床、多道工序才能完成加工的零件，工序划分自然以机床为单位来进行。

2）以一次安装所进行的加工内容作为一道工序。适合于加工内容不多的工件，加工完成后就能达到待检状态。

3）以一个完整数控程序连续加工的内容作为一道工序。有些零件虽然能在一次安装中加工出很多待加工面，但考虑到程序太长，会受到某些限制，如控制系统的限制（主要是内存容量）、机床连续工作时间的限制（如一道工序在一个工作班内不能结束）等。此外，程序太长会增加出错率，查错与检索困难，因此程序不能太长。这时可以一个独立、完整的数控程序连续加工的内容为一道工序，在本工序内用多少把刀具、加工多少内容，主要根据控制系统的限制、机床连续工作时间的限制等因素考虑。

4）以工件上用一把刀具加工的结构内容组合为一道工序。有些零件结构较复杂，既有回转表面也有非回转表面，既有外圆、平面也有内腔、曲面。对于加工内容较多的零件，按零件结构特点将加工内容组合分成若干部分，每一部分用一把典型刀具加工。这时可以将组合在一起的所有部位作为一道工序，然后再将另外组合在一起的部位换另外一把刀具加工，作为新的一道工序。这样可以减少换刀次数，减少空行程时间。

5）以粗、精加工划分工序。对于容易发生加工变形的零件，通常粗加工后需要进行矫正，这时粗加工和精加工作为两道工序，可以采用不同的刀具或不同的数控车床加工。对毛坯余量较大和加工精度要求较高的零件，应将粗车和精车分开，划分成两道或更多的工序。将粗车安排在精度较低、功率较大的数控车床上，将精车安排在精度较高的数控车床上。

图 2-1 所示的短轴工件在进行工序划分时，考虑到工件产量属于单件小批生产，采用以一台机床所进行的加工内容作为一道工序（详见表 2-2）。如果该产品产量属于中批以上，可以考虑采用以一次安装所进行的加工内容作为一道工序，将加工工序划分为两道工序，以利于流水线作业，提高加工效率。

（3）工序顺序的安排　数控加工是机械加工的一种，因此与一般的机械加工工序的安

排有一些相似之处。数控加工顺序的安排一般应遵循以下原则（适用于大部分数控机床加工）。

1）先加工定位面，即上道工序的加工能为后面的工序提供精基准和合适的夹紧表面。制订零件的整个工艺路线就是从最后一道工序开始往前推，按照前工序为后工序提供基准的原则先大致安排。

2）先加工平面后加工孔，先加工简单的几何形状再加工复杂的几何形状。

3）对精度要求高、粗精加工需分开进行的，先粗加工后精加工。

4）以相同定位、夹紧方式安装的工序，最好接连进行，以减少重复定位次数和夹紧次数。

5）中间穿插有通用机床加工工序的要综合考虑，合理安排其加工顺序。

（4）工步顺序的安排　安排工步顺序的一般原则如下。

1）先粗后精。为了提高生产率并保证零件的精加工质量，在切削加工时，应先安排粗加工工序，在较短的时间内，将精加工前大量的加工余量（图 2-39 中的虚线框内部分）去掉，同时尽量满足精加工的余量均匀性要求。

当粗加工工序安排完后，应接着安排换刀后进行的半精加工和精加工。其中，安排半精加工的目的是，当粗加工后所留余量的均匀性满足不了精加工要求时，可安排半精加工作为过渡性工序，以便使精加工余量小而均匀。

在安排可以一刀或多刀进行的精加工工序时，其零件的最终轮廓应由最后一刀连续加工而成。这时，加工刀具的进退刀位置要考虑妥当，尽量不要在连续的轮廓中安排切入和切出或换刀及停顿，以免因切削力突然变化而造成弹性变形，致使光滑连接轮廓上产生表面划伤、形状突变或滞留刀痕等缺陷。

2）先近后远加工，减少空行程时间。这里所说的远与近，是按加工部位相对于对刀点的距离大小而言的。在一般情况下，特别是在粗加工时，通常安排离对刀点近的部位先加工，离对刀点远的部位后加工，以便缩短刀具移动距离，减少空行程时间。对于车削加工，先近后远有利于保持毛坯件或半成品件的刚性，改善其切削条件。

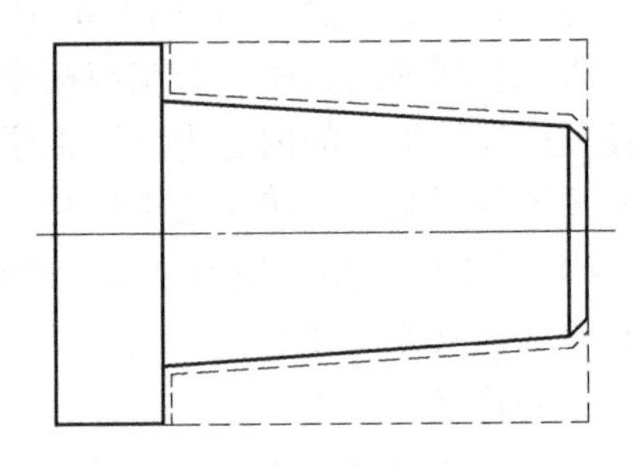
图 2-39　先粗后精案例

例如，当加工图 2-40 所示零件时，如果按 ϕ30mm→ϕ26mm→ϕ22mm 的次序安排车削，不仅会增加刀具返回对刀点所需的空行程时间，而且还可能使台阶的外直角处产生毛刺。对这类直径相差不大的台阶轴，当第一刀的背吃刀量（图 2-40 中最大背吃刀量可为 3mm 左右）未超限时，宜按 ϕ22mm→ϕ26mm→ϕ30mm 的次序先近后远地安排车削。

3）内外交叉。对既有内表面（内型腔）又有外表面需加工的零件，安排加工顺序时，应先进行内外表面粗加工，后进行内外表面精加工。切不可将零件上一部分表面（外表面或内表面）加工完毕后，再加工其他表面（内表面或外表面）。

4）保证工件加工刚度原则。在一道工序中进行的多工步加工，应先安排对工件刚性破坏较小的工步，后安排对工件刚性破坏较大的工步，以保证加工时的刚度要求，即一般先加工离装夹部位较远的、在后续工步中不受力或受力小的部位，本身刚性差又在后续工步中受

力的部位一定要后加工。

5）同一把刀能加工的内容连续加工原则。此原则的含义是用同一把刀把能加工的内容连续加工出来，以减少换刀次数，缩短刀具移动距离，特别是精加工同一表面，一定要连续切削。该原则与先粗后精原则有时相矛盾，能否选用以能否满足加工精度要求为准。

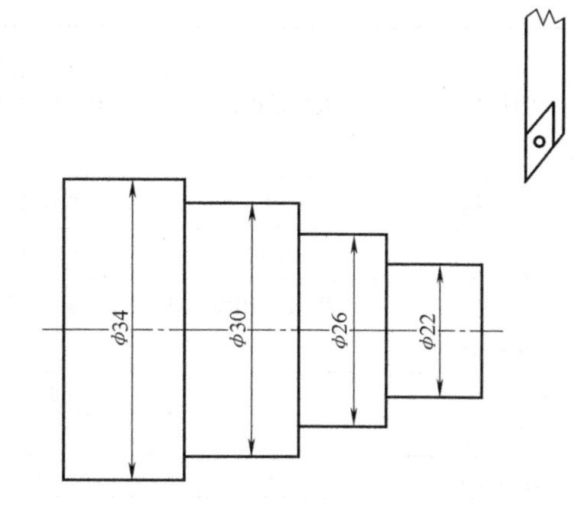

图 2-40　先近后远加工

三、切削用量的选择

数控机床加工的切削用量包括切削速度 v_c（或主轴转速 S）、背吃刀量 a_p 和进给量 f，其选用原则与普通机床基本相似。合理选择切削用量的原则是：粗加工时，以提高劳动生产率为主，选用较大的切削用量；半精加工和精加工时，选用较小的切削用量，保证工件的加工质量。图 2-41 所示为车削运动的示意图。

（1）背吃刀量 a_p　工艺系统刚性和机床功率允许的条件下，尽可能选取较大的背吃刀量，以减少进给次数。当工件的精度要求较高时，应考虑留有精加工余量，一般为0.1～0.5mm。

（2）切削速度 v_c

1）车削光轴的切削速度 v_c。车削光轴的切削速度 v_c 由工件材料、刀具的材料及加工性质等因素所确定，表 2-4 所列为硬质合金外圆车刀切削速度参考值。

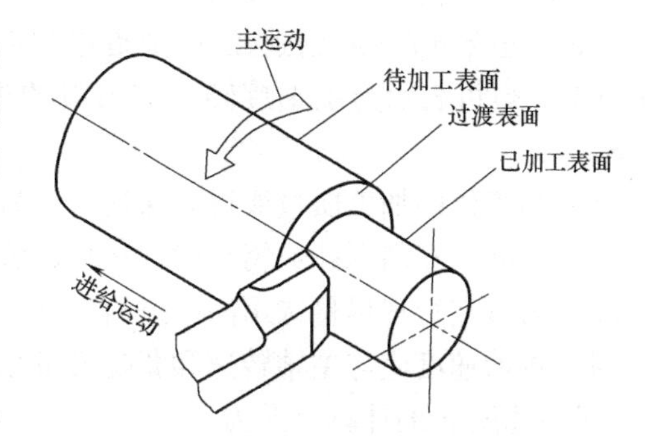

图 2-41　车削运动的示意图

切削速度 v_c 的计算公式为

$$v_c = \frac{\pi S d}{1000}$$

式中　d——工件或刀尖的回转直径，单位为 mm；

S——工件或刀具的转速，单位为 r/min。

表 2-4　硬质合金外圆车刀切削速度的参考值

工件材料	热处理状态	a_p=0.3～2mm	a_p=2～6mm	a_p=6～10mm
		f=0.08～0.3mm/r	f=0.3～0.6mm/r	f=0.6～1mm/r
		v_c/(m/min)		
低碳钢	热轧	140～180	100～120	70～90
中碳钢	热轧	130～160	90～110	60～80
	调质	100～130	70～90	50～70
合金结构钢	热轧	100～130	70～90	50～70
	调质	80～110	50～70	40～60

（续）

工件材料	热处理状态	$a_p=0.3\sim2mm$	$a_p=2\sim6mm$	$a_p=6\sim10mm$
		$f=0.08\sim0.3mm/r$	$f=0.3\sim0.6mm/r$	$f=0.6\sim1mm/r$
		$v_c/(m/min)$		
工具钢	退火	90～120	60～80	50～70
灰铸铁	<190HBW	90～120	60～80	50～70
	190～225HBW	80～110	50～70	40～60
高锰钢	—	—	10～20	—
铜及铜合金	—	200～250	120～180	90～120
铝及铝合金	—	300～600	200～400	150～200
铸铝合金	—	100～180	80～150	60～100

2）车削螺纹的主轴转速 S。车削螺纹时，车床的主轴转速受加工工件的螺距（或导程）大小、驱动电动机升降特性及螺纹插补运算速度等多种因素的影响，因此对于不同的数控系统，选择车削螺纹的主轴转速 S 时存在一定的差异。

用一般数控车床车螺纹时主轴转速的计算公式为

$$S \leqslant \frac{1200}{P} - k$$

式中　P——工件螺纹的螺距或导程，单位为 mm；

k——保险系数，一般为 80。

（3）进给量 f　进给速度 F 是指单位时间内，刀具沿进给方向移动的距离，单位为 mm/min，也可表示为主轴旋转一周刀具的进给量 f，单位为 mm/r。确定进给速度的原则如下。

1）当工件的加工质量能得到保证时，为提高生产率，可选择较高的进给速度。

2）切断、车削深孔或精车时，选择较低的进给速度。

3）刀具空行程尽量选用高的进给速度。

4）进给速度应与主轴转速和背吃刀量相适应。

进给速度 F 的计算公式为

$$F = Sf$$

式中　S——车床主轴的转速，单位为 r/min；

f——刀具的进给量，单位为 mm/r。

表 2-5 和表 2-6 分别为硬质合金车刀粗车外圆、端面的进给量参考值和按表面粗糙度值选择半精车、精车进给量的参考值，供选用参考。

表 2-5　硬质合金车刀粗车外圆、端面的进给量参考值

工件材料	车刀刀杆尺寸 $B \times H$ /mm	工件直径 d_w/mm	背吃刀量 a_p/mm				
			≤3	>3～5	>5～8	>8～12	>12
			进给量 f/(mm/r)				
碳素结构钢、合金结构钢及耐热钢	16×25	20	0.3～0.4	—	—	—	—
		40	0.4～0.5	0.3～0.4	—	—	—
		60	0.5～0.7	0.4～0.6	0.3～0.5	—	—
		100	0.6～0.9	0.5～0.7	0.5～0.6	0.4～0.5	—
		400	0.8～1.2	0.7～1.0	0.6～0.8	0.5～0.6	—

（续）

工件材料	车刀刀杆尺寸 $B\times H$ /mm	工件直径 d_w/mm	背吃刀量 a_p/mm				
			≤3	>3~5	>5~8	>8~12	>12
			进给量 f/(mm/r)				
碳素结构钢、合金结构钢及耐热钢	20×30 25×25	20	0.3~0.4	—	—	—	—
		40	0.4~0.5	0.3~0.4	—	—	—
		60	0.5~0.7	0.5~0.7	0.4~0.6	—	—
		100	0.8~1.0	0.7~0.9	0.5~0.7	0.4~0.7	—
		400	1.2~1.4	1.0~1.2	0.8~1.0	0.6~0.9	0.4~0.6
铸铁、铜合金	16×25	40	0.4~0.5	—	—	—	—
		60	0.5~0.8	0.5~0.8	0.4~0.6	—	—
		100	0.8~1.2	0.7~1.0	0.6~0.8	0.5~0.7	—
		400	1.0~1.4	1.0~1.2	0.8~1.0	0.6~0.8	—
	20×30 25×25	40	0.4~0.5	—	—	—	—
		60	0.5~0.9	0.5~0.8	0.4~0.7	—	—
		100	0.9~1.3	0.8~1.2	0.7~1.0	0.5~0.8	—
		400	1.2~1.8	1.2~1.6	1.0~1.3	0.9~1.1	0.7~0.9

注：1. 加工断续表面及有冲击的工件时，表内进给量应乘系数 $k=0.75\sim0.85$。

2. 在无氧化皮加工时，表内进给量应乘系数 $k=1.1$。

3. 加工耐热钢及其合金时，进给量不大于1mm/r。

4. 加工淬硬钢时，进给量应减小。当钢的硬度为44~56HRC时，乘以系数 $k=0.8$；当钢的硬度为57~62HRC时，乘以系数 $k=0.5$。

表2-6 按表面粗糙度值选择半精车、精车进给量的参考值

工件材料	表面粗糙度值 Ra/μm	切削速度范围 v_c/(m/min)	刀尖圆弧半径 r_ε/mm		
			0.5	1.0	2.0
			进给量 f/(mm/r)		
碳钢及合金钢	>5~10	<50	0.30~0.50	0.45~0.60	0.55~0.70
		>50	0.40~0.55	0.55~0.65	0.65~0.70
	>2.5~5	<50	0.18~0.25	0.25~0.30	0.30~0.40
		>50	0.25~0.30	0.30~0.35	0.30~0.50
	>1.25~2.5	<50	0.10~0.15	0.11~0.15	0.15~0.22
		50~100	0.11~0.16	0.16~0.25	0.25~0.35
		>100	0.16~0.20	0.20~0.25	0.25~0.35
铸铁、青铜、铝合金	>5~10 >2.5~5 >1.25~2.5	不限	0.25~0.40 0.15~0.25 0.10~0.15	0.40~0.50 0.25~0.40 0.15~0.20	0.50~0.60 0.40~0.60 0.20~0.35

四、切削液的选择

（1）切削液的分类　在切削加工中，合理使用切削液，可以改善切屑、工件与刀具间的摩擦状况，降低切削力和切削温度，延长刀具的使用寿命，并能减小工件热变形，抑制积屑瘤和鳞刺的生长，从而提高加工精度和减小已加工表面粗糙度值。所以，对切削液的研究和应用应当予以重视。金属切削加工中常用的切削液可分为三大类，即水溶液、乳化液和切削油。

1）水溶液。水溶液的主要成分是水，其冷却性能好，若配成液呈透明状，便于操作者观察。但是单纯的水容易使金属生锈，且润滑性能欠佳。因此，经常在水溶液中加入一定的添加剂，使其既能保持冷却性能又有良好的防锈性能和一定的润滑性能。

2）乳化液。乳化液是将乳化油用水稀释而成的。乳化油是由矿物油、乳化剂及添加剂配成的，用95% ~98%水稀释后即成为乳白色或半透明状的乳化液。它具有良好的冷却作用，但因为含水量大，所以润滑、防锈性能均较差。为了提高其润滑性能和防锈性能，可再加入一定量的油性、极压添加剂和防锈添加剂，配制成极压乳化液或防锈乳化液。

3）切削油。切削油的主要成分是矿物油，少数采用动、植物油或复合油。纯矿物油不能在摩擦界面上形成坚固的润滑油膜，润滑效果一般。在实际使用中常常加入油性添加剂、极压添加剂和防锈添加剂以提高其润滑和防锈性能。

动、植物油有良好的油性，适于低速精加工，但是它们容易变质，因此最好不用或少用，而应尽量采用其他代用品，如含硫、氯等极压添加剂的矿物油。

（2）切削液的作用

1）切削液的冷却作用。切削液能够降低切削温度，从而延长刀具的使用寿命，提高加工质量。在刀具材料的耐热性较差、工件材料的热膨胀系数较大以及两者的导热性较差的情况下，切削液的冷却作用显得更为重要。切削液冷却性能的好坏取决于它的热导率、比热容、汽化热、汽化速度、流量、流速等。一般地说，水溶液的冷却性能最好，油类最差，乳化液介于两者之间而接近于水。

2）切削液的润滑作用。切削液渗入到刀具、切屑、加工表面之间而形成一层薄的润滑油膜或化学吸附膜，因而能够减小它们之间的摩擦。其润滑效果取决于切削液的渗透能力以及形成吸附膜的牢固程度。在切削液中加入含硫、氯等元素的极压添加剂，可提高其润滑能力。

3）切削液的清洗作用。当金属切削中产生碎屑（如切削铸铁）或粉屑（如磨削）时，要求切削液具有良好的清洗作用。清洗作用的好坏，与切削液的渗透性、流动性和使用压力有关。为了增强切削液的渗透性、流动性，往往加入剂量较大的表面活性剂和少量矿物油，用大的稀释比（水占95% ~98%）制成乳化液或水溶液，可以大大提高其清洗效果。为了提高其冲刷能力，及时冲走碎屑及粉屑，在使用中往往给切削液一定的压力，并保持足够的流量。

4）切削液的防锈作用。加入防锈添加剂的切削液，可在金属表面形成一层附着力很强的保护膜，或与金属化合而形成钝化膜，对机床、刀具、工件都有良好的防锈作用。

（3）切削液的使用方法

1）手工加油法。固体或膏状润滑剂可以用毛笔、刷子或涂或滴落到刀具或工件上（主要是攻螺纹、套螺纹时）。最近还研制出手提式供液器，通过加热将润滑剂雾化，喷到刀具和工件上。

2）溢流法。最常见的使用切削液的方法是溢流法，即用低压泵把切削液泵入管道中，经过阀门从喷嘴流出，喷嘴安装在接近切削区域，切削液流过切削区后再流到机床的不同部位上，然后汇集到集油盘内，再从集油盘流回切削液箱中，循环使用。

3）高压法。对于某些加工，如深孔钻和套孔钻削，常用高压（压力为 0.69～13.79MPa）切削液系统供油。深孔钻用的是单刃钻头，与镗孔相似，只是钻头内部有切削液的通路。

4）喷雾法。切削液可以用气载油雾的形式喷到刀具与工件上。切削液经一个小的喷嘴，使用压力为 0.069～0.552MPa 的压缩空气将切削液分散成很小的液滴喷入切削区。

喷雾法有如下优点。

① 刀具寿命比干切削长。

② 在没有或不宜使用溢流系统时，可用它来提供切削液。

③ 切削液可以到达其他方法无法接近的地方。

④ 在工件与刀具之间，切削液的流速高于溢流法，冷却效率按同体积的切削液计算，比溢流法高几倍。

⑤ 在某些条件下可以降低成本。

⑥ 可以看见被切削的工件。

喷雾法的缺点是冷却能力有限，并且还需要通风。

图 2-1 所示短轴工件的数控加工工序卡见表 2-7。

表 2-7　数控加工工序卡

数控加工工序卡				产品型号		零件图号	
				产品名称	短轴	零件名称	
材料牌号	45 钢	毛坯种类	棒料	毛坯外形尺寸	ϕ18mm×64mm	备注	

工序号	工序名称	设备名称	设备型号	程序编号	夹具代号	夹具名称	切削液	车间

工步号	工步内容	刀具号	刀具	量具及检具	主轴转速/(r/min)	切削速度/(m/min)	进给速度/(mm/min)	背吃刀量/mm	备注
1	a. 粗车外表面分别至尺寸 ϕ7.3、ϕ10.3 b. 粗车端面	T01			1000 1400		300～350 280		
2	半精车外表面及端面，留精车余量 0.15mm	T01			1000		250		
3	精车外表面及端面至尺寸要求	T02			1400		200		
4	调头，ϕ7mm 外圆包铜皮，自定心卡盘装夹								

（续）

工步号	工步内容	刀具号	刀具	量具及检具	主轴转速/(r/min)	切削速度/(m/min)	进给速度/(mm/min)	背吃刀量/mm	备注
5	a. 粗车外表面分别至尺寸ϕ14.3 b. 粗车端面	T01			1000 1400		300～350 280		
6	半精车外表面及端面，留精车余量0.15mm	T01			1000		250		
7	精车外表面及端面至尺寸要求	T02			1400		200		
编制		审核		批准			共　页		第　页

任务四　数控加工刀具卡的编写

一、对数控刀具材料的要求

刀具材料是指刀具切削部分的材料。进行金属切削时，刀具切削部分直接和工件及切屑相接触，承受着很大的切削压力和冲击，并受到工件及切屑的剧烈摩擦，产生很高的切削温度。也就是说，刀具切削部分是在高温、高压及剧烈摩擦的恶劣条件下工作的。因此，刀具材料应具备以下基本性能。

（1）高硬度　刀具材料的硬度必须高于被加工工件材料的硬度，否则在高温高压下，就不能保持刀具锋利的几何形状，这是刀具材料应具备的最基本特征。目前，切削性能最差的刀具材料是碳素工具钢，其硬度在室温条件下也应在62HRC以上；高速钢的硬度为63～70HRC，硬质合金的硬度为89～93HRA。HRC和HRA都属于洛氏硬度，HRA硬度一般用于高值范围（大于70）。HRC硬度值的有效范围是20～70。60～65HRC的硬度相当于81～83.6HRA和维氏硬度687～830HV。

（2）足够的强度和韧性　刀具切削部分的材料在切削时要承受很大的切削力和冲击力。一般用刀具材料的抗弯强度σ_{bb}（单位为Pa）表示它的强度大小，用冲击韧度a_K（单位为J/cm^2）表示其韧性的大小，它反映刀具材料抵抗脆性断裂和崩刃的能力。

（3）高耐磨性和耐热性　刀具材料的耐磨性是指抵抗磨损的能力。一般说，刀具材料硬度越高，耐磨性也越好。此外，刀具材料的耐磨性与金相组织中化学成分、硬质点的性质、数量、颗粒大小和分布状况有关。金相组织中碳化物越多、颗粒越细、分布越均匀，其耐磨性就越好。

刀具材料的耐磨性和耐热性有着密切的关系。其耐热性通常用它在高温下保持较高硬度的性能即高温硬度来衡量，称热硬性。高温硬度越高，表示耐热性越好，刀具材料在高温时

抵抗塑性变形的能力、耐磨损的能力也越强。耐热性差的刀具材料，由于高温下硬度显著下降而导致快速磨损乃至发生塑性变形，丧失切削能力。

（4）良好的导热性　刀具材料的导热性用热导率［单位为 W/(m·K)］来表示。热导率大，表示导热性好，切削时产生的热量容易传导出去，从而降低切削部分的温度，减轻刀具磨损。此外，导热性好的刀具材料其耐热冲击和抗热龟裂的性能增强，这种性能对采用脆性刀具材料进行断续切削，特别是在加工导热性能差的工件时尤为重要。

（5）良好的工艺性和经济性　为了便于制造，要求刀具材料有较好的可加工性，包括锻压、焊接、切削加工、热处理和可磨性等。经济性是评价和推广应用新型刀具材料的重要指标之一，刀具材料的选用应结合本国资源，以降低成本。

（6）抗粘接性　防止工件与刀具材料分子间在高温高压作用下互相吸附产生粘接。

（7）化学稳定性　指刀具材料在高温下不易与周围介质发生化学反应。

数控加工刀具卡主要反映刀具名称、编号、规格和长度等内容，是组装刀具、调整刀具的依据。数控加工刀具卡见表 2-8。

表 2-8　数控加工刀具卡

<table>
<tr><td colspan="5" rowspan="2">数控加工刀具卡</td><td colspan="3">产品型号</td><td colspan="3">零件图号</td><td></td></tr>
<tr><td colspan="3">产品名称</td><td colspan="3">零件名称</td><td></td></tr>
<tr><td colspan="2">材料牌号</td><td colspan="2"></td><td colspan="2">毛坯种类</td><td></td><td>毛坯外形尺寸</td><td></td><td colspan="2">备注</td><td></td></tr>
<tr><td>工序号</td><td colspan="2">工序名称</td><td>设备名称</td><td>设备型号</td><td colspan="2">程序编号</td><td>夹具代号</td><td>夹具名称</td><td colspan="2">切削液</td><td>车间</td></tr>
<tr><td></td><td colspan="2"></td><td></td><td></td><td colspan="2"></td><td></td><td></td><td colspan="2"></td><td></td></tr>
<tr><td rowspan="2">工步号</td><td rowspan="2">刀具号</td><td rowspan="2">刀具名称</td><td rowspan="2">刀具型号</td><td colspan="2">刀片</td><td rowspan="2">刀尖圆弧半径/mm</td><td rowspan="2">刀柄型号</td><td colspan="2">刀具</td><td rowspan="2">补偿量/mm</td><td rowspan="2">备注</td></tr>
<tr><td>型号</td><td>牌号</td><td>直径/mm</td><td>刀长/mm</td></tr>
<tr><td></td><td></td><td></td><td></td><td></td><td></td><td></td><td></td><td></td><td></td><td></td><td></td></tr>
<tr><td></td><td></td><td></td><td></td><td></td><td></td><td></td><td></td><td></td><td></td><td></td><td></td></tr>
<tr><td></td><td></td><td></td><td></td><td></td><td></td><td></td><td></td><td></td><td></td><td></td><td></td></tr>
<tr><td></td><td></td><td></td><td></td><td></td><td></td><td></td><td></td><td></td><td></td><td></td><td></td></tr>
<tr><td></td><td></td><td></td><td></td><td></td><td></td><td></td><td></td><td></td><td></td><td></td><td></td></tr>
<tr><td colspan="2">编制</td><td colspan="2"></td><td>审核</td><td colspan="2"></td><td>批准</td><td></td><td colspan="2">共　页</td><td>第　页</td></tr>
</table>

二、车刀的种类

车刀是指在车床上使用的刀具，按加工表面特征可分为外圆车刀、端面车刀、切断车刀、螺纹车刀和内孔车刀等。图 2-42 所示为常用车刀的类型。

按车刀结构，可分为整体车刀、焊接车刀、机夹车刀、可转位车刀和成形车刀等，如图 2-43 所示。

三、刀具的材料

刀具材料从碳素工具钢到硬质合金和超硬材料（陶瓷、立方氮化硼和聚晶金刚石等）

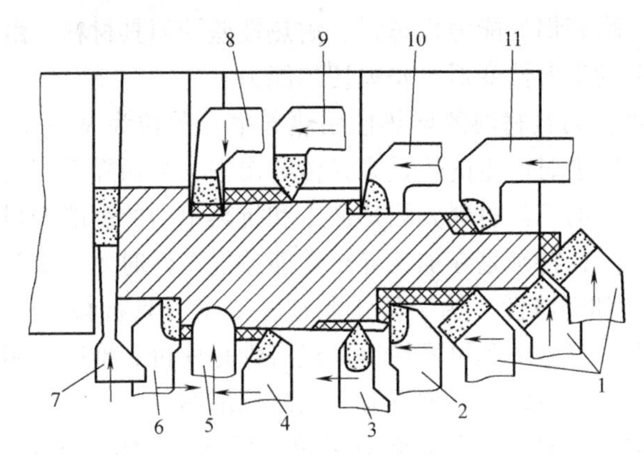

图 2-42　常用车刀的类型

1—45°弯头车刀　2—90°外圆车刀　3—外螺纹车刀
4—75°外圆车刀　5—成形车刀　6—90°左外圆车刀　7—外槽车刀
8—内槽车刀　9—内螺纹车刀　10—不通孔镗刀　11—通孔镗刀

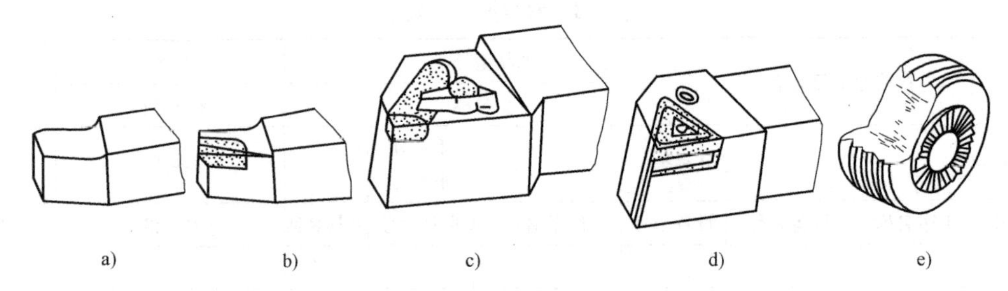

图 2-43　车刀结构形式

a）整体车刀　b）焊接车刀　c）机夹车刀　d）可转位车刀　e）成形车刀

的出现，都是随着机床主轴转速提高、功率增大、主轴精度的提高、机床刚性的增加而逐步发展的。同时，新的工程材料不断出现，也对切削刀具材料的发展起到了促进作用。

目前，刀具材料中的碳素工具钢已基本被淘汰，合金工具钢也很少使用，所使用的刀具材料主要分为高速钢、硬质合金、陶瓷、立方氮化硼和聚晶金刚石五类。数控加工中用得最普遍的刀具是硬质合金刀具。

（1）高速钢　自 1906 年 Taylor 和 White 发明高速钢以来，高速钢通过许多改进至今仍被大量使用，它大体上可分为 W 系和 Mo 系两大类。其主要特征有：合金元素含量高且结晶颗粒比其他工具钢细，淬火温度极高（1200℃）、淬透性极好，可使刀具的整体硬度一致；回火时有明显的二次硬化现象，甚至比淬火硬度更高且耐回火软化性较高，在 600℃仍能保持较高的硬度，较之其他工具钢耐磨性好且比硬质合金韧性高，但压延性较差，热加工困难，耐热冲击性较弱。因此，高速钢刀具仍是数控机床刀具的选择对象之一。目前国内外应用比较普遍的高速钢刀具材料以 WMo、WMoAl、WMoCo 为主，其中 WMoAl 是我国所特有的品种。表 2-9 列出了高速钢的牌号、性能及用途，可参考选用。

（2）硬质合金　硬质合金是用高硬度、高熔点的微米级金属碳化物（WC、TiC、TaC 和 NbC 等）粉末与 Co、Mo、Ni 等金属粘结剂烧结而成的粉末冶金制品。由于其高温碳化物含量远远超过高速钢，因此具有硬度高（大于 89～93HRA，相当于 78～83HRC）、熔点高、化学稳定性好、热稳定性好的特点，但其韧性差、脆性大，承受冲击和抗弯能力低。硬质合

金的切削效率是高速钢的5~10倍，是目前数控刀具的主要材料。

表2-9 高速钢的牌号、性能及用途

类别		牌号	硬度HRC	高温硬度(600℃)HV	磨削性能	主要用途
通用型高速钢		W18Cr4V	62~65	520	可磨性好,可用普通刚玉砂轮磨削	用于制造车刀、钻头、铰刀、铣刀、拉刀、齿轮刀具等
		W6Mo5Cr4V2	62~66	500	可磨性稍差于W18Cr4V,可用普通刚玉砂轮磨削	用于制造要求热塑性好的刀具和受较大冲击的刀具
		W14Cr4VMnRe	64~66	520	可磨性与W18Cr4V相近	热塑性好,用途与上面两种牌号相当
高性能高速钢	高碳	95W18Cr4V	67~68		可磨性好,可用普通刚玉砂轮磨削	用作韧性要求不高,但对耐磨性要求较高的刀具
		100W6M05Cr4V2	67~68			
	高钒	W12Cr4V4Mo	63~66		可磨性差,用单晶刚玉和氮化硼砂轮能够磨削	氮化硼砂轮能够磨削有特殊要求的刀具
		W6MoSCr4V3	63~66			
		W9Cr4V5	63~66			
	含钴	W6M05Cr4V2C08	63~67	580	可磨性好,可用普通刚玉砂轮磨削	用于重载切削刀具
		110W1.5Mo9.5Cr4VCo8 (M42)	66~68	620		
	高碳高钒含钴	W12C14V5C05	63~67	580	可磨性差,用单晶刚玉和氮化硼砂轮能够磨削	用于加工难切削材料,但不宜制造形状复杂的刀具
		W9Cr4V5C03	63~67	550		

硬质合金按其化学成分与使用性能分为以下三类：

K类：钨钴类（WC+Co）。

P类：钨钛钴类（WC+TiC+Co）。

M类：添加稀有金属碳化物类［WC+TiC+TaC（NbC）+Co］。

1）K类硬质合金（国家标准YG类）。K类硬质合金抗弯强度与韧性比P类高，能承受对刀具的冲击，可减少切削时的崩刃，但耐热性比P类差，因此主要用于加工铸铁、非铁金属材料与非金属材料，在加工脆性材料时切屑呈崩碎状。K类硬质合金导热性较好，有利于降低切削温度。此外，K类硬质合金磨削加工性好，可以刃磨出较锋利的刃口，故也适合加工非铁金属材料及纤维层压材料。K类硬质合金中含钴量越高，韧性越好，适于粗加工；含钴量少的K类硬质合金用于精加工。

2）P类硬质合金（国家标准YT类）。P类硬质合金有较高的硬度，特别是有较高的耐热性，较好的抗粘接、抗氧化能力。它主要用于加工以钢为代表的塑性材料。加工钢时塑性变形大、摩擦剧烈，切削温度较高。P类硬质合金磨损慢，刀具寿命长。P类硬质合金中含TiC量较多者，含Co量就少，耐磨性、耐热性就更好，适合精加工，但TiC量增多时，硬质合金导热性变差，焊接与刃磨时容易产生裂纹；含TiC量较少者，则适合粗加工。

P类硬质合金中的P01类为碳化钛基类（TiC+WC+Ni+Mo，国家标准YN类），它以TiC为主要成分，以Ni、Mo做粘接金属，适合高速精加工合金钢、淬硬钢等。

3）M 类硬质合金（国家标准 YW 类）。M 类硬质合金加入了适量稀有难熔金属碳化物，以提高合金的性能。其中效果显著的是加入 TaC 或 NbC，一般质量分数在 4% 左右。

TaC 或 NbC 在合金中的主要作用是提高合金的高温硬度与高温强度，在 YG 类硬质合金中加入 TaC，可使 800℃时强度提高 0.15～0.20GPa。在 YT 类硬质合金中加入 TaC，可使高温硬度提高 50～100HV。

由于 TaC 与 NbC 与钢的粘接温度较高，从而减缓合金成分向钢中扩散，可延长刀具寿命。TaC 或 NbC 还可提高合金的常温硬度，提高 YT 类硬质合金的抗弯强度与冲击韧性，特别是提高合金的抗疲劳强度，能阻止 WC 晶粒在烧结过程中的长大，有助于细化晶粒，提高合金的耐磨性。

TaC 在合金中的质量分数达 12%～15% 时，可提高抵抗周期性温度变化的能力，防止产生裂纹，并提高抗塑性变形的能力。这类合金能适应断续切削及铣削，不易发生崩刃。

此外，TaC 或 NbC 可改善合金的焊接性和刃磨工艺性，提高合金的使用性能。

硬质合金的牌号、性能及用途见表 2-10。

表 2-10　硬质合金的牌号、性能及用途

类别	牌号	使用性能	用途	对应 ISO
钨钴类	YG3	耐磨性仅次于 YG3X，允许采用较高的切削速度，但对冲击和振动较敏感	适用于铸铁、非铁金属及其合金连续切削时的精车、半精车，精车螺纹与扩孔	K01
	YG6	耐磨性较高，但低 YG3 合金，对冲击和振动没有 YG3 敏感，能采用较 YG8 高的切削速度	适用于铸铁、非铁金属及其合金与非金属材料连续切削时的粗加工，间断切削时的半精加工、精加工，粗加工螺纹，孔的粗扩与精扩	K20
	YG8	强度较高，抗冲击、抗振性能较 YG6 好，耐磨性和允许的切削速度较低	适用于铸铁、非铁金属及其合金、非金属材料不平整断面和间断切削时的粗加工，一般孔和深孔的钻、扩加工	K30
	YG3X	是现在生产的钨钴类中耐磨性最好的一种，但冲击韧性较差	适用于铸铁、非铁金属及其合金的精加工，也可用于合金钢、淬火钢的精加工	K01
	YG6X	是细颗粒钨钴类合金，其耐磨性较 YG6 高，而强度近于 YG6	加工冷硬合金铸铁与耐热合金，可获得良好效果，也适用于普通铸铁的半精加工	K10
钨钛钴类	YT5	是钨钛钴合金中强度最高、抗冲击和抗振性能最好的一种，不易崩刃，但耐磨性较差	适用于碳钢与合金钢（锻件、冲压件及铸件）不平整断面和间断切削的粗加工与钻孔	P30
	YT14	强度高，抗冲击和抗振性能好，但较 YT5 合金稍差，而耐磨性和允许的切削速度较高	适用于碳钢与合金钢连续切削时的粗加工、间断切削时的半精加工与精加工，铸孔的扩钻与粗扩	P20
	YT15	耐磨性优于 YT5 合金，但冲击韧性较 YT5 差	适用于碳钢与合金钢连续切削时的粗加工、半精加工及精加工，间断切削时的精加工，旋风切削螺纹，孔的粗扩与精扩	P10
	YT30	耐磨性和允许的切削速度较 YT15 合金高，但强度、抗冲击和抗振动性能较差，对冲击和振动敏感，焊接与刃磨工艺性较差	适用于碳钢与合金钢的精加工，如精车、精镗、精扩等	P01

（续）

类别	牌号	使用性能	用途	对应 ISO
添加稀有金属碳化物类	YG6	细颗粒钨钴类合金，其耐磨性和使用强度与 YG6X 相似	适用于硬铸铁、球墨铸铁、非铁金属及其合金的半精加工，可用于高锰钢、淬火钢及合金钢的半精加工、精加工	K10
	YW1	热硬性较好，能承受一定的冲击，通用性较好	适用于耐热钢、高锰钢、不锈钢等难加工材料的精加工，也适用于一般钢材和普通铸铁及非铁金属的精加工	M10
	YW2	耐磨性次于 YW1，但使用强度较高，能承受较大的冲击	适用于耐热钢、高锰钢、不锈钢等难加工材料的精加工，也适用于一般钢材和普通铸铁及非铁金属的精加工	M20

涂层硬质合金刀片是在韧性较好的工具表面涂上一层耐磨损、耐溶着、耐反应的物质，使刀具在切削中具有既硬而又不易破损的性能。

涂层的方法分为两大类，一类为物理涂层（PVD），另一类为化学涂层（CVD）。一般来说，物理涂层是在550℃以下将金属和气体离子化后喷涂在工具表面；而化学涂层则是将各种化合物通过化学反应沉积在工具上形成面膜，反应温度一般都在 1000 ~ 1100℃。最近低温化学涂层也已实用化，温度一般控制在 800℃左右。

常见的涂层材料有 TiC、TiN、TiCN、Al_2O_3、TiAlOx 等陶瓷材料。由于这些陶瓷材料都具有耐磨损（硬度高）、耐化学反应（化学稳定性好）等性能，所以就硬质合金的分类来看，既具备 K 类硬质合金的功能，也能满足 P 类硬质合金和 M 类硬质合金的加工要求。也就是说，尽管涂层硬质合金刀具基体是 K、P、M 类硬质合金中的某一种，而涂层之后其所能覆盖的种类就相当广了，既可以属于 K 类硬质合金，也可以属于 P 类硬质合金和 M 类硬质合金。故在实际加工中对涂层刀具的选取不应拘泥于 K（YG）、P（YT）、M（YW）等划分，而是应该根据实际加工对象、加工条件以及各种涂层刀具的性能进行选取。

从使用的角度来看，希望涂层的厚度越大越好。但涂层厚度一旦过大，则易引起剥离而使涂层工具丧失本来的功效。一般情况下，用于连续高速切削的涂层厚度为 5 ~ 15μm，多为 CVD 法制造。在冲击较强的切削中，特别要求涂膜有较高的附着强度，且涂层对工具的韧性不产生太大的影响，涂层的厚度大多控制在 2 ~ 3μm，多为 PVD 涂层。

目前，最先进的涂层技术也称 ZX 技术，是利用纳米技术和薄膜涂层技术，使每层膜厚为 1nm 的 TiN 和 AlN 超薄膜交互重叠约 2000 层进行蒸着累积而成，在世界上首次实现将其实用化，这是继 TiC、TiN、TiCN 后的第四代涂层。它的特点是远比以往的涂层硬，接近立方氮化硼（CBN）的硬度，寿命是一般涂层的 3 倍，可大幅度提高耐磨性，产品应用更加广泛，是有发展前途的刀具材料。

（3）陶瓷　从 20 世纪 30 年代就开始研究以陶瓷作为切削工具。陶瓷刀具基本上由两大类组成：一类为纯氧化铝类（白色陶瓷），另一类为 TiC 添加类（黑色陶瓷）。另外还有在 Al_2O_3 中添加 SiCW（晶须）、ZrO_2（青色陶瓷）来增加韧性的，以及以 Si_3N_4 为主体的陶瓷刀具。

陶瓷材料具有高硬度、高温强度好（约 2000 ℃下也不会融熔）的特性，化学稳定性很好，但韧性很低。最近热等静压技术的普及对改善结晶的均匀细密性，提高陶瓷的各向性能均衡乃至提高韧性起到了很大的作用，作为切削工具用的陶瓷抗弯强度已经提高到了900MPa以上。

一般来说，陶瓷刀具相对硬质合金和高速钢来说仍是极脆的材料，因此多用于高速连续切削，例如铸铁的高速加工。另外，陶瓷的热导率相对硬质合金来说非常低，是现有工具材料中最低的一种，故在切削加工中切削热容易积蓄，且较难承受热冲击的变化。所以，加工中陶瓷刀具很容易因热裂纹产生崩刃等损伤，且切削温度较高。陶瓷刀具因其材质的化学稳定性好、硬度高，在耐热合金等难加工材料的加工中有广泛的应用。

金属切削加工所用刀具的研究开发，总是在不断地追求硬度而自然遇到了韧性问题。金属陶瓷就是为解决陶瓷刀具脆性大的问题而出现的，其成分以TiC（陶瓷）为基体，以Ni、Mo（金属）为结合剂，故取名为金属陶瓷。

金属陶瓷刀具的最大优点是与被加工材料的亲和性极低，故不易产生粘刃和积屑瘤现象，使加工表面非常光洁平整，在一般刀具材料中可谓精加工用的佼佼者，但韧性差大大限制了它的使用范围。目前，通过添加WC、TaC、TiN、TaN等异种碳化物，使其抗弯强度达到了硬质合金的水平，因而得到广泛的应用。日本黛杰工业股份有限公司（DIJET）新近推出通用性更为优良的CX系列金属陶瓷，以适应各种切削状态的加工要求。

（4）立方氮化硼　CBN具有很高的硬度及耐磨性，仅次于金刚石，热稳定性比金刚石高一倍，可以高速切削高温合金，切削速度比硬质合金高3～5倍，有优良的化学稳定性，适于加工钢铁材料，导热性比金刚石差但比其他材料高得多，抗弯强度和断裂韧性介于硬质合金和陶瓷之间。用CBN刀具可加工以前只能用磨削方法加工的特种钢，它还非常适合数控机床加工。

（5）聚晶金刚石　金刚石有天然和人造两类，除少数超精密及特殊用途外，工业上多使用人造聚晶金刚石作为刀具及磨具材料。金刚石具有极高的硬度，比硬质合金和陶瓷的硬度高几倍，是至今为止已发现的最硬材料。磨削时金刚石的研磨能力很强，耐磨性比一般砂轮高100～200倍，且随着工件材料硬度增大而提高。金刚石具有很好的导热性，切削刃可刃磨得非常锋利，被加工表面粗糙度值小，可在纳米级稳定切削。金刚石刀具具有较低的摩擦因数，保证获得较好的工件质量。但人造金刚石脆性大、抗冲击能力差，对振动敏感，要求机床精度高、平稳性好。

金刚石刀具主要用于高速精细车削或镗削各种非铁金属及其合金，如铝合金、铜合金、镁合金等，也用于加工钛合金、金、银、铂、各种陶瓷和水泥制品；对于各种非金属材料，如石墨、橡胶、塑料、玻璃及其聚合材料的加工效果都很好。金刚石刀具超精密加工广泛用于加工激光扫描器和高速摄影机的扫描棱镜、特形光学零件、电视、录像机、照相机零件和计算机磁盘等。由于金刚石刀具的耐热性较差，并且与铁元素具有较强的亲和力，因此金刚石刀具一般不适合于加工钢铁材料。

各类刀具材料的硬度与韧性的关系如图2-44所示。

四、刀具的失效形式

数控刀具的主要失效形式是磨损和破损，其损坏原因随刀具材料和工件材料的不同而不同，主要以磨损为主，但有的则是以破损为主，或者是磨损的同时伴有微崩刃而损坏。随着切削速度的提高，切削温度升高，磨损的机理主要是粘结磨损和化学磨损（氧化和扩散）。

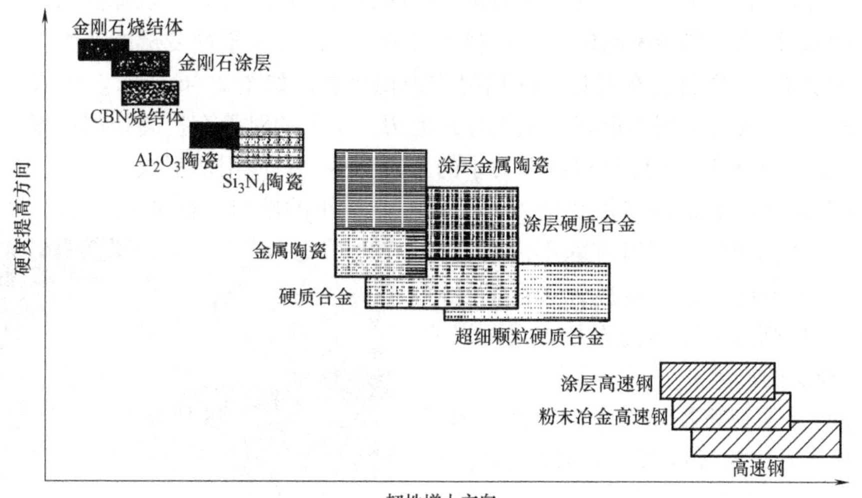

图 2-44　各类刀具材料的硬度与韧性的关系

对于脆性大的 PCD（聚晶金刚石）、CBN 和陶瓷刀具，高速断续切削高硬材料时，通常是切削力和切削热综合作用下造成的崩刃、剥落和碎断形式的破损。对以磨损为主而损坏的刀具，可按磨钝标准，根据刀具磨损寿命与切削用量和切削条件之间的关系，确定刀具磨损寿命。对于以破损为主而损坏的刀具，则应按刀具破损寿命分布规律，确定刀具破损寿命与切削用量和切削条件之间的关系。刀具失效的主要形式及产生原因和对策如下。

（1）后刀面磨损　由机械应力引起的出现在后刀面上的摩擦磨损如图 2-45 所示。由于刀具材料过软，刀具的后角偏小，加工过程中切削速度太高、进给量太大，造成后刀面磨损过量，使得加工表面尺寸精度降低，增大了摩擦力。应该选择耐磨性高的刀具材料，同时降低切削速度，提高进给量，增大刀具后角，这样才能避免或减少后刀面磨损现象的发生。

（2）边界磨损　主切削刃上的边界磨损常见于与工件的接触面处，主要原因是工件表面硬化、锯齿状切屑造成的摩擦，影响切屑的流向并导致崩刃，只有通过降低切削速度和进给速度，同时选择耐磨刀具材料并增大前角使切削刃锋利来解决，如图 2-45 所示。

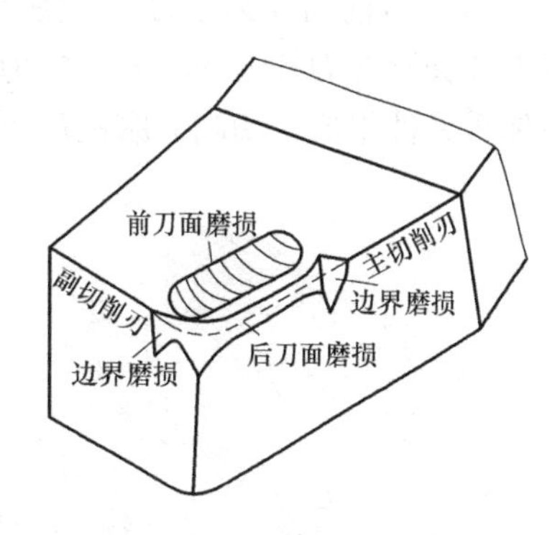

图 2-45　刀具磨损示意图

（3）前刀面磨损（月牙洼磨损）　在前刀面上由摩擦和扩散导致的磨损是前刀面磨损。前刀面磨损主要由切屑和工件材料的接触以及对发热区域的扩散引起，刀具材料过软、加工过程中切削速度太高、进给量太大也是前刀面磨损产生的原因。前刀面磨损会使刀具产生变形、干扰排屑、降低切削刃强度。通过降低切削速度和进给速度，同时选择涂层硬质合金材料，可以减少前刀面磨损，如图 2-45 所示。

（4）塑性变形　切削刃在高温或高应力作用下产生的变形称为塑性变形。切削速度、进给速度太高以及工件材料中硬质点的作用、刀具材料太软和切削刃温度很高等是产生塑性变形的主要原因，它将影响切屑的形成质量，有时也可导致崩刃。采取降低切削速度和进给速度，选择耐磨性高和热导率高的刀具材料等对策，可以减少塑性变形的产生。

（5）积屑瘤　工件材料在刀具上的粘附称为积屑瘤，如图 2-46 所示。积屑瘤会降低加工表面质量，并会改变切削刃形状，最终导致崩刃。采取的对策有提高切削速度，选择涂层硬质合金或金属陶瓷等与工件材料亲和力小的刀具材料，并使用切削液。

（6）刃口剥落　刃口剥落指切削刃上出现一些很小的缺口，而非均匀的磨损。刃口剥落主要是由于断续切削、切屑排除不流畅造成的。在开始加工时降低进给速度，选择韧性好的刀具材料和切削刃强度高的刀片，就可以避免刃口剥落现象的产生。

（7）崩刃　崩刃将损坏刀具和工件。崩刃的主要原因是刃口的过度磨损和较高的应力，也可能是刀具材料过硬，切削刃强度不够及进给量太大造成的。选择韧性好的合金材料，加工时减小进给量和背吃刀量，选用高强度或刀尖圆角较大的刀片，可以避免崩刃。

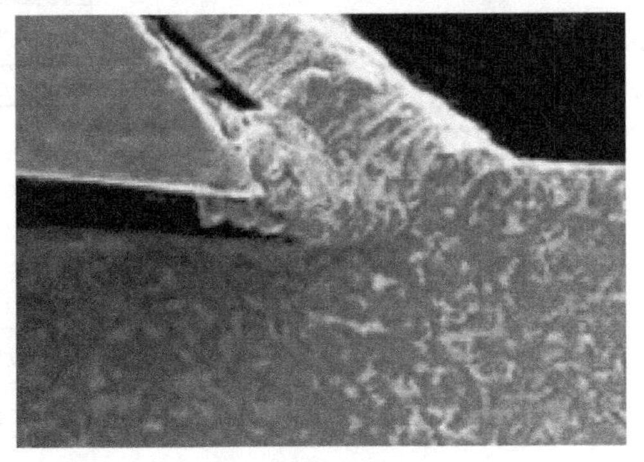

图 2-46　积屑瘤

（8）热裂纹　热裂纹是断续切削时由于温度变化产生的垂直于切削刃的裂纹。热裂纹可降低工件表面质量并导致刃口剥落。选择韧性好的合金材料，同时减小进给量和背吃刀量，并进行干式冷却或在湿式切削时加充足的切削液，可以避免热裂纹的产生。

五、数控可转位（外圆）车刀

数控可转位车刀每一位字符串参数的具体含义可参考各公司的刀具样本，其代码的具体内容也略有不同。这里以成都森泰英格刀具为样本，结合图 2-1 所示短轴工件的加工情况，介绍外圆车刀。机夹式外圆车刀分为负前角外圆车刀和正前角外圆车刀。

（1）负前角外圆车刀　如图 2-47 所示，负前角外圆车刀是用压板上压紧方法，将可转位刀片夹紧在刀杆上的车刀。负前角外圆车刀主要由刀片、刀垫、销钉、压板、双头螺柱和刀体等元件组成，切削刃磨钝后可方便地转位或更换刀片后继续使用。

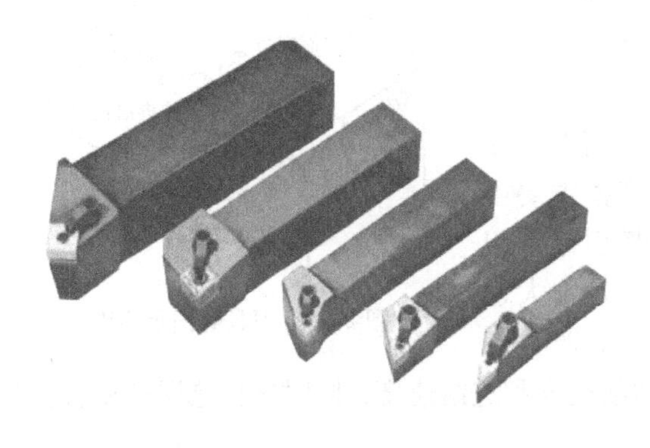

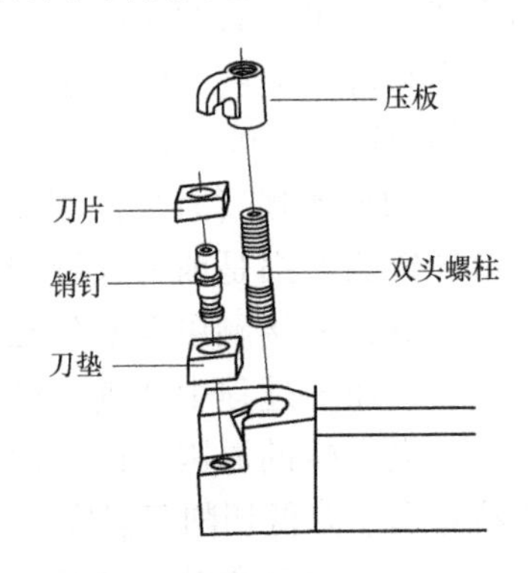

图 2-47　负前角外圆车刀结构示意图

（2）正前角外圆车刀　如图 2-48 所示，正前角外圆车刀是用螺钉压紧方法，将可转位

刀片夹紧在刀杆上的车刀。正前角外圆车刀主要由刀片、刀垫、螺钉和刀体等元件组成。

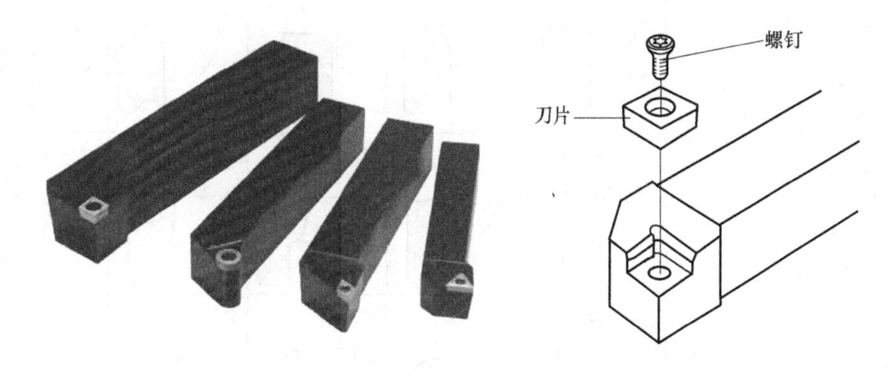

图 2-48　正前角外圆车刀结构示意图

（3）可转位外圆车刀的代码　以图 2-49 所示的代码为例，其具体含义如下：

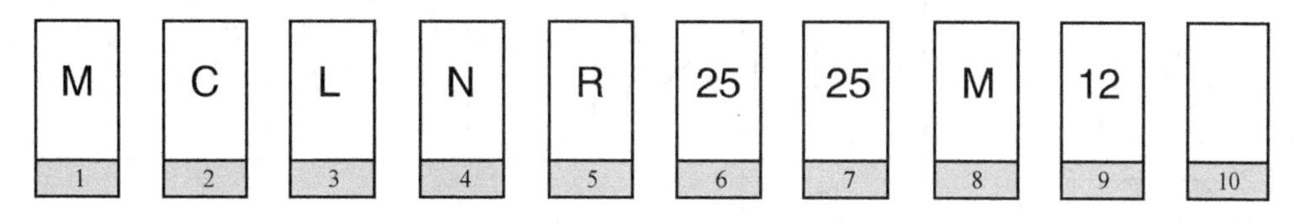

图 2-49　可转位外圆车刀的代码

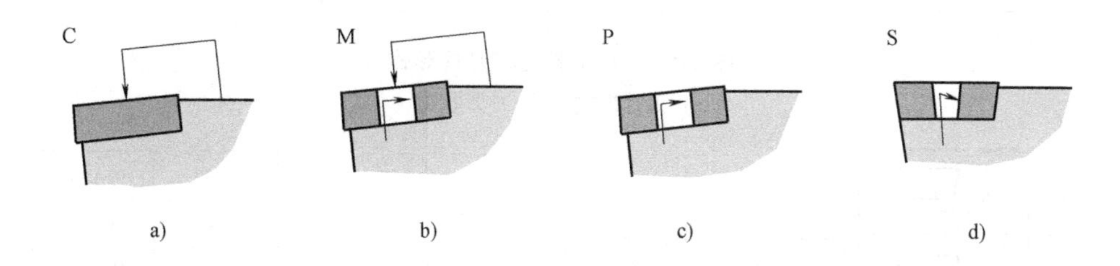

图 2-50　压紧方式

a）上压夹紧　b）上压及孔压夹紧　c）孔压夹紧　d）螺钉压紧

1——压紧方式，如图 2-50 所示。

2——刀片形式，如图 2-51a 所示。

3——刀具形式，如图 2-51b 所示。

4——刀片法后角，如图 2-52a 所示。

5——刀具切削方向，如图 2-52b 所示。

6——刀尖高度，如图 2-52c 所示。

7——刀体宽度，如图 2-52d 所示。

8——刀具长度，如图 2-52e 所示。

9——刀片尺寸，如图 2-53 所示。

10——制造商代码，直头无偏置代码为 F，单面定位设计代码为 S。

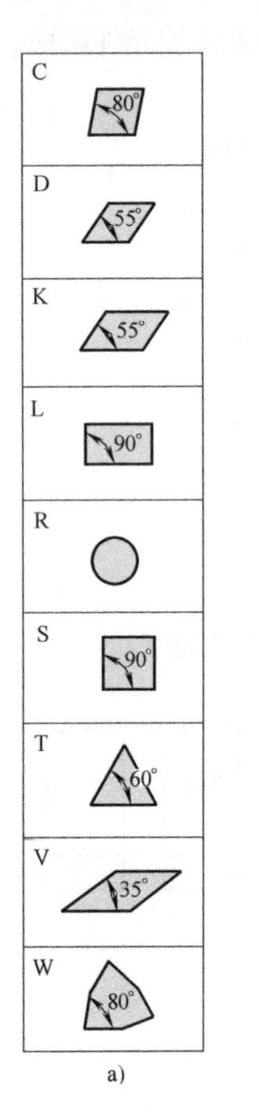

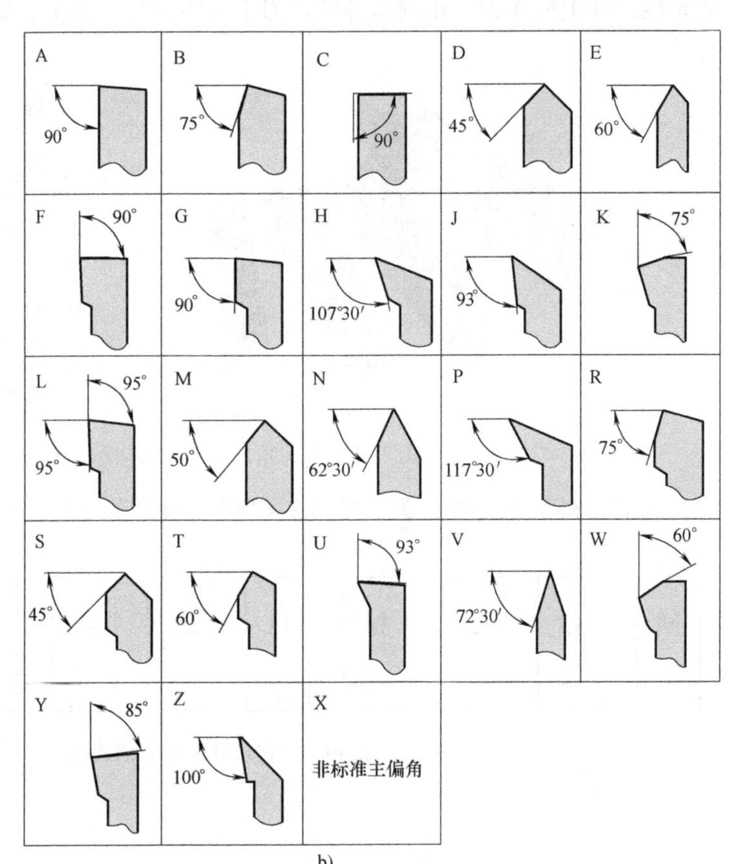

a)　　　b)

图 2-51　刀片形式和刀具形式

a）刀片形式　b）刀具形式

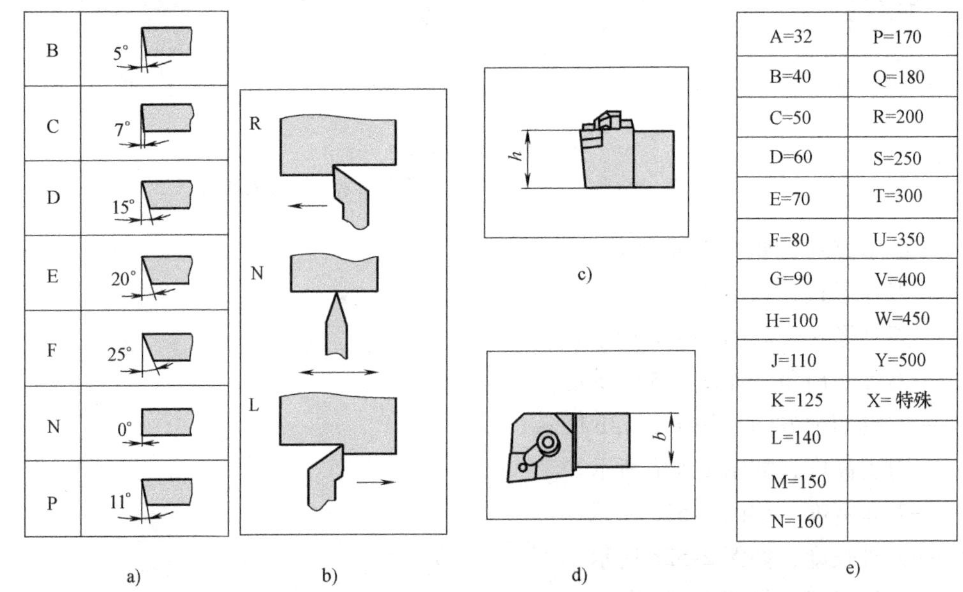

A=32	P=170
B=40	Q=180
C=50	R=200
D=60	S=250
E=70	T=300
F=80	U=350
G=90	V=400
H=100	W=450
J=110	Y=500
K=125	X= 特殊
L=140	
M=150	
N=160	

a)　　b)　　c)　　d)　　e)

图 2-52　刀片法后角、刀具切削方向、刀尖高度、刀体宽度和刀具长度

a）刀片法后角　b）刀具切削方向　c）刀尖高度　d）刀体宽度　e）刀具长度

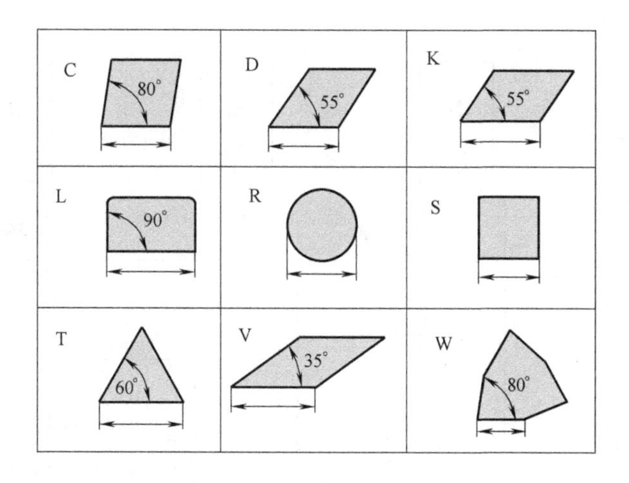

图 2-53　刀片尺寸

六、数控可转位车刀刀片代码及选择

（1）可转位刀片代码　选用机夹式可转位刀片，首先要了解可转位刀片的型号表示规则和各代码的含义。按国际标准 ISO 1832—2004，可转位刀片的代码表示方法由 10 位字符串组成，其排列如下：

1　2　3　4　5　6　7　8-9　10

其中每一位字符串代表刀片某种参数的意义，具体如下：

1——刀片的几何形状及其夹角。

2——刀片主切削刃后角（法后角）。

3——公差。表示刀片内切圆基本直径 d、刀尖位置尺寸（检查尺寸）m 与刀片厚度 s 的精度级别。

4——刀片型式、紧固方法或有无断屑槽。

5——刀片边长、切削刃长。

6——刀片厚度。

7——修光刃。刀尖圆角半径 r 或主偏角 κ_r，或修光刃后角 α_n。

8——切削刃状态。尖角切削刃或倒棱切削刃等。

9——进刀方向或倒刃宽度。

10——各刀具公司的补充符号或倒刃角度。

一般情况下，第 8 位和第 9 位的代码在有要求时才填写。此外，各公司可以另外添加一些符号，用连接号将其与 ISO 代码相连接（如 PF 代表断屑槽型）。以 ISO 标准进行车刀可转位刀片编码的例子如下。

C　N　M　G　12　04　08　E-N　UB

该刀片每一位字符串代表刀片某种参数的意义，具体如下：

C——80°菱形刀片形状；N——法后角为 0°；M——刀尖转位尺寸允差为 ±0.08 ~ 0.18mm，内切圆允差为 ±0.05 ~ 0.13mm，厚度允差为 ±0.13mm；G——圆柱孔双面断屑

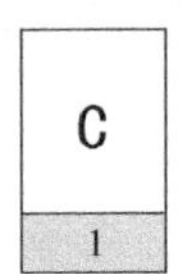

C	N	M	G	12
1	2	3	4	5

1刀片形状

A 85° B 82° K 55°	
H 120°	
L 90°	
O 135°	
P 108°	
C 80° D 55° E 75° M 86° V 35°	
R	
S 90°	
T 60°	
W 80°	

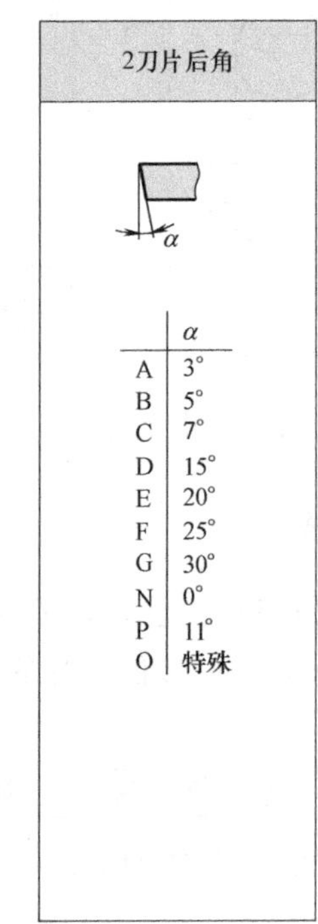

2刀片后角

	α
A	3°
B	5°
C	7°
D	15°
E	20°
F	25°
G	30°
N	0°
P	11°
O	特殊

3精度代号

	d/(±mm)	m/(±mm)	s/(±mm)	d=6.35/9.525	d=12.7	d=15.8/19.05
A	0.025	0.005	0.025	•	•	•
C	0.025	0.013	0.025	•	•	•
E	0.025	0.025	0.025	•	•	•
F	0.013	0.005	0.025	•	•	•
G	0.025	0.025	0.130	•	•	•
H	0.013	0.013	0.025	•	•	•
J	0.050	0.005	0.025	•		
	0.080	0.005	0.025		•	
	0.100	0.005	0.025			•
K	0.050	0.013	0.025	•		
	0.080	0.013	0.025		•	
	0.100	0.013	0.025			•
M	0.05	0.08	0.13	•		
	0.08	0.13	0.13		•	
	0.10	0.015	0.13			•
N	0.05	0.08	0.025	•		
	0.08	0.13	0.025		•	
	0.10	0.15	0.025			•
U	0.08	0.13	0.13	•		
	0.13	0.20	0.13		•	
	0.18	0.27	0.13			•

4断屑槽及夹固形式

R 无中心孔	Q 圆柱孔+双面倒角 40°～60°
F 无中心孔	C 圆柱孔+双面倒角 70°～90°
N 无中心孔	G 圆柱孔
A 圆柱孔	T 圆柱孔+单面倒角 40°～60°
M 圆柱孔	H 圆柱孔+单面倒角 70°～90°
U 圆柱孔+双面倒角40°～60°	W 圆柱孔+单面倒角 40°～60°
J 圆柱孔+双面倒角70°～90°	B 圆柱孔+单面倒角 70°～90°
X 特殊设计	

5切削刃长度

d/mm	C	D	R	S	T	V	W
5.56	05	–	–	05	09	–	03
6.0	–	–	06	–	–	–	–
6.35	06	07	–	06	11	11	04
6.65	–	–	–	–	–	–	–
7.94	07	–	–	07	–	–	–
8.0	–	–	08	–	–	–	–
9.525	09	09	–	09	16	16	06
10.0	–	–	10	–	–	–	–
12.0	–	–	12	–	–	–	–
12.7	12	15	–	12	22	22	08
15.875	16	19	–	15	27	–	10
16.0	–	–	16		–	–	–
16.74	–	–	–	16	–	–	–
19.05	19	–	–	19	33	–	13
20.0	–	–	20	–	–	–	–
25.4	25	–	25	25	–	–	–

图2-54　森泰英格车刀刀片代码一

槽；12——内切圆基本直径12mm，实际直径12.70mm；04——刀片厚度4.76mm；08——刀尖圆弧半径0.8mm；E——倒圆切削刃；N——无切削方向；UB——用于半精加工的一种

断屑槽型。

森泰英格数控刀具有限公司的车刀刀片代码如图 2-54 和图 2-55 所示。

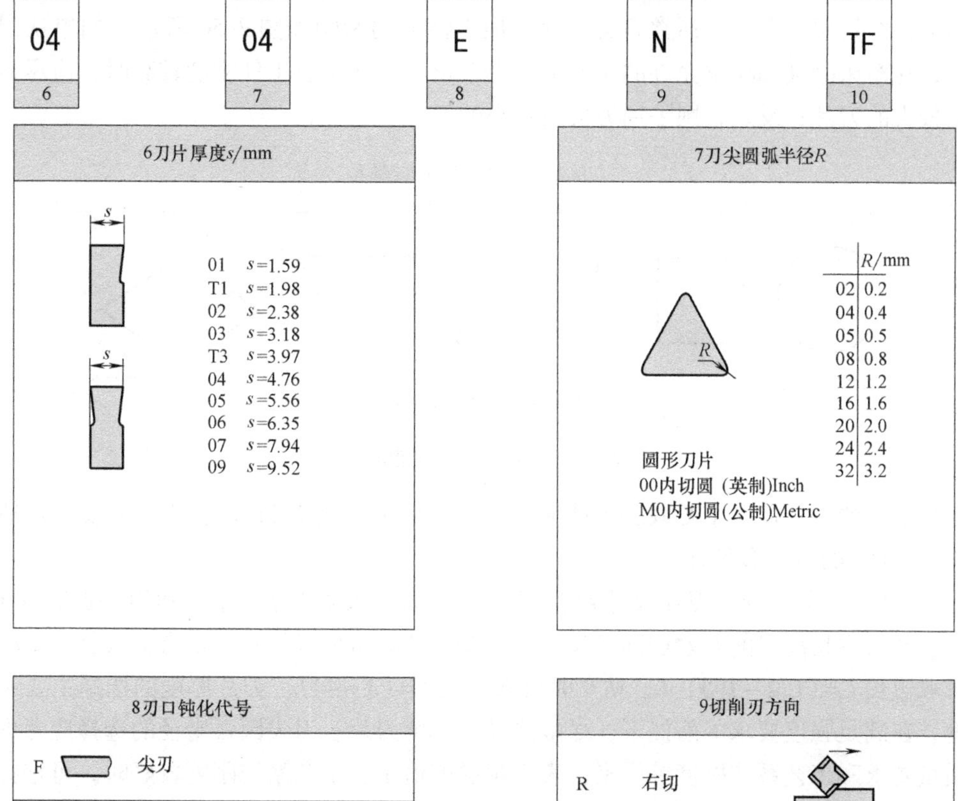

8刃口钝化代号	
F	尖刃
E	倒圆刃
T	倒棱刃口
S	倒圆且倒棱刃口

9切削刃方向	
R	右切
L	左切
N	左右切

10制造商选择代号(断屑槽型)

刀片的国际编号通常由前九位编号组成(包括8位、9位编号，仅在需要时标出)。此外，制造商根据需要可以增加编号

-CF	-TF	-TM	-TMR	-SF
-SM	-SMF	-25P	-27	-42

图 2-55 森泰英格车刀刀片代码二

（2）可转位车刀刀片的选择

1）刀片材料的选择。常见刀片材料有高速钢、硬质合金、涂层硬质合金、陶瓷、CBN 和 PCD 等，其中应用最多的是硬质合金和涂层硬质合金刀片。选择刀片材质主要依据被加工工件的材料、被加工表面的精度、表面质量要求、切削载荷的大小以及切削过程有无冲击和振动等情况进行综合选择。

2）刀片形状的选择。选择刀片形状时，主要依据加工工序的性质、工件的轮廓形状、刀具寿命和刀片的转位次数等因素进行选择。边数多的刀片，刀尖角大、耐冲击，可利用的切削刃多，刀具寿命长，但其切削刃短，工艺适应性差。同时，刀尖角大的刀片，车削时的背向力大，容易引起振动。通常刀尖角度对加工性能的影响如图 2-56 所示。如单从刀片形状考虑，在车床刚度和功率允许的条件下，大余量、粗加工及工件刚度较高时，应尽量采用刀尖角较大的刀片；反之，则采用刀尖角较小的刀片。

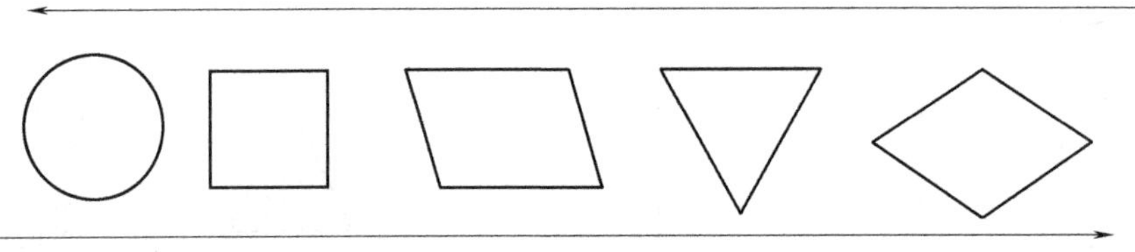

图 2-56　刀尖与加工性能的关系

刀片形状的选择往往主要取决于被加工零件的廓形。表 2-11 表示被加工表面及适用主偏角 45°～107°的刀片形状。

3）刀片尺寸的选择。刀片尺寸包括刀片内切圆（或边长）、厚度和刀尖圆弧半径等。边长的选择与主切削刃的有效切削刃长度 L、背吃刀量和车刀的主偏角有关（图 2-57），粗车时可取边长 $l=(1.2\sim1.5)L$，精车时可取边长 $l=(3\sim4)L$。刀片厚度的选择主要考虑切削强度，在满足强度要求的前提下，尽量选择小厚度刀片。刀尖圆弧半径的选择应考虑加工表面质量要求和工艺系统刚度等因素，表面粗糙度值小、工艺系统刚度较好时，可选择较大的刀尖圆弧半径。

表 2-11　被加工表面与刀片形状

外圆	主偏角	45°	75°	90°	93°	95°
	刀片形状及示意图	45°	75°	90°	93°	95°
	推荐选用刀片	S 形刀片	C 形刀片 S 形刀片	T 形刀片	T 形刀片	C 形刀片 W 形刀片
轮廓加工	主偏角	62°	72°	93°	107°	
	刀片形状及示意图	62°30′	72°30′	93°　27°	107°30′　12°30′	
	推荐选用刀片	D 形刀片	V 形刀片	V 形刀片	D 形刀片 V 形刀片	

（续）

端面及倒角	主偏角	45°	75°			
	刀片形状及示意图	45°	75°			
	推荐选用刀片	S 形刀片	S 形刀片			

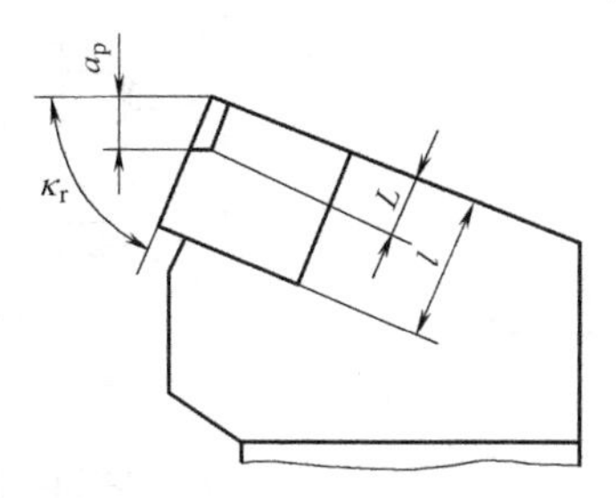

图 2-57　有效切削刃长度、背吃刀量和车刀主偏角的关系

图 2-1 所示工件的数控刀具卡见表 2-12。

表 2-12　数控刀具卡

数控加工刀具卡				产品型号				零件图号			
				产品名称		短轴		零件名称			
材料牌号		45 钢		毛坯种类		棒料	毛坯外形尺寸	φ18mm × 64mm	备注		
工序号	工序名称	设备名称	设备型号	程序编号		夹具代号	夹具名称	切削液			车间
2	车										
工步号	刀具号	刀具名称	刀具型号	刀片 型号	刀片 牌号	刀尖圆弧半径/mm	刀柄型号	刀具 直径/mm	刀具 刀长/mm	补偿量/mm	备注
1	T01	机夹可转位车刀	SCLCR 1212F09	CCMT09T30 8-EMF		0.8					
2	T01	机夹可转位车刀	SCLCR 1212F09	CCMT09 T30 8-EMF		0.8					
3	T02	机夹可转位车刀	SCLCR 1212F09	CCMT09 T30 4-EMF		0.4					
4	T01	机夹可转位车刀	SCLCR 1212F09	CCMT09 T30 8-EMF		0.8					
5	T01	机夹可转位车刀	SCLCR 1212F09	CCMT09 T30 8-EMF		0.8					
6	T02	机夹可转位车刀	SCLCR 1212F09	CCMT09 T30 4-EMF		0.4					
编制				审核			批准		共　页		第　页

七、车削类工具系统

我国大多数数控车床上所使用车刀，除采用可转位车刀的比例和可转位车刀刀体、刀片的精度略高以外，与普通车床上使用的车刀区别不大，因此至今未能形成我国的车削类工具系统。现介绍目前在我国已较为普及、在国际上被广泛采用的一种整体式车削类工具系统，按照国内行业命名方法，可称为 CZG 数控车削工具系统（图 2-58）。

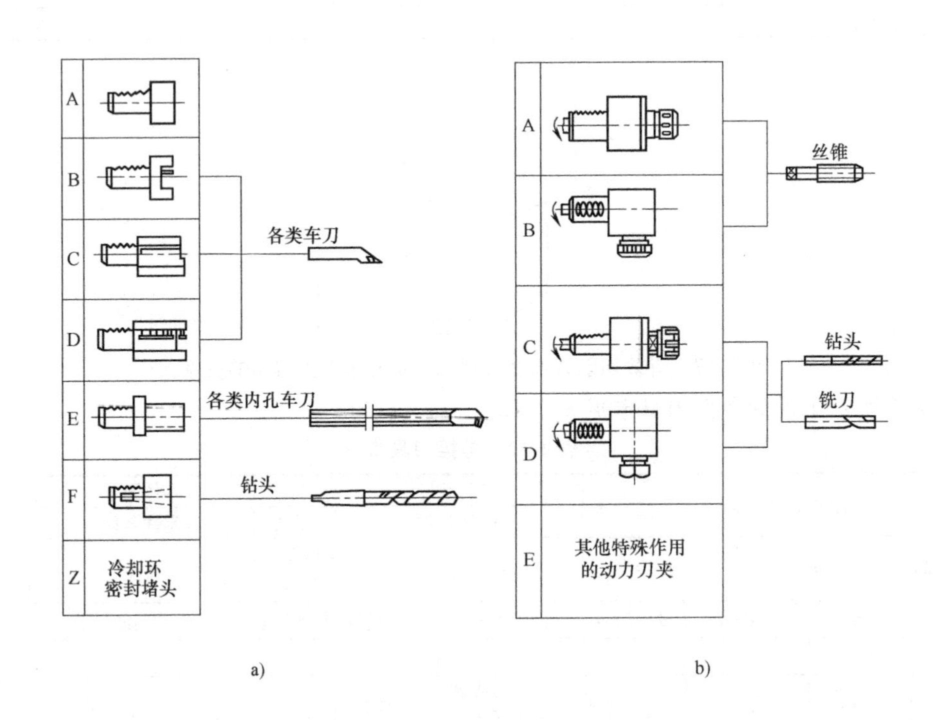

图 2-58　CZG 数控车削工具系统

a）非动力刀夹组合形式　b）动力刀夹组合形式

CZG 车削工具系统与数控车床刀架连接的柄部是由一个轴线垂直于齿条的圆柱和法兰组成的（图 2-59）。在数控车床的刀架上，安装刀夹柄部圆柱孔的侧面设有一个由螺栓带动的可移动楔形齿条，该齿条与刀夹柄部上的齿条相啮合，并有一定错位。由于存在这个错

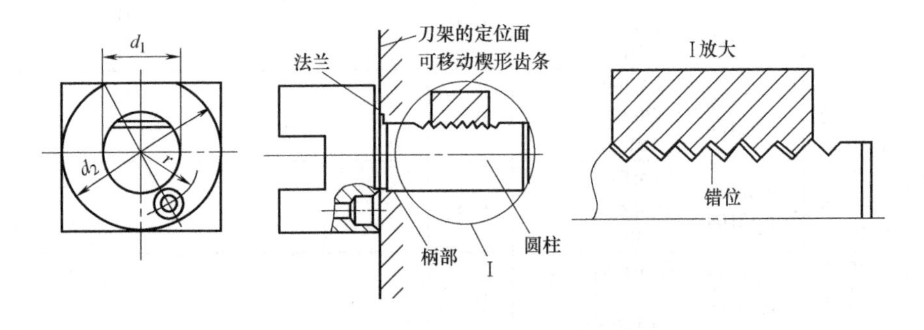

图 2-59　CZG 数控车削工具系统的柄部形式

位，当旋转螺栓、楔形齿条径向压紧刀夹柄部的同时，柄部的法兰紧密地贴在刀架的定位面上，并产生足够的拉紧力。这种结构具有刀夹装卸操作简便、快捷，刀夹重复定位精度高，连接刚度高等优点。

目前许多国外公司研制开发了只更换刀头模块的模块式车削工具系统，这些模块式车削工具系统的工作原理基本相似，如图 2-60 所示。

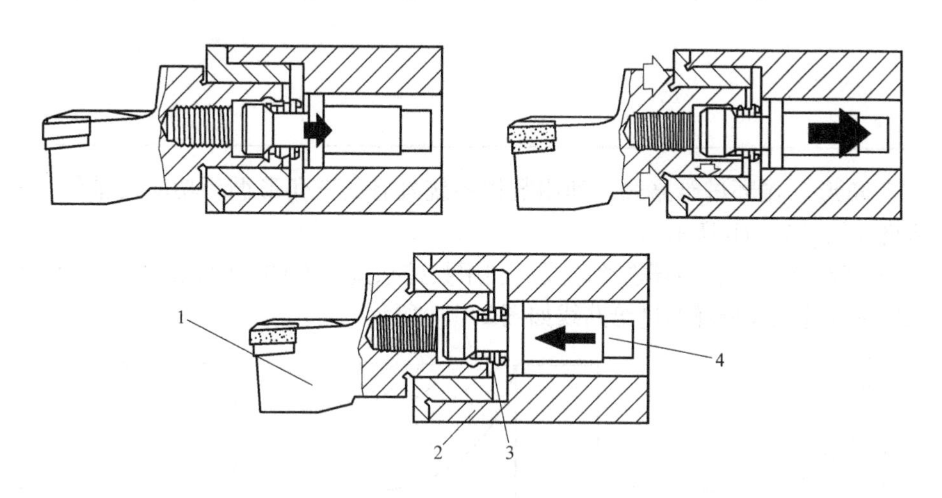

图 2-60 数控车削工具系统的工作原理

1—刀头模块 2—刀柄 3—可胀开的胀环 4—拉杆

任务五 数控加工进给路线图的编写

进给路线是指数控机床加工过程中刀具相对零件的运动轨迹和方向，也称走刀路线。它泛指刀具从对刀点（或机床参考点）开始运动起，直至返回该点并结束加工程序所经过的路径，包括切削加工的路径及刀具切入、切出等非切削空行程。它不但包括了工步的内容，也反映出工步顺序。进给路线是编写程序的依据之一，因此在确定进给路线时最好画一张工序简图，将已经拟订的进给路线画上去（包括进、退刀路线），这样可为编程带来不少方便。表 2-13 为数控加工进给路线图工艺卡。

确定进给路线的主要原则：首先按已定工步顺序确定各表面加工进给路线的顺序，所定进给路线应能保证工件轮廓表面加工后的精度和表面质量要求；寻求最短加工路线（包括空行程路线和切削路线），减少行走时间以提高加工效率；选择工件在加工时变形小的路线，对横截面积小的细长零件或薄壁零件应采用分几次走刀加工到最后尺寸或对称去余量法安排进给路线。

确定进给路线的工作重点，主要在于确定粗加工及空行程的进给路线，因精加工切削过程的进给路线基本上都是沿零件轮廓顺序进行的。

（1）粗加工进给路线的确定

1）“矩形”循环进给路线。利用数控系统具有的矩形循环功能而安排的“矩形”循环进给路线如图 2-61a 所示。

表 2-13　数控加工进给路线图工艺卡

数控加工进给路线图工艺卡				产品型号		零件图号		
				产品名称		零件名称		
材料牌号		毛坯种类		毛坯外形尺寸			备注	
工序号	工序名称	设备名称	设备型号	程序编号	夹具代号	夹具名称	切削液	车间

2）“三角形”循环进给路线。利用数控系统具有的三角形循环功能安排的“三角形”循环进给路线如图 2-61b 所示。

3）沿轮廓形状等距线循环进给路线。利用数控系统具有的封闭式复合循环功能控制车刀沿着工件轮廓等距线循环的进给路线如图 2-61c 所示。

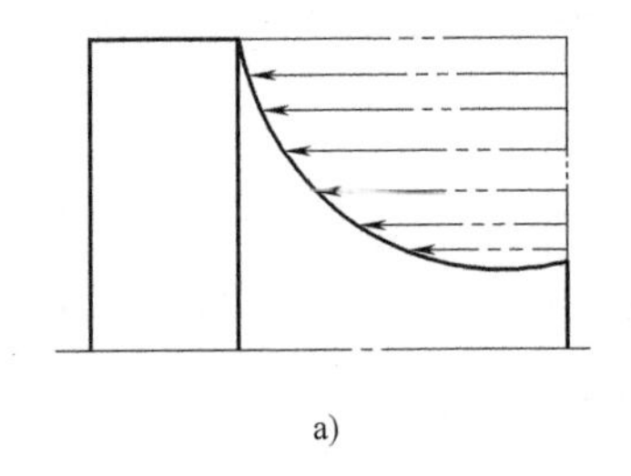

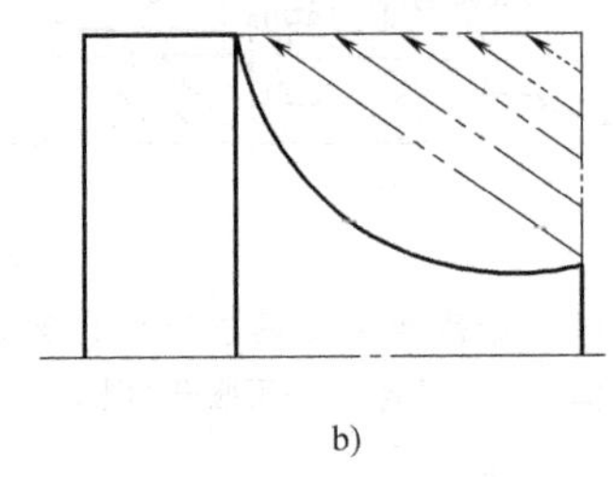

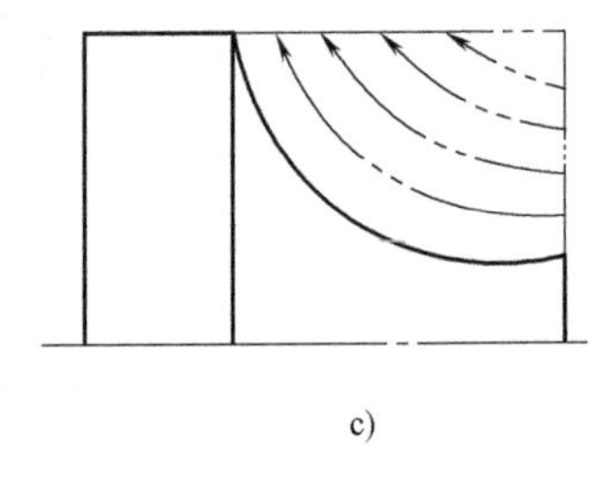

图 2-61　粗车进给路线示意图

4）阶梯切削进给路线图如图 2-62 所示。车削圆弧形工件有两种加工路线，观察这两种加工路线可以发现，在背吃刀量相同的条件下，图 2-62a 所示的加工方式所剩的切削余量较图 2-62b 的多，所以图 2-62b 所示的阶梯切削进给路线优于图 2-62a。

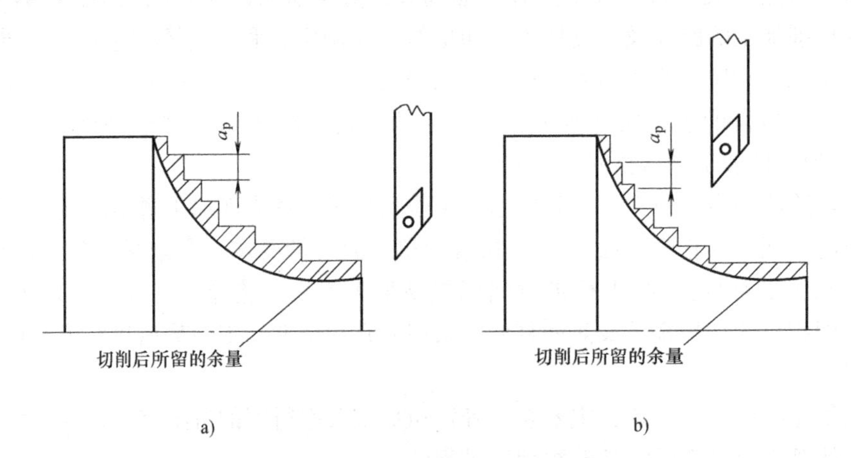

图 2-62　阶梯切削进给路线图

常用的阶梯车削法所留的余量虽然图 2-62b 比图 2-62a 少，但是并不均匀。根据数控车床加工的特点，改用轴向和径向联动双向进刀，称为双向联动切削进给路线（图 2-63）。从

图 2-63 中可以看出，该切削方式所留的余量非常均匀。

（2）精加工进给路线的确定

1）完工轮廓的进给路线。在安排一刀或多刀进行的精加工进给路线时，其零件的完工轮廓应由最后一刀连续加工而成，并且加工刀具的进、退刀位置要考虑妥当，尽量不要在连续的轮廓中安排切入和切出或换刀及停顿，以免因切削力突然变化而造成工件弹性变形，致使光滑连接轮廓上产生表面划伤、形状突变或滞留刀痕等缺陷。

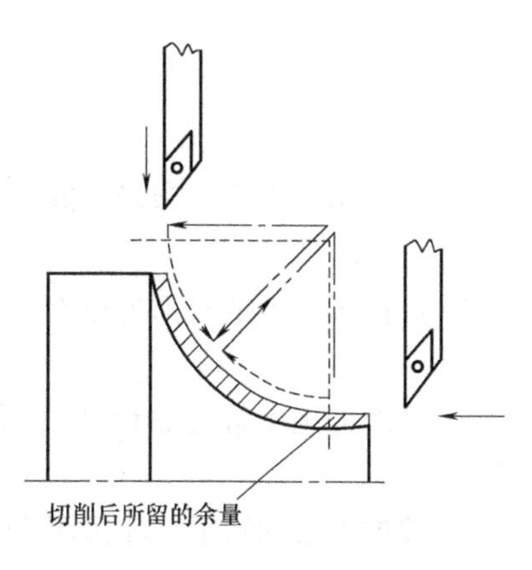

图 2-63 阶梯切削进给路线图

2）换刀加工时的进给路线。主要根据工步顺序要求决定各刀加工的先后顺序及各刀进给路线的衔接。

3）切入、切出及接刀点位置的选择。应选在有空刀槽或表面间有拐点、转角的位置，曲线要求相切或光滑连接的部位不能作为切入、切出及接刀点的位置。

4）各部位精度要求不一致的精加工进给路线。若各部位精度要求相差不是很大时，应以最严的精度为准，连续走刀加工所有部位；若各部位精度要求相差很大，则精度接近的表面安排在同一把刀进给路线内加工，并先加工精度较低的部位，最后再单独安排精度高的部位的进给路线。

（3）最短的空行程进给路线的确定　在保证加工质量的前提下，使加工程序具有最短的进给路线，不仅可以节省整个加工过程的执行时间，还能减少机床进给机构滑动部件的磨损等。

最短的空行程进给路线的确定具体包括巧用起刀点、巧设换刀点与合理安排回零路线等。图 2-1 所示短轴工件的进给路线图工艺卡见表 2-14。

表 2-14 数控加工进给路线图工艺卡

<table>
<tr><td colspan="4" rowspan="2">数控加工进给路线图工艺卡</td><td>产品型号</td><td colspan="2"></td><td>零件图号</td><td></td></tr>
<tr><td>产品名称</td><td colspan="2">短轴</td><td>零件名称</td><td></td></tr>
<tr><td>材料牌号</td><td>45 钢</td><td>毛坯种类</td><td>棒料</td><td>毛坯外形尺寸</td><td colspan="2">ϕ18mm×64mm</td><td>备注</td><td></td></tr>
<tr><td>工序号</td><td>工序名称</td><td>设备名称</td><td>设备型号</td><td>程序编号</td><td>夹具代号</td><td>夹具名称</td><td>切削液</td><td>车间</td></tr>
<tr><td>2</td><td>车</td><td>数车</td><td>CKA6136I</td><td></td><td></td><td></td><td></td><td></td></tr>
</table>

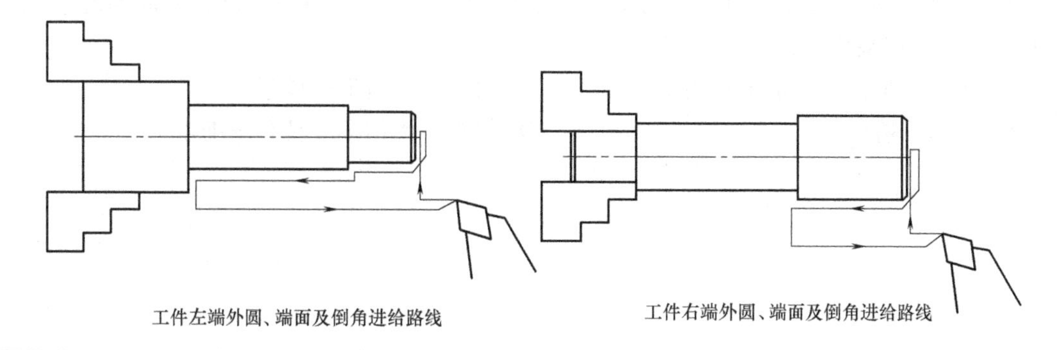

思考与练习题

1. 数控车床常见的布局形式有____________、____________、____________、____________。

2. 数控车床上的对刀方法有____________、____________、____________、____________。

3. 切削加工中常用的切削液可分为____________、____________、____________三大类。

4. 按加工表面特征，车刀可分为____________、____________、____________、____________和____________。

5. 常见的刀具材料是____________、____________、____________、____________、____________。

6. 数控车床的进给量在粗加工时，一般取为____________mm/r，精车时常取________mm/r，切断时常取____________mm/r。

7. 可转位刀片的刀具由____________、____________、____________、____________所组成。

8. 切削用量是指（　　）。

A. 切削速度　　B. 进给量　　C. 背吃刀量　　D. 三者都是

9. 车削用量的选择原则：粗车时，一般（　　），最后确定一个合适的切削速度 v_c。

A. 应首先选择尽可能大的背吃刀量，其次选择较大的进给量

B. 应首先选择尽可能大的背吃刀量，其次选择较小的进给量

C. 应首先选择尽可能小的背吃刀量，其次选择较大的进给量

D. 应首先选择尽可能小的背吃刀量，其次选择较小的进给量

10. 数控车床的主要加工对象是（　　）。

A. 超精密、超低表面粗糙度值的零件　　B. 带特殊螺纹的回转体零件

C. 表面形状复杂的零件　　D. 以上全部都是

11. 数控加工时，安排工步顺序的一般原则是（　　）。

A. 保证工件加工刚度原则　　B. 内外交叉

C. 同一把刀能加工内容连续加工原则　　D. 都可以

12. 数控车削外回转表面时，当待加工工件的尺寸公差等级为 IT5、表面粗糙度值为 0.2μm 时，一般采用（　　）加工方案。

A. 粗车—半精车—精车—精密车　　B. 粗车—半精车—精车

C. 粗车—精车　　D. 粗车—半精车—精车—细车

项目三 盘套类零件数控车削工艺编制

［学习目标］

1. 了解盘套类零件图样的工艺分析方法。
2. 掌握螺纹的数控车削方法。
3. 掌握车槽刀、螺纹车刀、内孔车刀的选择方法。

［项目重点］

1. 螺纹的数控车削方法。
2. 车槽刀、螺纹车刀、内孔车刀的选择。

［项目难点］

车槽刀、螺纹车刀、内孔车刀的选择。

任务一　图 样 识 别

一、零件图样工艺分析

图 3-1 所示为常见的一种盘套类零件。零件图中未注倒角为 $C1$，工件材料为 45 钢，毛坯尺寸为 ϕ62mm×30mm，生产批量为 200 件。

该零件主要由端面、外圆和内孔组成，其他相类似的盘套类零件还分布一些孔系，常见盘套类工件的径向尺寸大于轴向尺寸。该零件的外圆尺寸偏差为±0.015mm，轴向尺寸偏差为±0.03mm，十分适合数控机床加工。其外圆的表面粗糙度值为 3.2μm，应当采用粗车—精车的加工方案；内孔的表面粗糙度值为 1.6μm，由于是在实体上加工通孔，应当采用钻孔—粗车—半精车—精车的加工方案。

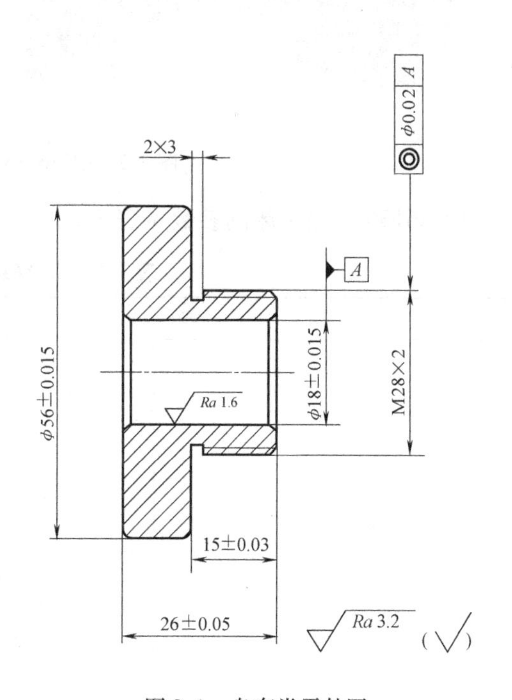

图 3-1　盘套类零件图

二、数控机床的选择

由于该工件的加工批量为 200 件，根据表 3-1 所列的生产类型和生产纲领的关系，可以确定其生产类型为小批量生产。

表 3-1　生产类型和生产纲领的关系

生产类型	零件生产纲领/(件/年)		
	轻型	中型	重型
单件生产	<100	<20	<5
小批生产	100~500	20~200	5~100
中批生产	500~5000	200~500	100~300
大批生产	5000~50000	500~5000	300~1000
大量生产	>50000	>5000	>1000

根据以一次安装来划分工序的原则，选择两台 CKA6136 数控车床来完成加工任务，如图 3-2 所示。

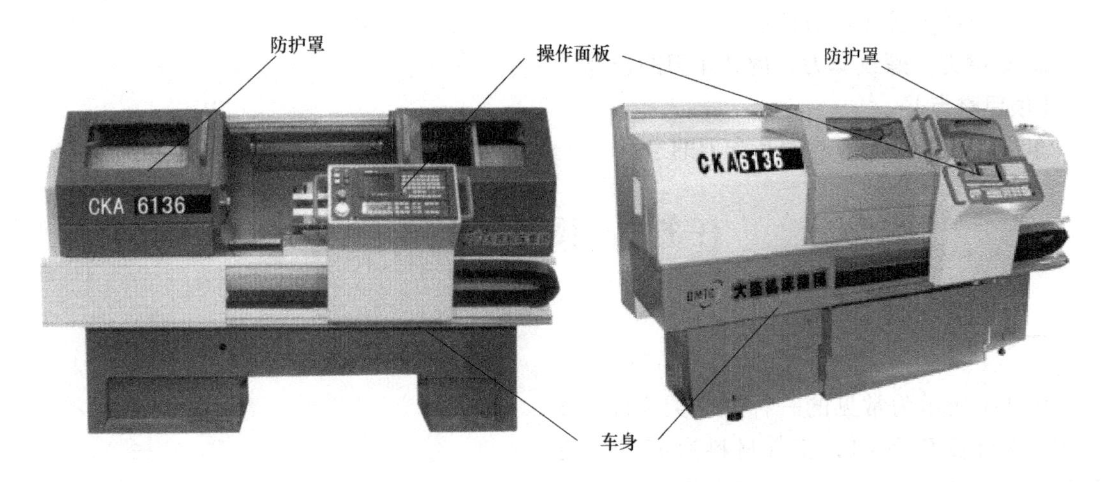

图 3-2　CKA6136 数控车床外形结构图

CKA6136 数控车床的参数见表 3-2。

表 3-2　CKA6136 数控车床的参数

项　目		技术参数
基本参数	工作台直径	180mm
	工作台最大转矩	横向 12kN·m；纵向 2.4kN·m
	电动机功率	4kW
	刀库容量	4 把
	机床重量	1950kg
	最大车削直径	360mm
	最大工件高度	1000mm

（续）

项　目		技术参数
技术参数	主轴转速	200 ~ 3500r/min
	X 轴进给范围	4000mm/min
	Z 轴进给范围	5000mm/min
	X 轴行程	230mm
	Z 轴行程	580mm
	主轴内孔直径	40mm
其他参数	机床外形尺寸	2300mm × 1480mm × 1520mm

任务二　机械加工工艺过程卡的编写

盘套类工件一般采用自定心卡盘装夹，若有几何精度要求的表面不能在自定心卡盘安装中加工完成，可以在内孔精加工完成后，用心轴配合内孔来定位，加工外圆或端面，保证相关的几何精度要求。由于该工件的几何精度要求为右端外圆与内孔的同轴度要求，采用自定心卡盘装夹左端外圆，在一次安装中完成外圆与内孔，即可保证 0.02mm 的同轴度要求。

本工件的机械加工工艺过程卡见表 3-3。

表 3-3　机械加工工艺过程卡

机械加工工艺过程卡			产品型号			零件图号	
			产品名称	盘套类零件		零件名称	
材料牌号	45 钢	毛坯种类	棒料	毛坯外形尺寸	φ62mm × 30mm	备注	
工序号	工序名称	工序内容	车间	工段	装备	工艺装备	工时
1	备料	棒料：φ62mm × 30mm					
2	车	车右端面、外圆、车槽并倒角；加工外螺纹；加工内孔及内倒角	数控加工		CKA6136	自定心卡盘	
3	车	车左端面，保证总长；车外圆及倒角；加工内倒角	数控加工		CKA6136	自定心卡盘	
4	去毛刺						
5	尺寸检验						
6	检查入库						
编制		审核			共　页		第　页

任务三　数控加工工序卡的编写

常见的车螺纹有三种进刀方式，即径向进刀、斜向进刀和轴向进刀。它们有各自的特点和应用范围，具体应用见表3-4。

表3-4　车螺纹的进刀方式、应用及特点

进刀方式	图形	应　用	特　点
径向进刀	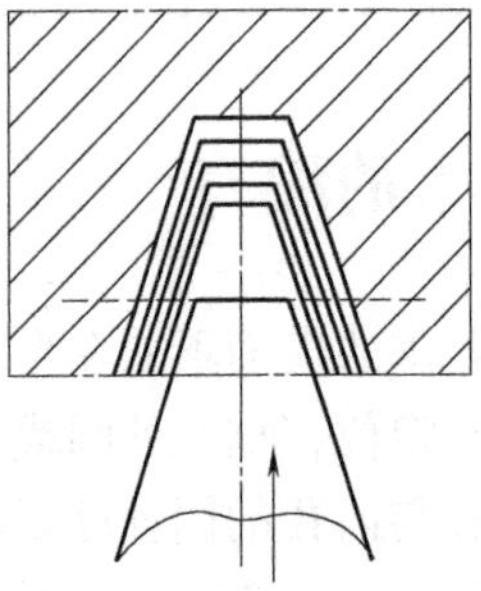	高速切削 $P<3$mm 的三角形螺纹；$P\geqslant3$mm 三角形螺纹的精车；$P<16$mm 梯形、方牙、平面、锯齿形螺纹的粗、精车；脆性材料的螺纹；硬质合金车刀高速切削螺纹	所有切削刃同时工作，排屑困难，切削力大，易扎刀；切削用量低；刀尖易磨损；操作简单；牙型精度较高
斜向进刀	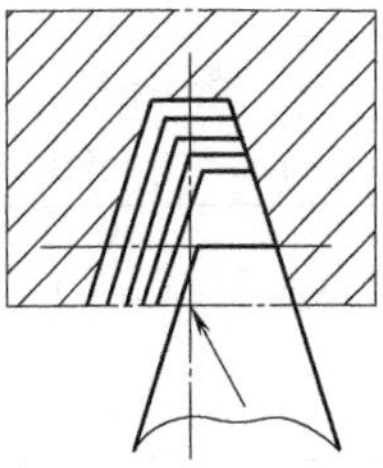	$P\geqslant3$mm 螺纹与塑性材料螺纹的精车	单刃切削，排屑顺利，切削力小，不易扎刀；牙型精度差，螺纹表面粗糙度值大；切削用量较大
轴向进刀	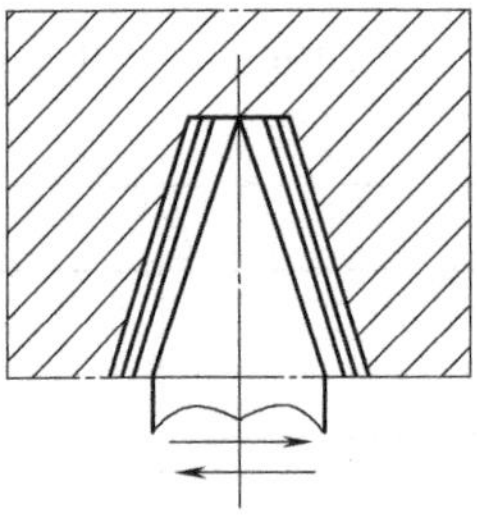	$P\geqslant3$mm 三角形螺纹的精车；$P\geqslant16$mm 梯形、方牙、锯齿形螺纹的粗、精车；刚性较差的螺纹粗、精车	单刃切削，排屑顺利，切削力小，不易扎刀；牙型精度差，螺纹表面粗糙度值较小；切削用量较大

根据机械加工工艺过程卡，该工件的加工分为两道数控加工工序，具体内容见表3-5和表3-6。

表 3-5　数控加工工序卡一

数控加工工序卡				产品型号			零件图号		
				产品名称	盘套类零件		零件名称		
材料牌号	45 钢	毛坯种类	棒料	毛坯外形尺寸	ϕ62mm×30mm		备注		
工序号	工序名称	设备名称	设备型号	程序编号	夹具代号		夹具名称	切削液	车间
2	车								
工步号	工步内容	刀具号	刀具	量具及检具	主轴转速/(r/min)	切削速度/(m/min)	进给速度/(mm/min)	背吃刀量/mm	备注
1	1. 粗车外表面至尺寸 ϕ28.2mm 2. 粗车端面	T01			1000 1400		300～350 280		
2	钻 ϕ16mm 通孔	T02			500		75		
3	精车外表面及端面至尺寸要求并倒角	T03			1400		200		
4	车槽	T04			600		60		
5	车螺纹	T05			300		600		
6	粗车内孔至 ϕ17.6mm	T06			700		140		
7	半精车内孔至 ϕ17.95mm 并倒角	T06			700		105		
8	精车内孔至尺寸要求	T07			1000		100		
编制		审核		批准		共　页		第　页	

表 3-6　数控加工工序卡二

数控加工工序卡				产品型号			零件图号		
				产品名称	盘套类零件		零件名称		
材料牌号	45 钢	毛坯种类	棒料	毛坯外形尺寸	ϕ62mm×30mm		备注		
工序号	工序名称	设备名称	设备型号	程序编号	夹具代号		夹具名称	切削液	车间
3	车								
工步号	工步内容	刀具号	刀具	量具及检具	主轴转速/(r/min)	切削速度/(m/min)	进给速度/(mm/min)	背吃刀量/mm	备注
1	1. 粗车外表面至尺寸 ϕ56.2mm 2. 粗车端面	T01			1000 1400		300～350 280		
2	精车外表面及端面至尺寸要求并倒角	T03			1400		200		
编制		审核		批准		共　页		第　页	

任务四　数控加工刀具卡的编写

本文以森泰英格刀具为样本，结合图 3-1 所示的工件，详细讲解车槽刀、螺纹车刀和内孔车刀的代码。

一、车槽刀的选择

车槽刀分为外槽车刀和内槽车刀，图 3-3 所示为外槽车刀刀杆的编码说明，图 3-4 所示为外槽车刀刀片的编码说明。

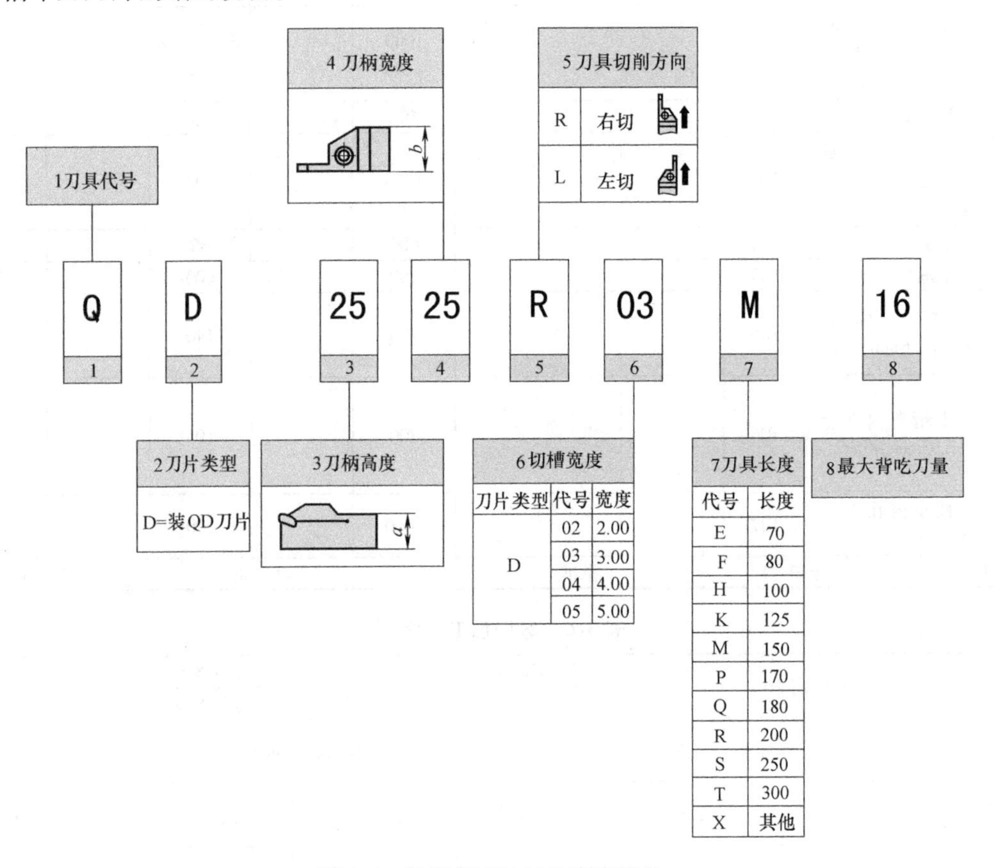

图 3-3　外槽车刀刀杆的编码说明

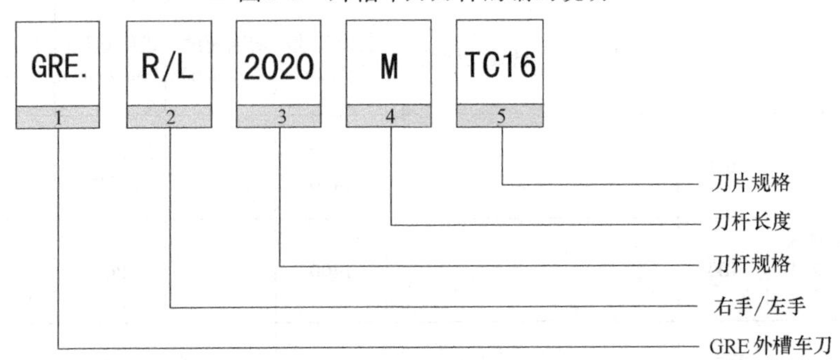

图 3-4　外槽车刀刀片的编码说明

二、螺纹车刀的选择

螺纹车刀分为外螺纹车刀和内螺纹车刀，图 3-5 所示为外螺纹车刀刀杆的编码说明，图 3-6 所示为外螺纹车刀刀片的编码说明。

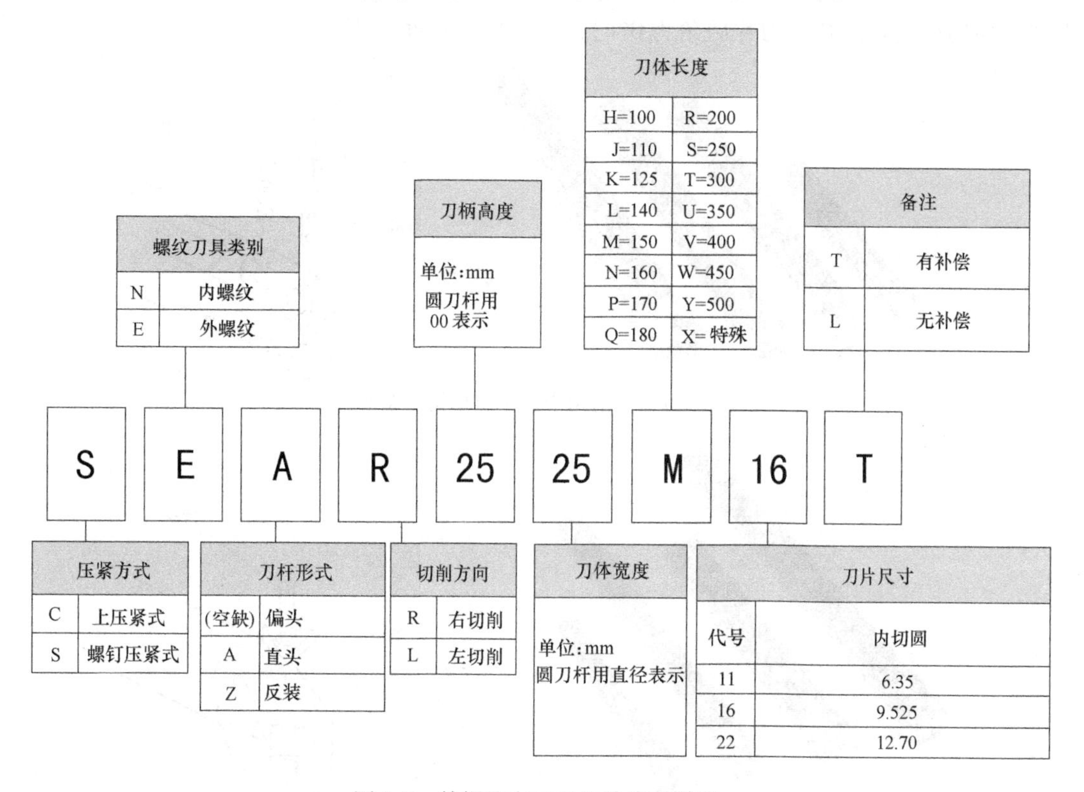

图 3-5 外螺纹车刀刀杆的编码说明

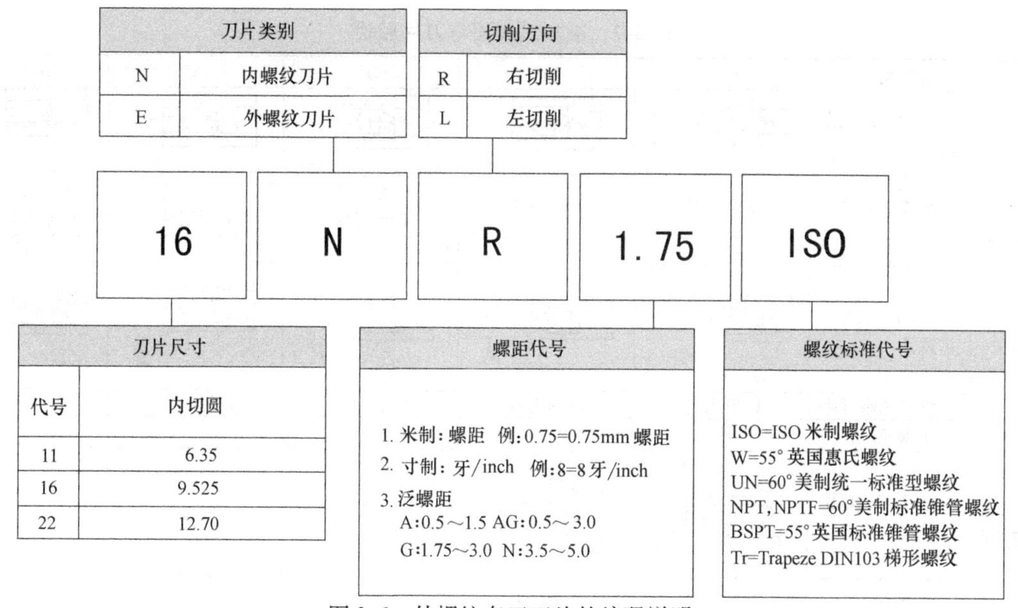

图 3-6 外螺纹车刀刀片的编码说明

三、内孔车刀的选择

森泰英格刀具中机夹式内孔车刀分为负前角内孔车刀和正前角内孔车刀。

(1) 负前角内孔车刀　图 3-7 所示的负前角内孔车刀采用销钉侧压和压板上压式夹紧方法，使用负前角刀片，刀片后角为 0°时，刀片可以双面使用。

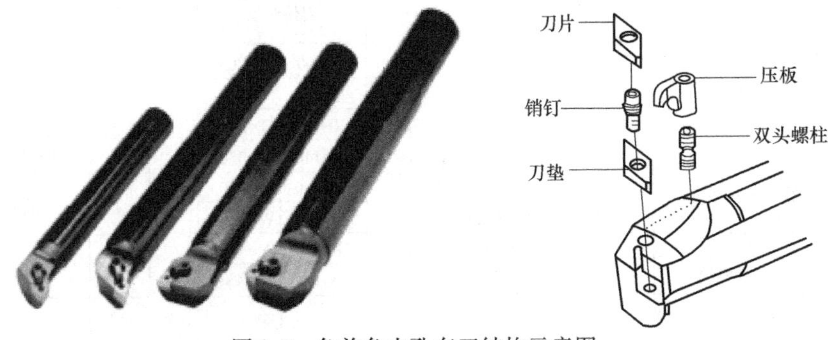

图 3-7　负前角内孔车刀结构示意图

图 3-8　正前角内孔车刀结构示意图

表 3-7　被加工表面与刀片形状

外圆	主偏角	62°	75°	90°	95°	107°
	刀片形状及示意图	57°30′				
	推荐选用刀片	D 形刀片	S 形刀片	C 形刀片 T 形刀片	C 形刀片 T 形刀片	D 形刀片 V 形刀片
轮廓加工	主偏角	62°	93°		107°	107°
	刀片形状及示意图	57°30′	27°	47°		32°30′
	推荐选用刀片	D 形刀片	D 形刀片	V 形刀片	D 形刀片	V 形刀片
背镗和内球面	主偏角	93°	93°			
	刀片形状及示意图	32°	93°			
	推荐选用刀片	D 形刀片	V 形刀片			

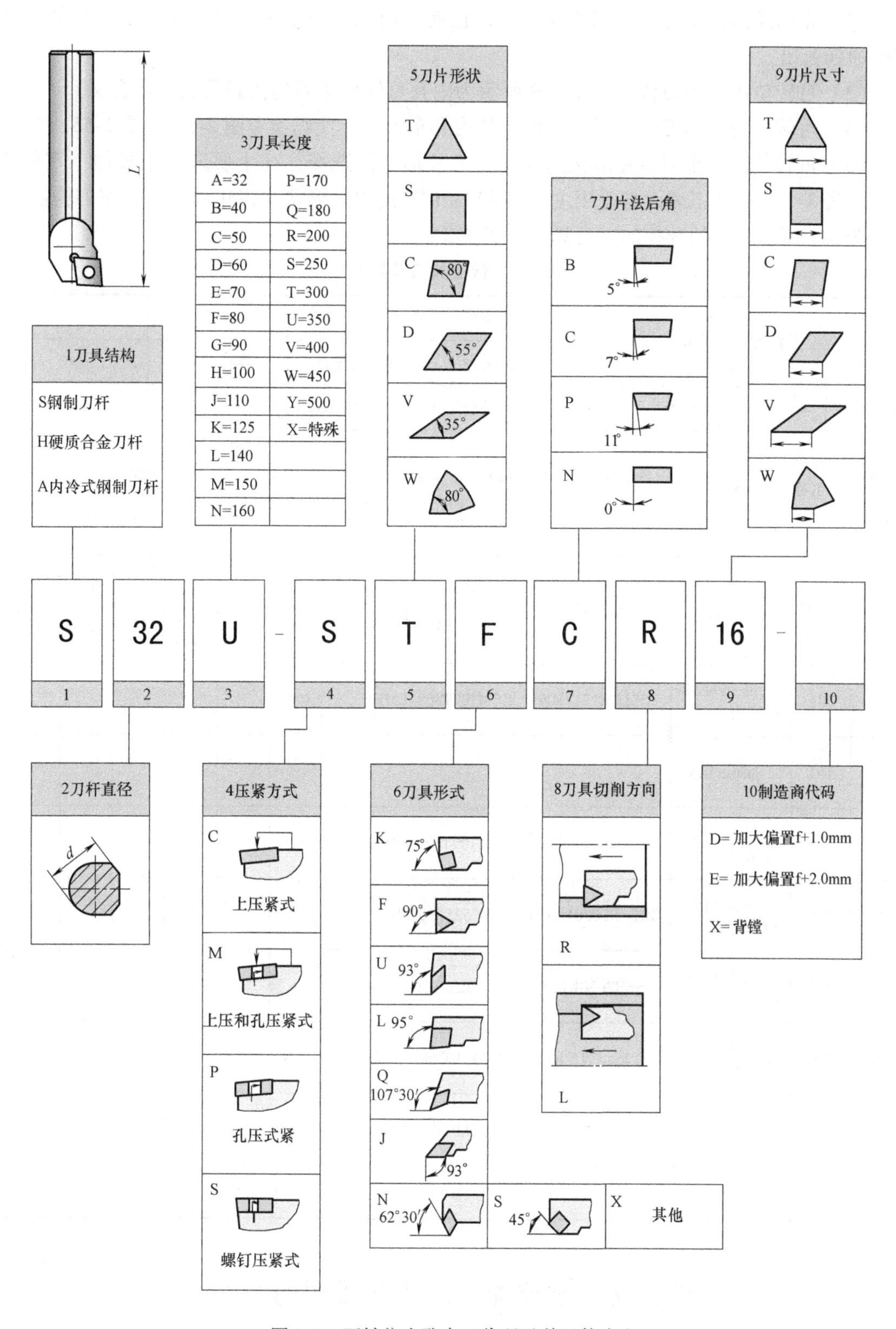

图 3-9　可转位内孔车刀代码及其具体含义

（2）正前角内孔车刀　如图 3-8 所示，正前角内孔车刀采用螺钉压紧方法，切屑由前刀面通畅流出。

（3）可转位内孔车刀代码　图 3-9 所示为内孔可转位车刀的代码及其具体含义。

（4）可转位内孔车刀刀片代码　可转位内孔车刀刀片代码参考图 2-54 和图 2-55。

（5）可转位内孔车刀刀片形状的选择　刀片形状的选择往往主要取决于被加工零件的廓形。表 3-7 为被加工表面与适用主偏角 62°～107°的刀片形状（以正前角内孔车刀为例）。

图 3-1 所示工件的数控加工刀具卡见表 3-8。

表 3-8　数控加工刀具卡

数控加工刀具卡				产品型号		零件图号	
				产品名称	盘套类零件	零件名称	
材料牌号	45 钢	毛坯种类	棒料	毛坯外形尺寸	ϕ62mm×30mm	备注	

工序号	工序名称	设备名称	设备型号	程序编号	夹具代号	夹具名称	切削液	车间
2	车							

工步号	刀具号	刀具名称	刀具型号	刀片		刀尖圆弧半径/mm	刀柄型号	刀具		补偿量/mm	备注
				型号	牌号			直径/mm	刀长/mm		
1	T01	机夹可转位车刀	SCLCR1212F09	CCMT09T308-EMF		0.8					
2	T02	ϕ18mm 钻头									
3	T03	机夹可转位车刀	SCLCR1212F09	CCMT09T304-EMF		0.4					
4	T04	机夹可转位车刀	GRE. R2020MTC16	QD2525R02M16							
5	T05	机夹可转位车刀	SER2020K16T	16ERAG60							
6、7	T06	机夹可转位车刀	S12S-SVUCR11	VCGT110208FN-27		0.8					
8	T07	机夹可转位车刀	S12S-SDUCR11	VCGT110204FN-27		0.4					

编制		审核		批准		共　页	第　页

任务五　数控加工进给路线图的编写

图 3-1 所示工件的进给路线图工艺卡见表 3-9 和表 3-10。

表 3-9　数控加工进给路线图工艺卡一

<table>
<tr><td colspan="4" rowspan="2">数控加工进给路线图工艺卡</td><td>产品型号</td><td></td><td>零件图号</td><td colspan="2"></td></tr>
<tr><td>产品名称</td><td>盘套类零件</td><td>零件名称</td><td colspan="2"></td></tr>
<tr><td>材料牌号</td><td>45 钢</td><td>毛坯种类</td><td>棒料</td><td>毛坯外形尺寸</td><td>ϕ62mm×30mm</td><td>备注</td><td colspan="2"></td></tr>
<tr><td>工序号</td><td>工序名称</td><td>设备名称</td><td>设备型号</td><td>程序编号</td><td>夹具代号</td><td>夹具名称</td><td>切削液</td><td>车间</td></tr>
<tr><td>2</td><td>车</td><td>数车</td><td>CKA6136</td><td></td><td></td><td></td><td></td><td></td></tr>
</table>

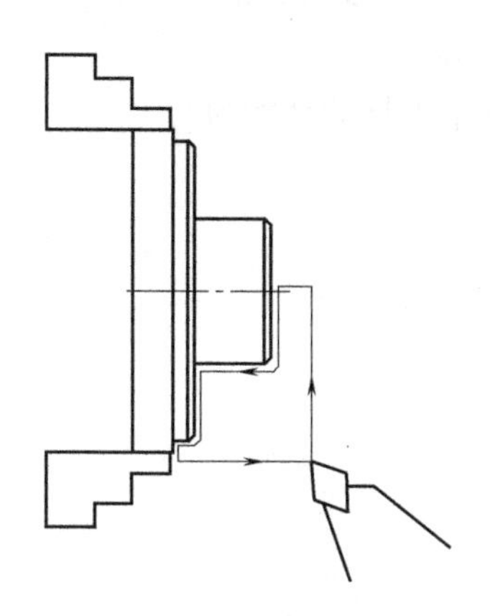

工件右端外圆、端面及倒角进给路线

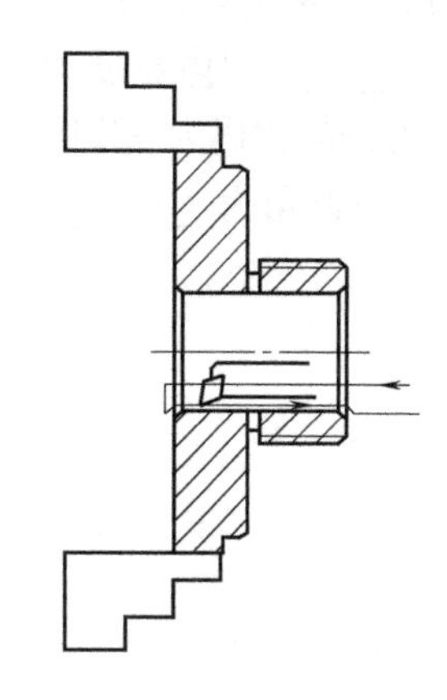

内表面进给路线

表 3-10　数控加工进给路线图工艺卡二

<table>
<tr><td colspan="4" rowspan="2">数控加工进给路线图</td><td>产品型号</td><td></td><td>零件图号</td><td colspan="2"></td></tr>
<tr><td>产品名称</td><td>盘套类零件</td><td>零件名称</td><td colspan="2"></td></tr>
<tr><td>材料牌号</td><td>45 钢</td><td>毛坯种类</td><td>棒料</td><td>毛坯外形尺寸</td><td>ϕ62mm×30mm</td><td>备注</td><td colspan="2"></td></tr>
<tr><td>工序号</td><td>工序名称</td><td>设备名称</td><td>设备型号</td><td>程序编号</td><td>夹具代号</td><td>夹具名称</td><td>切削液</td><td>车间</td></tr>
<tr><td>3</td><td>车</td><td>数车</td><td>CKA6136</td><td></td><td></td><td></td><td></td><td></td></tr>
</table>

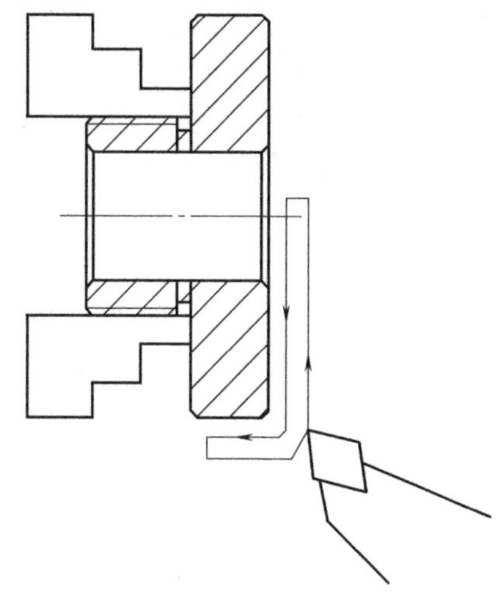

工件右端外圆、端面及倒角进给路线

思考与练习题

1. 常见的车螺纹的三种进给方式为____________、____________、____________。

2. 外槽车刀刀杆的代码为 QD2525R03M16，其中刀具的切削方向为____________，切槽的宽度为____________mm，最大的背吃刀量为____________mm。

3. 螺纹车刀刀杆的代码为 SEAR2525M16T，其中螺纹刀具的类别为____________，切削方向为____________，刀体宽度为____________mm。

4. 内孔车刀刀杆的代码为 S32U-STFCR16，其中刀杆的结构为____________，刀片形状为____________，主偏角为____________。

项目四 数控车削类工件的综合工艺编制

［学习目标］

掌握中等难度数控车削工件的工艺编制方法。

［项目重点］

中等难度数控车削工件的工艺编制。

［项目难点］

中等难度数控车削工件的工艺编制。

任务一　连接轴工件工艺编制

一、零件图样工艺分析

图 4-1 所示为连接轴工件零件图，材料为 45 钢，批量生产 5 件。

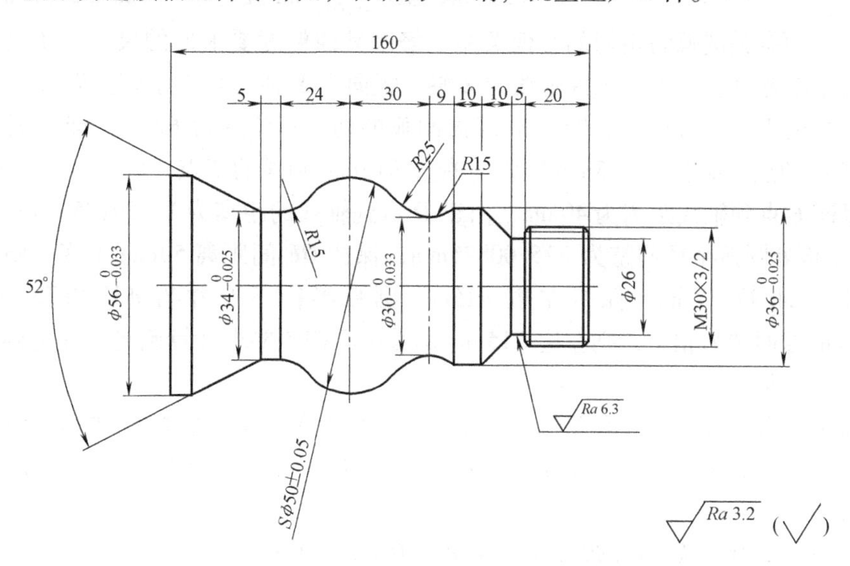

图 4-1　连接轴零件图

该轴类工件加工表面有圆柱、圆锥、顺圆弧、逆圆弧及外螺纹等表面组成。圆柱直径、球面直径及凹圆弧面的直径尺寸和大锥面锥角等的精度要求较高；球径 $S\phi50$ 的尺寸公差兼有控制该球面形状误差的作用，大部分表面的表面粗糙度值 Ra 为 3.2μm；尺寸标注完整，轮廓描述清楚。零件的材料为 45 钢，无热处理和硬度要求，可加工性较好。

该零件中的 $\phi36_{-0.025}^{0}$ mm、$\phi30_{-0.033}^{0}$ mm、$\phi34_{-0.025}^{0}$ mm、$\phi56_{-0.033}^{0}$ mm 四个直径公称尺寸都为最大尺寸，若按此公称尺寸编程，考虑到车削外尺寸时刀具的磨损及让刀变形，实际加工尺寸肯定偏大，难以满足加工要求，所以必须按平均尺寸确定编程尺寸。但这些尺寸一改，若其他尺寸保持不变，则左边 $R15$mm 圆弧与 $S\phi50\pm0.05$mm 球面、$S\phi50\pm0.05$mm 球面与 $R25$mm 圆弧和 $R25$mm 圆弧与右边 $R15$mm 圆弧相切的几何关系就不能保持，所以必须按前述步骤对有关尺寸进行修正，以确定编程尺寸值。编程尺寸设定值理论上应为该尺寸误差分散中心，但由于事先无法知道分散中心的确切位置，可先由平均尺寸代替，最后根据试加工结果进行修正，以消除常值系统性误差的影响。确定编程尺寸设定值的步骤如下：

（1）精度要求高的尺寸的处理　将公称尺寸换算成平均尺寸。

（2）几何关系的处理　保持原重要的几何关系，如角度、相切等不变。

（3）精度要求低的尺寸的调整　通过修改一般尺寸保持零件原有几何关系，使之协调。

（4）基（节）点坐标尺寸的计算　按调整后的尺寸计算有关未知基（节）点的坐标尺寸；

（5）编程尺寸的修正　按调整后的尺寸编程并加工一组工件，测量关键尺寸的实际分散中心并求出常值系统性误差，再按此误差对程序尺寸进行调整并修改程序。

根据上述方法调整后的工件尺寸如图 4-2 所示，具体的计算步骤如下：

（1）将精度要求高的公称尺寸换算成平均尺寸

$\phi36_{-0.025}^{0}$ mm 改为 $\phi35.9875\pm0.0125$mm；$\phi30_{-0.033}^{0}$ mm 改为 $\phi29.9835\pm0.0165$mm；

$\phi34_{-0.025}^{0}$ mm 改为 $\phi33.9875\pm0.0125$mm；$\phi56_{-0.033}^{0}$ mm 改为 $\phi55.985\pm0.015$mm。

（2）保持原有关圆弧间相切的几何关系，修改其他精度要求低的尺寸，使之协调　设工件坐标系原点为图示 O 点，工件轴线为 Z 轴，径向为 X 轴。A 点为左边 $R15$mm 圆弧的圆心；B 点为左边 $R15$mm 圆弧与 $R25$mm 球面圆弧的切点；C 点为 $R25$mm 球面圆弧与右边 $R25$mm 圆弧的切点；D 点为 $R25$mm 圆弧与右边 $R15$mm 圆弧的切点；E 点为 $R25$mm 圆弧的圆心。要保证 E 点到轴线距离为 40mm，由于 D 点到轴线的距离为 14.99175mm（编程尺寸决定），所以该处圆弧半径调整为 $R25.00825$mm，保持 OE 间距离 50mm 不变，则球面圆弧半径调整为 $R24.99175$mm；保持左边 $R15$mm 圆弧半径不变并与 $\phi33.9875$mm 外圆和 $R24.99175$mm 球面圆弧相切，则左边 $R15$mm 圆弧中心按此要求计算确定。其他调整后的有关尺寸如图 4-2 所示。

（3）按调整后的尺寸计算有关未知基点尺寸　经计算，有关主要基点的坐标值如下：

A 点：$Z=-23.995$，$X=31.994$；B 点：$Z=-14.995$，$X=19.994$；C 点：$Z=14.995$，$X=19.994$；

D 点：$Z=30.000$，$X=14.992$；E 点：$Z=30.000$，$X=40.000$。

需说明的是，球面圆弧调整后的直径并不是其平均尺寸，但在其尺寸公差范围内。

二、数控机床的选择

该工件为单件小批量生产，尺寸精度稍高，表面质量要求不高，所以选择一台 CKA6136 数控车床来完成加工任务。

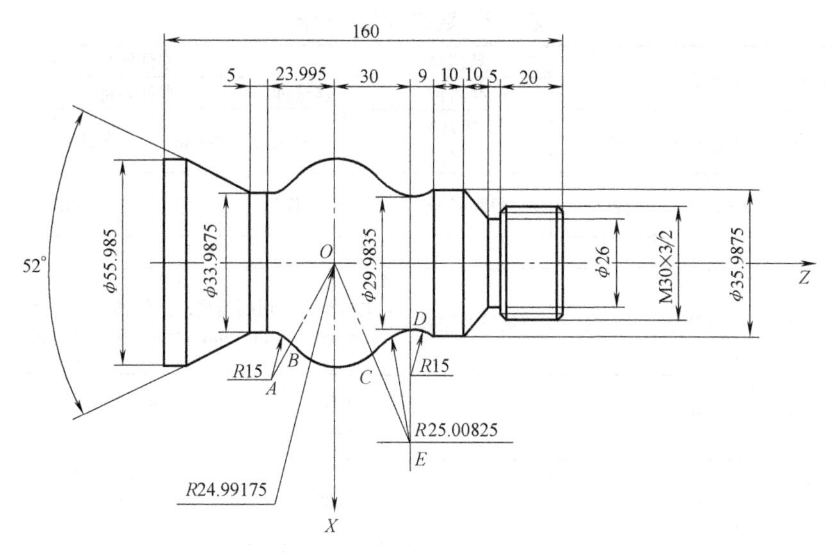

图 4-2　调整后的工件简图

三、机械加工工艺过程卡的编写

本工件的机械加工工艺过程卡见表4-1，装夹方式采用一顶一夹方式。

表 4-1　机械加工工艺过程卡

机械加工工艺过程卡				产品型号		零件图号		
				产品名称	连接轴	零件名称		
材料牌号	45 钢	毛坯种类	棒料	毛坯外形尺寸	ϕ60mm×200mm	备注		
工序号	工序名称	工序内容		车间	工段	设备	工艺装备	工时
1	备料	棒料：ϕ60mm×200mm						
2	车	车右端面、外圆、车槽并倒角；加工外螺纹；车断保证总长		数控加工		CKA6136	自定心卡盘、顶尖	
3	去毛刺							
4	尺寸检验							
5	检查入库							
编制		审核				共　页	第　页	

四、数控加工工序卡的编写

本工件的数控加工工序卡见表4-2。

表 4-2　数控加工工序卡

<table>
<tr><td colspan="4" rowspan="2">数控加工工序卡</td><td colspan="2">产品型号</td><td colspan="2"></td><td colspan="2">零件图号</td><td></td></tr>
<tr><td colspan="2">产品名称</td><td colspan="2">连接轴</td><td colspan="2">零件名称</td><td></td></tr>
<tr><td>材料牌号</td><td>45 钢</td><td>毛坯种类</td><td>棒料</td><td colspan="2">毛坯外形尺寸</td><td colspan="2">ϕ60mm×200mm</td><td colspan="2">备注</td><td></td></tr>
<tr><td>工序号</td><td>工序名称</td><td colspan="2">设备名称</td><td>设备型号</td><td>程序编号</td><td colspan="2">夹具代号</td><td>夹具名称</td><td>切削液</td><td>车间</td></tr>
<tr><td>2</td><td>车</td><td colspan="2"></td><td></td><td></td><td colspan="2"></td><td></td><td></td><td></td></tr>
<tr><td>工步号</td><td>工步内容</td><td>刀具号</td><td>刀具</td><td>量具及检具</td><td>主轴转速/(r/min)</td><td>切削速度/(m/min)</td><td>进给速度/(mm/min)</td><td>背吃刀量/mm</td><td colspan="2">备注</td></tr>
<tr><td>1</td><td>1. 粗车外表面留 0.2mm 余量
2. 粗车端面</td><td>T01</td><td></td><td></td><td>1000
1400</td><td></td><td>300-350
280</td><td></td><td colspan="2"></td></tr>
<tr><td>2</td><td>精车外表面及端面至尺寸要求并倒角</td><td>T01</td><td></td><td></td><td>1400</td><td></td><td>200</td><td></td><td colspan="2"></td></tr>
<tr><td>3</td><td>车螺纹</td><td>T02</td><td></td><td></td><td>400</td><td></td><td>600</td><td></td><td colspan="2"></td></tr>
<tr><td>4</td><td>车断并保证总长</td><td>T03</td><td></td><td></td><td>600</td><td></td><td>60</td><td></td><td colspan="2"></td></tr>
<tr><td>编制</td><td></td><td>审核</td><td></td><td>批准</td><td></td><td colspan="3">共　页</td><td colspan="2">第　页</td></tr>
</table>

五、数控加工刀具卡的编写

本工件的数控加工刀具卡见表 4-3。

表 4-3　数控加工刀具卡

<table>
<tr><td colspan="4" rowspan="2">数控加工刀具卡</td><td colspan="2">产品型号</td><td colspan="3"></td><td colspan="2">零件图号</td><td colspan="2"></td></tr>
<tr><td colspan="2">产品名称</td><td colspan="3">连接轴</td><td colspan="2">零件名称</td><td colspan="2"></td></tr>
<tr><td>材料牌号</td><td>45 钢</td><td>毛坯种类</td><td>棒料</td><td colspan="2">毛坯外形尺寸</td><td colspan="3">ϕ60mm×200mm</td><td colspan="2">备注</td><td colspan="2"></td></tr>
<tr><td>工序号</td><td>工序名称</td><td>设备名称</td><td>设备型号</td><td>程序编号</td><td>夹具代号</td><td colspan="3">夹具名称</td><td colspan="2">切削液</td><td colspan="2">车间</td></tr>
<tr><td>2</td><td>车</td><td></td><td></td><td></td><td></td><td colspan="3"></td><td colspan="2"></td><td colspan="2"></td></tr>
<tr><td rowspan="2">工步号</td><td rowspan="2">刀具号</td><td rowspan="2">刀具名称</td><td rowspan="2">刀具型号</td><td colspan="2">刀片</td><td rowspan="2">刀尖圆弧半径/mm</td><td rowspan="2">刀柄型号</td><td colspan="2">刀具</td><td rowspan="2">补偿量/mm</td><td rowspan="2" colspan="2">备注</td></tr>
<tr><td>型号</td><td>牌号</td><td>直径/mm</td><td>刀长/mm</td></tr>
<tr><td>1</td><td>T01</td><td>机夹可转位车刀</td><td>SVACR1616M11</td><td>CVMT110304-EMF</td><td></td><td>0.4</td><td></td><td></td><td></td><td></td><td colspan="2"></td></tr>
<tr><td>2</td><td>T02</td><td>机夹可转位车刀</td><td>SER2525M16T</td><td>16ERAG55</td><td></td><td></td><td></td><td></td><td></td><td></td><td colspan="2"></td></tr>
<tr><td>3</td><td>T03</td><td>机夹可转位车刀</td><td>GRE. R2020MTC16</td><td>QD2525R02M16</td><td></td><td></td><td></td><td></td><td></td><td></td><td colspan="2"></td></tr>
<tr><td colspan="2">编制</td><td colspan="2"></td><td>审核</td><td></td><td>批准</td><td colspan="3">共　页</td><td colspan="3">第　页</td></tr>
</table>

六、数控加工进给路线图的编写

本工件的数控加工进给路线图工艺卡见表 4-4。

表 4-4 数控加工进给路线图工艺卡

<table>
<tr><td colspan="4" rowspan="2">数控加工进给路线图工艺卡</td><td colspan="2">产品型号</td><td colspan="2"></td><td colspan="2">零件图号</td><td></td></tr>
<tr><td colspan="2">产品名称</td><td colspan="2">连接轴</td><td colspan="2">零件名称</td><td></td></tr>
<tr><td>材料牌号</td><td>45 钢</td><td>毛坯种类</td><td>棒料</td><td colspan="2">毛坯外形尺寸</td><td colspan="2">φ60mm×200mm</td><td colspan="2">备注</td><td></td></tr>
<tr><td>工序号</td><td>工序名称</td><td>设备名称</td><td>设备型号</td><td>程序编号</td><td>夹具代号</td><td colspan="2">夹具名称</td><td colspan="2">切削液</td><td>车间</td></tr>
<tr><td>2</td><td>车</td><td>数车</td><td>CKA6136</td><td></td><td></td><td colspan="2"></td><td colspan="2"></td><td></td></tr>
</table>

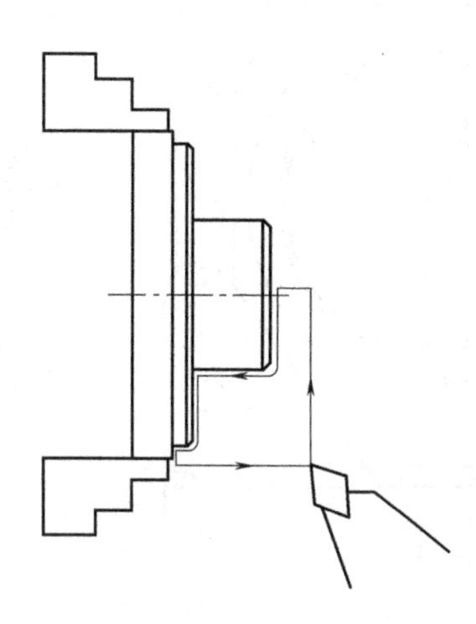

工件右端外圆、端面及倒角进给路线

任务二 偏心套工件的工艺编制

一、零件图样工艺分析

图 4-3 所示为一个偏心套工件，工件的材料为 ZG20（精铸件），毛坯尺寸为 119mm ×

96mm×24mm，批量生产2000件，其零件图如图4-4所示。

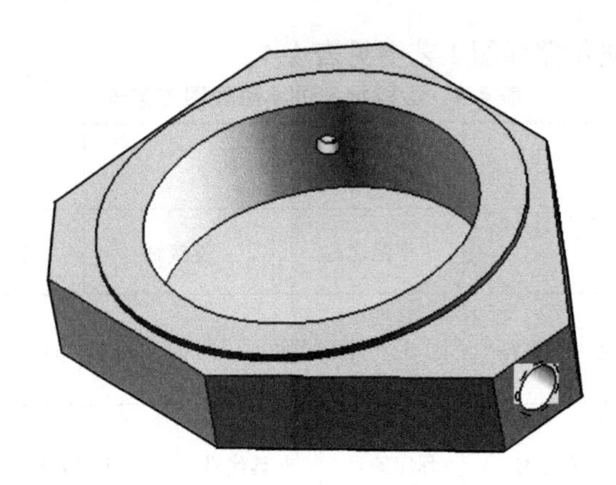

图4-3　偏心套工件

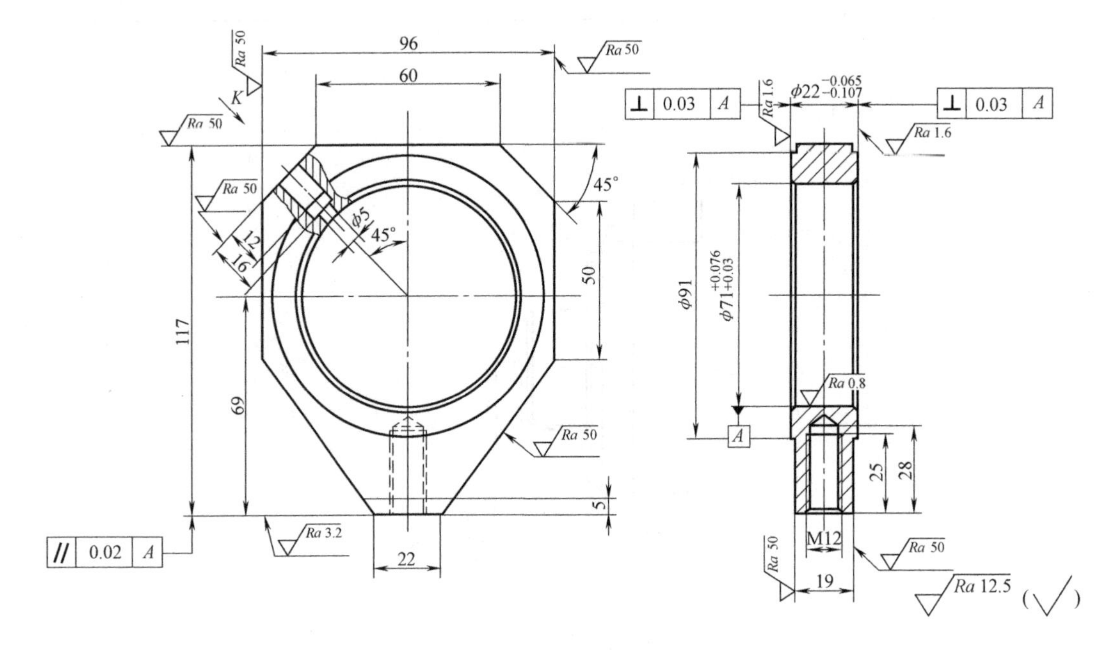

图4-4　偏心套零件图

二、数控机床的选择

偏心套工件的生产批量为2000件，其生产类型为中批生产，因此该零件加工可以分为车削加工、铣削加工和磨削加工三大部分。工件尺寸精度一般，几何误差要求较高，表面质量要求高，ϕ71mm内孔表面粗糙度值 Ra 可达0.8μm，所以选择一台CKA6136数控车床、一台XH714数控铣床、一台M1420磨床来完成加工任务。

三、机械加工工艺过程卡的编写

本工件的机械加工工艺过程卡见表4-5。

表 4-5 机械加工工艺过程卡

机械加工工艺过程卡			产品型号		零件图号		
			产品名称	偏心套	零件名称		
材料牌号	ZG20	毛坯种类	精铸	毛坯外形尺寸	119mm×96mm×24mm	备注	
工序号	工序名称	工序内容	车间	工段	设备	工艺装备	工时
1	备料	铸件 119mm×96mm×24mm(图 4-5)					
2	车	加工 ϕ71mm 内孔、ϕ91mm 端面,各留 0.1mm 余量	数控加工		CKA6136	单动卡盘	
3	铣	加工 22mm×19mm 平面及 M12 螺纹孔	数控加工		XH714	平口钳	
4	铣	加工两个 45°斜面及 M12 螺纹孔	数控加工		XH714	专用夹具(图 4-7)	
5	热处理	局部渗碳淬火	热处理				
6	磨	磨 ϕ71mm 内孔、ϕ91mm 外圆面	机加工		M1420		
7	氧化						
8	尺寸检验						
9	检查入库						
编制		审核			共 页	第 页	

图 4-5 所示为偏心套工件的毛坯简图。

图 4-6 所示为偏心套工件粗铣两 45°斜面和加工 M12 螺纹孔时所需的专用夹具。

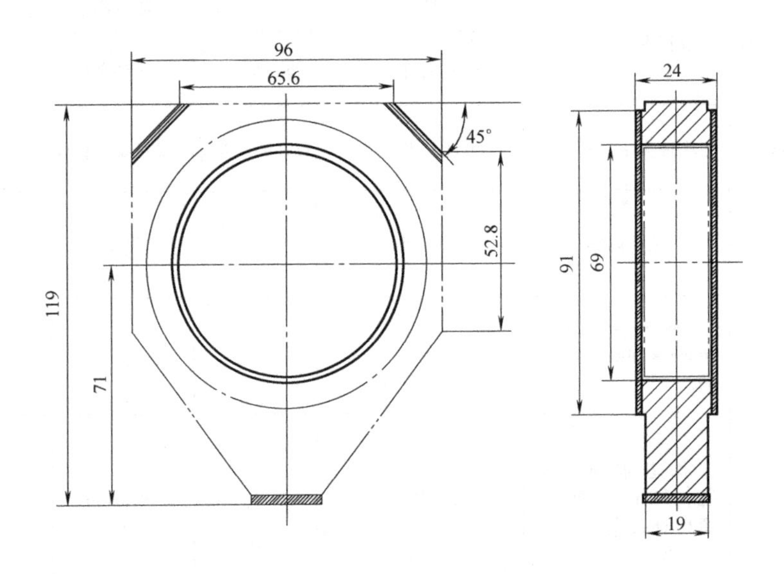

图 4-5　偏心套工件毛坯简图

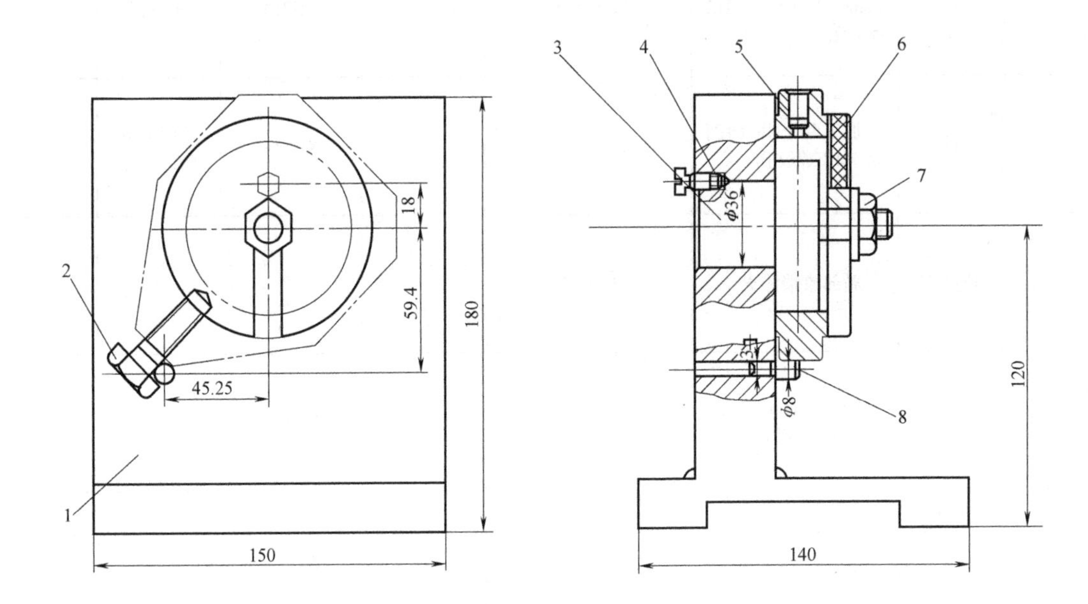

图 4-6　粗铣两 45°斜面和加工 M12 螺纹孔的专用夹具

1—夹具体　2—六角头螺栓 M12×40　3—定位心轴　4—定位螺钉 M6

5—工件　6—开口垫圈　7—螺母 M12　8—定位销

四、数控加工工序卡的编写

本工件的数控加工工序卡见表 4-6、表 4-7 和表 4-8。

表 4-6 数控加工工序卡一

数控加工工序卡				产品型号			零件图号		
				产品名称	偏心套		零件名称		
材料牌号	ZG20	毛坯种类	精铸	毛坯外形尺寸	119mm×96mm×24mm		备注		
工序号	工序名称	设备名称	设备型号	程序编号	夹具代号	夹具名称	切削液	车间	
2	车								
工步号	工步内容	刀具号	刀具	量具及检具	主轴转速/(r/min)	切削速度/(m/min)	进给速度/(mm/min)	背吃刀量/mm	备注
1	粗车、半精车 ϕ91mm 端面，留 0.3mm 余量	T01			1000		200		
2	精车 ϕ91mm 端面，留 0.1mm 余量	T02			1200		120		
3	粗车、半精车 ϕ71mm 内孔及倒角，留 0.2mm 余量	T03			600		240		
4	精车 ϕ71mm 内孔及倒角，留 0.1mm 余量	T04			800		160		
5	工件调头								
6	粗车、半精车 ϕ91mm 端面，留 0.3mm 余量	T01			1000		200		
7	精车 ϕ91mm 端面，留 0.1mm 余量	T02			1200		120		
编制		审核		批准		共 页		第 页	

表 4-7 数控加工工序卡二

数控加工工序卡				产品型号			零件图号		
				产品名称	偏心套		零件名称		
材料牌号	ZG20	毛坯种类	精铸	毛坯外形尺寸	119mm×96mm×24mm		备注		
工序号	工序名称	设备名称	设备型号	程序编号	夹具代号	夹具名称	切削液	车间	
2	铣								
工步号	工步内容	刀具号	刀具	量具及检具	主轴转速/(r/min)	切削速度/(m/min)	进给速度/(mm/min)	背吃刀量/mm	备注
1	粗铣 22mm×19mm 面，留 0.5mm 余量	T01			600		240		
2	半精铣 22mm×19mm 面，留 0.2mm 余量	T01			600		240		
3	精铣 22mm×19mm 面至图样尺寸	T02			800		160		
4	钻 M12 底孔	T03			500		70		
5	倒 M12 孔端倒角	T04			500		20		
6	M12 攻螺纹	T05			100		175		
编制		审核		批准		共 页		第 页	

表 4-8　数控加工工序卡三

数控加工工序卡					产品型号		零件图号			
					产品名称		零件名称			
材料牌号	ZG20	毛坯种类		精铸	毛坯外形尺寸	119mm×96mm×24mm	备注			
工序号	工序名称	设备名称		设备型号	程序编号	夹具代号	夹具名称	切削液	车间	
4	铣									
工步号	工步内容		刀具号	刀具	量具及检具	主轴转速/(r/min)	切削速度/(m/min)	进给速度/(mm/min)	背吃刀量/mm	备注
1	粗铣两个 45°斜面		T01			600		300		
2	钻 ϕ5mm 通孔		T02			500		60		
3	钻 M12 底孔		T03			400		20		
4	倒 M12 孔端倒角		T04			500		20		
5	M12 攻螺纹		T05			100		150		
编制		审核			批准		共　页		第　页	

五、数控加工刀具卡的编写

该工件车工序的数控加工刀具卡见表 4-9。

表 4-9　数控加工刀具卡

数控加工刀具卡					产品型号		零件图号				
					产品名称		零件名称				
材料牌号	ZG20	毛坯种类	精铸	毛坯外形尺寸	119mm×96mm×24mm		备注				
工序号	工序名称	设备名称	设备型号	程序编号	夹具代号	夹具名称	切削液	车间			
2	车										
工步号	刀具号	刀具名称	刀具型号	刀片		刀尖圆弧半径/mm	刀柄型号	刀具		补偿量/mm	备注
				型号	牌号			直径/mm	刀长/mm		
1	T01	机夹可转位车刀	SCLCR1212F09	CCMT09T308-EMF		0.8					
2	T02	机夹可转位车刀	SCLCR1212F09	CCMT09T304-EMF		0.4					
3	T03	机夹可转位车刀	S12M-SDUCR07	DCGT070208FN-27		0.8					
4	T04	机夹可转位车刀	S12M-SDUCR07	DCGT070204FN-27		0.4					
5	T01	机夹可转位车刀	SCLCR1212F09	CCMT09T308-EMF		0.8					
6	T02	机夹可转位车刀	SCLCR1212F09	CCMT09T304-EMF		0.4					
编制		审核		批准		共　页			第　页		

六、数控加工进给路线图的编写

该工件车工序的数控加工进给路线图工艺卡见表4-10。

表4-10　数控加工进给路线图工艺卡

数控加工进给路线图工艺卡				产品型号		零件图号		
				产品名称		零件名称		
材料牌号	ZG20	毛坯种类	精铸	毛坯外形尺寸	119mm×96mm×24mm	备注		
工序号	工序名称	设备名称	设备型号	程序编号	夹具代号	夹具名称	切削液	车间
2	车	数车	CKA6136					

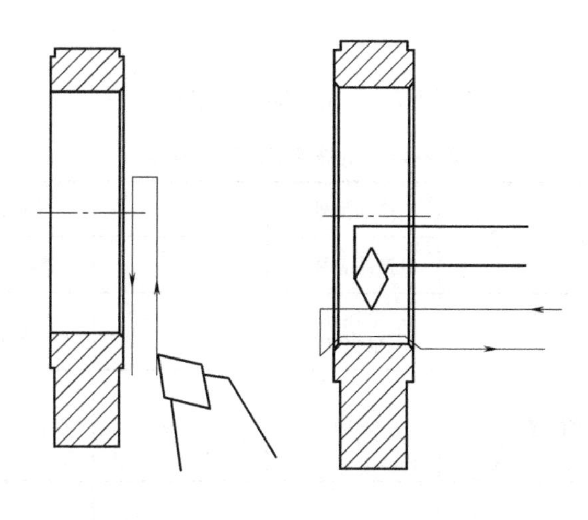

车端面进给路线　　　车内孔及倒角进给路线

思考与练习题

图4-7所示为工件数控车高级工的试题，单件生产，毛坯材料为45钢，试编写机械加工工艺过程卡（表4-11）、数控加工工序卡（表4-12）、数控加工刀具卡（表4-13）和数控加工进给路线图工艺卡（表4-14）。

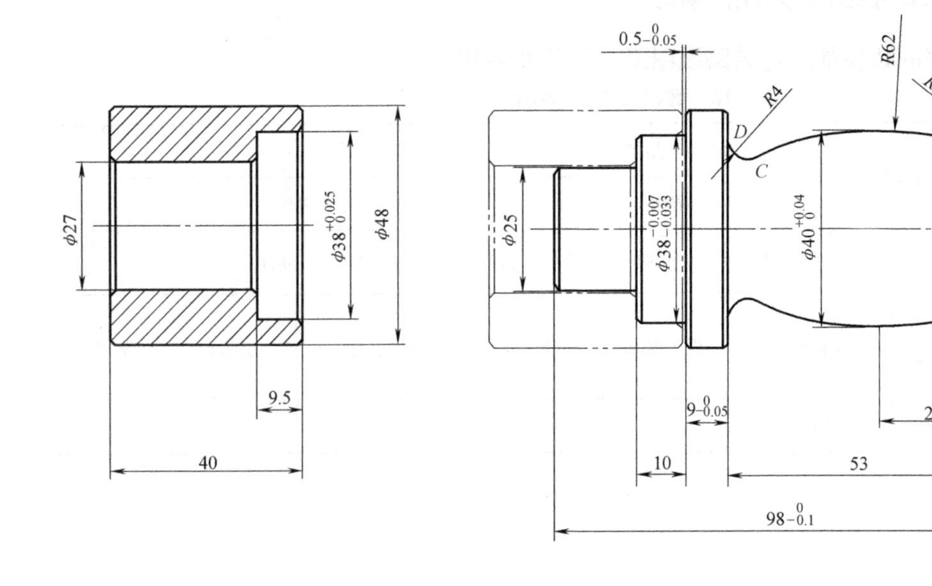

图 4-7　数控车高级工试题一

表 4-11　机械加工工艺过程卡

机械加工工艺过程卡			产品型号		零件图号		
			产品名称		零件名称		
材料牌号		毛坯种类	毛坯外形尺寸		备注		
工序号	工序名称	工序内容	车间	工段	设备	工艺装备	工时
编制		审核			共　页		第 页

表 4-12 数控加工工序卡

数控加工工序卡	产品型号		零件图号	
	产品名称		零件名称	

材料牌号		毛坯种类		毛坯外形尺寸		备注	

工序号	工序名称	设备名称	设备型号	程序编号	夹具代号	夹具名称	切削液	车间

工步号	工步内容	刀具号	刀具	量具及检具	主轴转速/(r/min)	切削速度/(m/min)	进给速度/(mm/min)	背吃刀量/mm	备注

编制		审核		批准		共 页	第 页

表 4-13　数控加工刀具卡

数控加工刀具卡	产品型号		零件图号	
	产品名称		零件名称	

材料牌号		毛坯种类		毛坯外形尺寸		备注	

工序号	工序名称	设备名称	设备型号	程序编号	夹具代号	夹具名称	切削液	车间
2	车							

工步号	刀具号	刀具名称	刀具型号	刀片		刀尖圆弧半径/mm	刀柄型号	刀具		补偿量/mm	备注
				型号	牌号			直径/mm	刀长/mm		

编制		审核		批准		共　　页	第　页

表 4-14　数控加工进给路线图工艺卡

数控加工进给路线图工艺卡	产品型号		零件图号	
	产品名称		零件名称	

材料牌号		毛坯种类		毛坯外形尺寸		备注	

工序号	工序名称	设备名称	设备型号	程序编号	夹具代号	夹具名称	切削液	车间

项目五

平面类工件数控铣削工艺编制

[学习目标]

1. 了解平面类零件图样的工艺分析分法；了解数控铣床的分类和结构，会合理选择机床类型。

2. 了解数控铣削加工中常见的装夹方式以及专用铣夹具。

3. 掌握顺铣和逆铣的应用场合，拟定工艺路线，选择合理的切削用量和切削液。

4. 了解数控铣刀的种类和参数，掌握数控可转位铣刀刀片的选择方法。

5. 掌握数控铣削进给路线图的设计方法。

[项目重点]

1. 顺铣和逆铣的应用场合，拟定工艺路线，选择合理的切削用量和切削液。

2. 数控可转位铣刀刀片的选择。

3. 数控铣削进给路线图的设计。

[项目难点]

1. 数控铣床专用夹具设计。

2. 数控可转位铣刀刀片的选择。

任务一　图 样 识 别

一、零件图样工艺分析

图 5-1 所示的平面类工件材料为 45 钢，毛坯尺寸为 206mm×64mm×24mm，生产批量为 30 件。

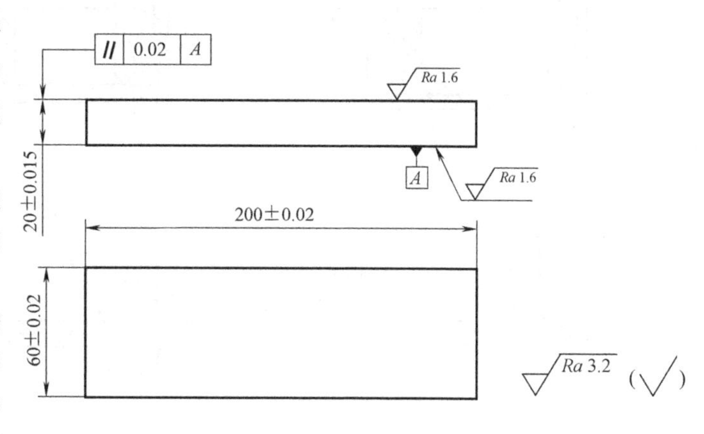

图 5-1　平面类工件

(1) 零件图的结构工艺性分析　数控铣削类工件的结构工艺性如下。

1) 分析零件的形状、结构及尺寸特点，确定零件上是否有妨碍刀具运动的部位、是否有会产生加工干涉或加工不到

的区域、零件的最大形状尺寸是否超过机床的最大行程、零件的刚性随着加工的进行是否有太大的变化等。

2）检查零件的加工要求，如尺寸加工精度、几何公差及表面质量在现有的加工条件下是否可以得到保证，是否还有更经济的加工方法或方案。

3）在零件上是否存在对刀具形状及尺寸有限制的部位和尺寸要求，如过渡圆角、倒角、槽宽等，这些尺寸是否过于凌乱，是否可以统一。尽量使用最少的刀具进行加工，减少刀具规格、换刀及对刀次数和时间，以缩短总的加工时间。

4）对于零件加工中使用的工艺基准应当着重考虑，它不仅决定了各个加工工序的前后顺序，还将对各个工序加工后各个加工表面之间的位置精度产生直接的影响。应分析零件上是否有可以利用的工艺基准，对于一般加工精度要求，可以利用零件上现有的一些基准面或基准孔，或者专门在零件上加工出工艺基准。当零件的加工精度要求很高时，必须采用先进的统一基准定位装夹系统才能保证加工要求。

5）分析零件材料的种类、牌号及热处理要求，了解零件材料的可加工性，才能合理选择刀具材料和切削参数，同时要考虑热处理对零件的影响，如热处理变形，并在工艺路线中安排相应的工序消除这种影响。零件的最终热处理状态也将影响工序的前后顺序。

6）当零件上的一部分内容已经加工完成时，应充分了解零件的已加工状态，数控铣削加工的内容与已加工内容之间的关系，尤其是位置尺寸关系，在加工时这些内容之间如何协调，采用什么方式或基准保证加工要求。

7）构成零件轮廓的几何元素（点、线、面）的条件（如相切、相交、垂直和平行等），是数控编程的重要依据。因此，在分析零件图样时，务必要分析几何元素的给定条件是否充分，发现问题及时与设计人员协商解决。

相关铣削零件的结构工艺性实例见表 5-1。

表 5-1　铣削零件的结构工艺性实例

序号	工艺性差的结构	工艺性好的结构	说明
1	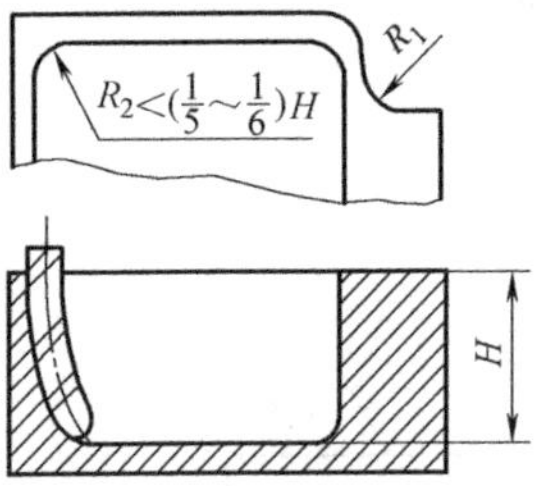 R_1　$R_2<(\frac{1}{5}\sim\frac{1}{6})H$　H	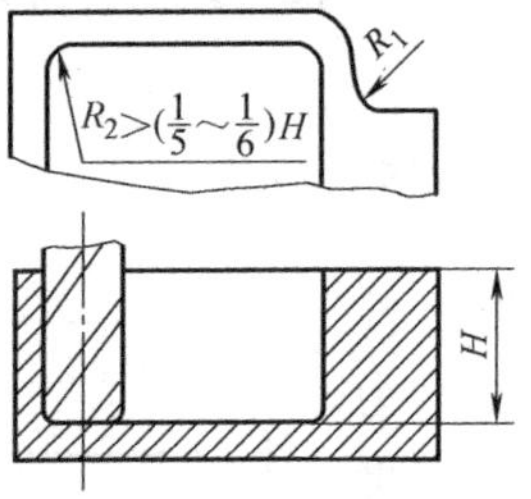 R_1　$R_2>(\frac{1}{5}\sim\frac{1}{6})H$　H	右图结构可选用较高刚性的刀具
2	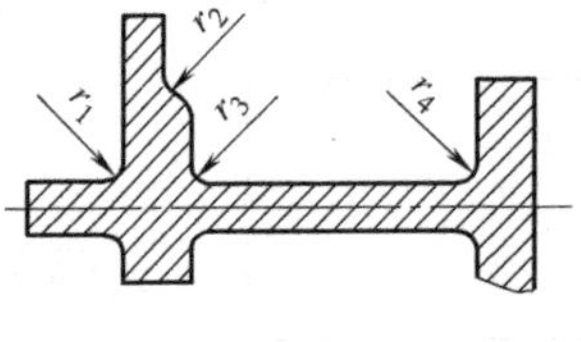 r_1　r_2　r_3　r_4	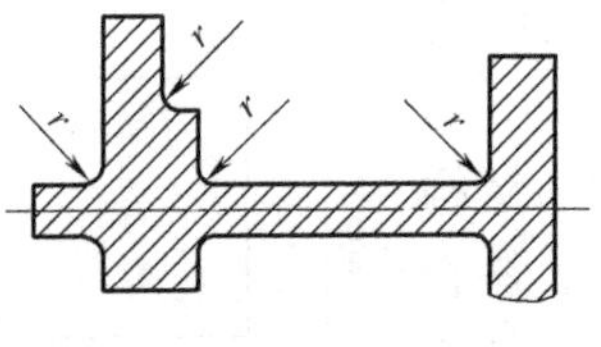 r　r　r　r	右图结构需用刀具比左图结构少，减少了换刀的辅助时间

（续）

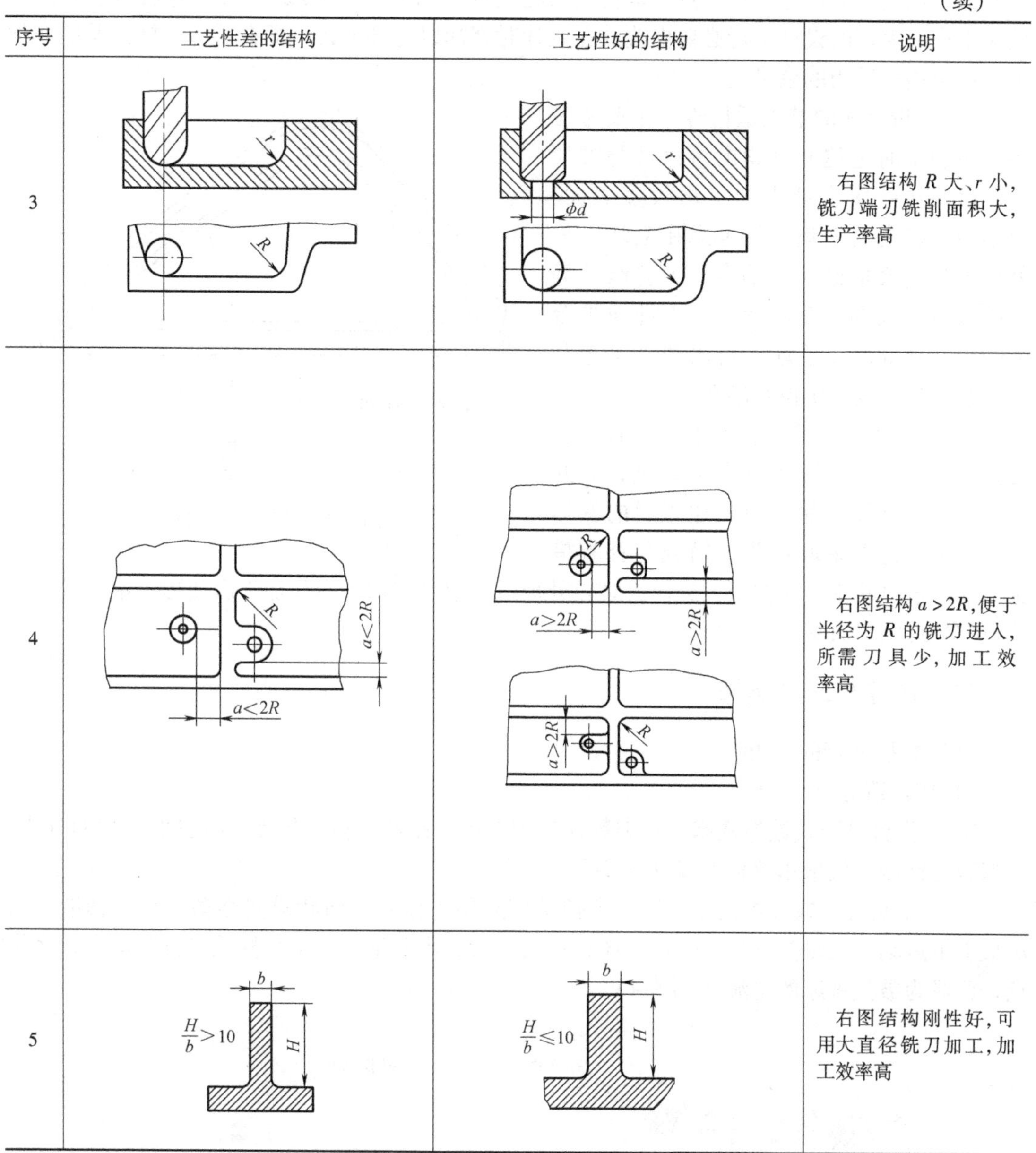

序号	工艺性差的结构	工艺性好的结构	说明
3			右图结构 R 大、r 小，铣刀端刃铣削面积大，生产率高
4			右图结构 $a>2R$，便于半径为 R 的铣刀进入，所需刀具少，加工效率高
5			右图结构刚性好，可用大直径铣刀加工，加工效率高

（2）零件毛坯的结构工艺性分析　在进行零件的数控铣削加工时，由于加工过程自动化，在设计毛坯时就要仔细考虑好余量的大小和如何装夹等问题。否则，如果毛坯不适合数控铣削，加工将很难进行下去。

根据实践经验，下列几方面应作为毛坯工艺性分析的重点。

1）毛坯应有充分、稳定的加工余量。毛坯主要指锻件、铸件。因模锻时的欠压量与允许的错模量会造成余量的多少不等；铸造时也会因砂型误差、收缩量及金属液的流动性差不能充满型腔等造成余量的不等。此外，锻造、铸造后，毛坯的挠曲与扭曲变形的不同也会造成加工余量不充分、不稳定。因此，除板料外，不论是锻件、铸件还是型材，只要准备采用数控铣削加工，其加工面均应有较充分的余量。经验表明，数控铣削中最难保证的是加工面

与非加工面之间的尺寸，这一点应该特别引起重视。如果已确定或准备采用数控铣削加工，就应事先对毛坯的设计进行必要更改或在设计时就加以充分考虑，即在零件图样注明的非加工面处也增加适当的余量。

2）分析毛坯的装夹适应性。主要考虑毛坯在加工时定位和夹紧的可靠性与方便性，以便在一次安装中加工出较多表面。对不便于装夹的毛坯，可考虑在毛坯上另外增加装夹余量或工艺凸台、工艺凸耳等辅助基准。如图5-2所示，该工件缺少合适的定位基准，在毛坯上铸出两个工艺凸耳，在凸耳上制出定位基准孔。

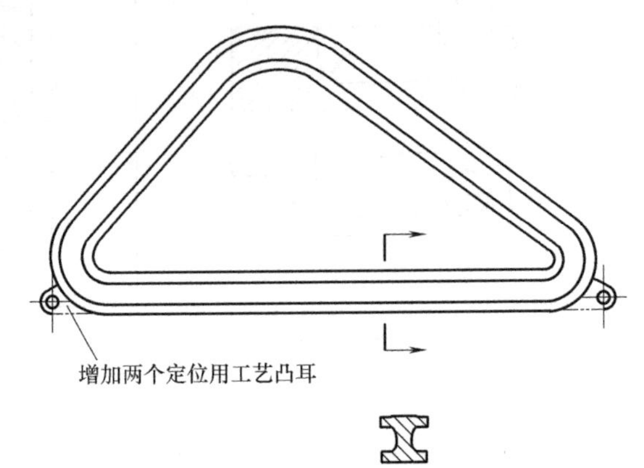

图5-2　增加辅助基准

3）分析毛坯的余量大小及均匀性。主要是考虑在加工时要不要分层切削，分几层切削。也要分析加工中与加工后的变形程度，考虑是否采取预防性措施与补救措施。如对于热轧中、厚铝板，经淬火时效处理后很容易在加工中与加工后变形，最好采用经预拉伸处理的淬火板坯。

二、数控机床的选择

（1）数控铣床的分类

1）按构造分类。

① 工作台升降式数控铣床。这类数控铣床采用工作台移动、升降，而主轴不动的方式。小型数控铣床一般采用此种方式（图5-3）。

② 主轴头升降式数控铣床。这类数控铣床采用工作台纵向和横向移动，且主轴沿垂向溜板上下运动；主轴头升降式数控铣床在精度保持、承载重量、系统构成等方面具有很多优点，已成为数控铣床的主流（图5-4）。

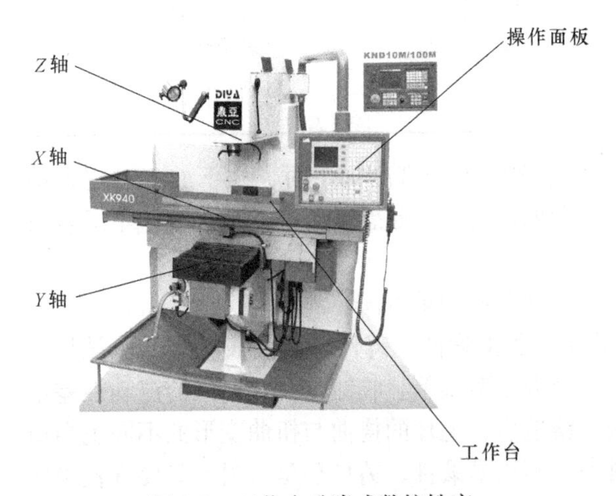

图5-3　工作台升降式数控铣床

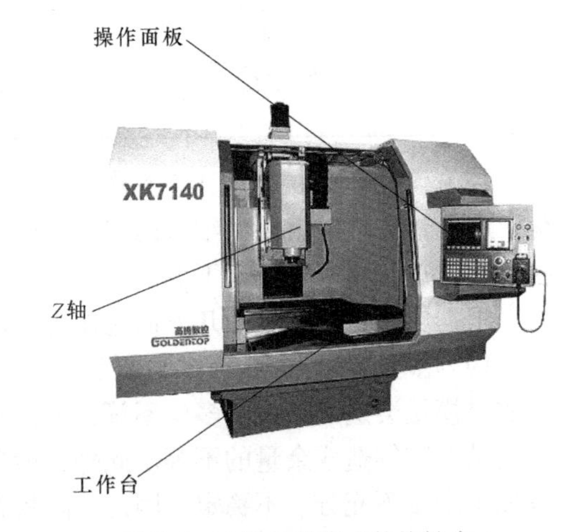

图5-4　主轴头升降式数控铣床

③ 龙门式数控铣床。这类数控铣床主轴可以在龙门架的横向与垂向溜板上运动，而龙门架则沿床身做纵向运动。大型数控铣床因要考虑扩大行程、缩小占地面积等技术上的问题，往往采用龙门架移动式（图5-5）。

图5-5　龙门式数控铣床

2）按通用铣床的分类方法分类。

① 数控立式铣床。数控立式铣床在数量上一直占据数控铣床的大多数，应用范围也最广。从机床数控系统控制的坐标数量来看，目前三轴数控立铣床仍占大多数；一般可进行三轴联动加工，但也有部分机床只能进行三个坐标中的任意两轴联动加工（常称为两轴半加工）。此外，还有机床主轴可以绕 X、Y、Z 坐标轴中的其中一个或两个轴做数控摆角运动的四轴和五轴数控立铣床。

② 卧式数控铣床。与通用卧式铣床相同，其主轴轴线平行于水平面。为了扩大加工范围和扩充功能，卧式数控铣床通常采用增加数控转盘或万能数控转盘来实现四、五坐标加工。这样，不但工件侧面上的连续回转轮廓可以加工出来，而且可以实现在一次安装中通过转盘改变工位，进行“四面加工”（图5-6）。

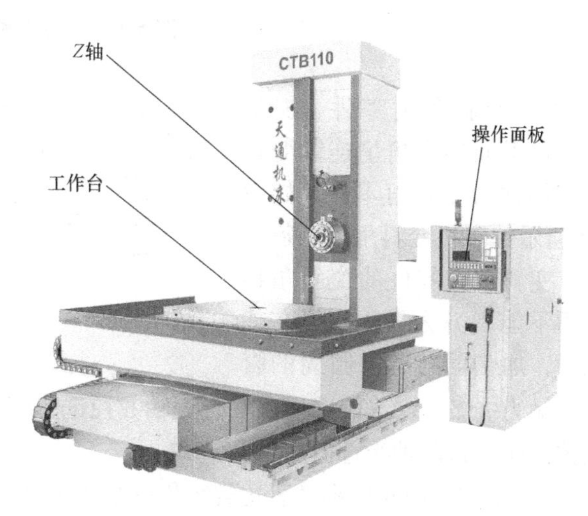

图5-6　卧式数控铣床

③ 立卧两用数控铣床。目前，这类数控铣床已不多见。由于这类铣床的主轴方向可以更换，能达到在一台机床上既可以进行立式加工又可以进行卧式加

工的目的，其使用范围更广、功能更全、选择加工对象的余地更大，给用户带来了不少方便，特别是当生产批量小，品种较多，又需要立、卧两种方式加工时，用户只需买一台这样的机床就行了（图5-7）。

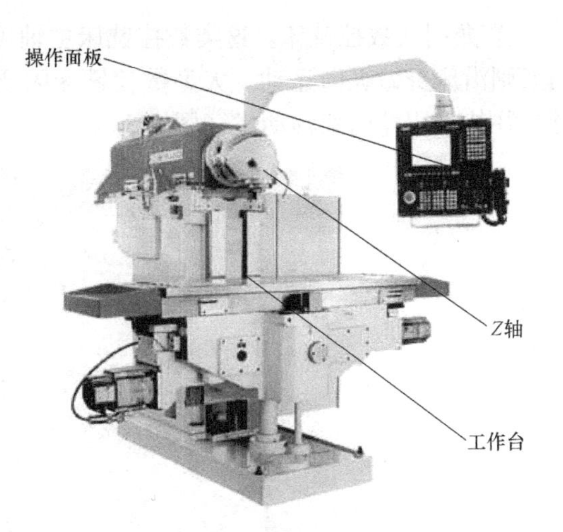

图5-7　立卧两用数控铣床

(2) 数控铣床的加工对象　数控铣削是机械加工中最常用和最主要的数控加工方法之一，它除了能铣削普通铣床所能铣削的各种零件表面外，还能铣削普通铣床不能铣削的需要2～5轴联动的各种平面轮廓和立体轮廓。根据数控铣床的特点，从铣削加工角度考虑，适合数控铣削的主要加工对象有以下几类。

1）平面轮廓零件。这类零件的加工面平行或垂直于定位面，或加工面与定位面的夹角为固定角度（图5-8），如各种盖板、凸轮以及飞机整体结构件中的框、肋等。目前在数控铣床上加工的大多数零件属于平面类零件，其特点是各个加工面是平面，或可以展开成平面。

图5-8　平面轮廓零件

2）变斜角类零件。加工面与水平面的夹角呈连续变化的零件称为变斜角零件，如图5-9所示的飞机变斜角梁椽条。

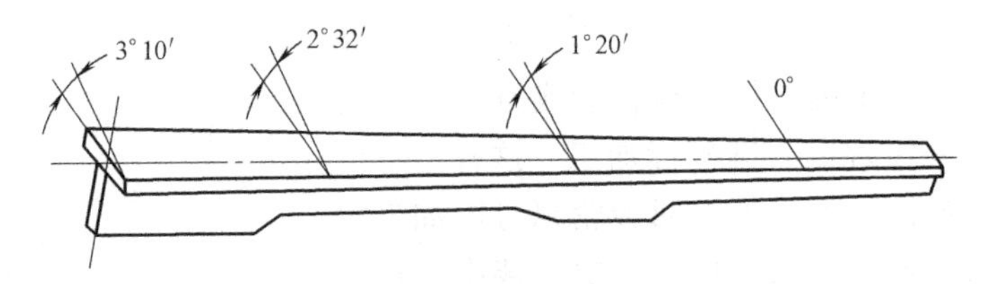

图5-9　飞机变斜角梁椽条

变斜角类零件的变斜角加工面不能展开为平面，但在加工中，加工面与铣刀圆周的瞬时接触为一条线，最好采用四轴、五轴数控铣床摆角加工，若没有上述机床，也可采用三轴数控铣床进行两轴半近似加工。

3）空间曲面轮廓零件。这类零件的加工面为空间曲面，如模具、叶片、螺旋桨等。空间曲面轮廓零件不能展开为平面，加工时铣刀与加工面始终为点接触，一般采用球头铣刀在

三轴数控铣床上加工。当曲面较复杂、通道较狭窄、会伤及相邻表面及需要刀具摆动时，要采用四轴或五轴铣床加工。

4）雕刻类零件。雕刻类零件如图5-10所示，该工件由雕刻刀运动轨迹直接获得零件形状。

图5-10　雕刻类零件实体图

（3）选择并确定数控铣削的加工内容　一般情况下，某个零件并不是所有的表面都需要采用数控加工，应根据零件的加工要求和企业的生产条件进行具体分析，确定具体的加工部位加工、内容及要求。具体而言，以下情况适宜采用数控铣削加工。

1）由直线、圆弧、非圆曲线及列表曲线构成的内外轮廓。

2）空间曲线或曲面。

3）形状虽然简单，但尺寸繁多，检测困难的部位。

4）用普通机床加工时难以观察、控制及检测的内腔、箱体内部等。

5）有严格位置尺寸要求的孔或平面。

6）能够在一次装夹中顺带加工出来的简单表面或形状。

7）采用数控铣削加工能有效提高生产率，减轻劳动强度的一般加工内容。

而像简单的粗加工面、需要用专用工装协调的加工内容等则不宜采用数控铣削加工。在具体确定数控铣削的加工内容时，还应结合企业设备条件、产品特点及现场生产组织管理方式等具体情况进行综合分析，以优质、高效、低成本完成零件的加工为原则。

任务二　机械加工工艺过程卡的编写

一、数控铣床常见的装夹方式

数控铣床常见的装夹设备是台虎钳（图5-11）。台虎钳是用来夹持工件的通用夹具。台虎钳装置在工作台上，用以夹稳加工工件。

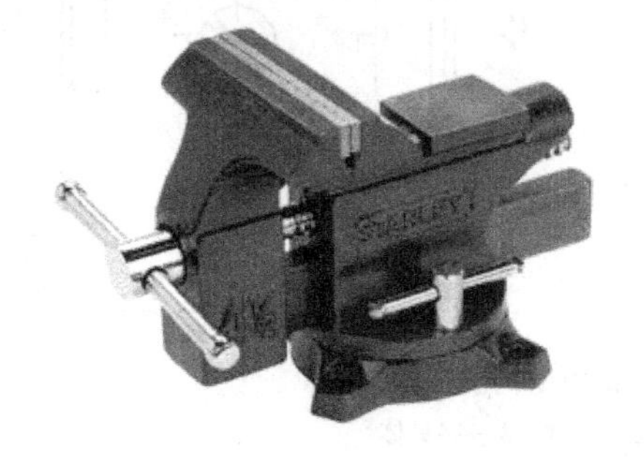

图5-11　台虎钳

台虎钳的规格以钳口的宽度表示，有100mm、125mm和150mm等。

常用台虎钳有固定式和回转式两种；按外形功能又分为带砧和不带砧两种。

台虎钳由钳体、底座、螺母、丝杠、钳口等组成（图5-12）。活动钳身通过导轨与固定钳身的导轨做滑动配合。丝杠装在活动钳身上，可以旋转，但不能轴向移动，并与安装在固定钳身内的丝杠螺母配合。摇动手柄使丝杠旋转，就可以带动活动钳身相对于固定钳身做轴向移动，起夹紧或放松的作用。弹簧借助挡圈和开口销固定在丝杠上，其作用是当放松丝杠时，可使活动钳身及时地退出。在固定钳身和活动钳身上，各装有钢制钳口，并用螺钉固定。钳口的工作面上制有交叉的网纹，使工件夹紧后不易产生滑动。钳口经过热处理淬硬，具有较好的耐磨性。固定钳身装在转盘座上，并能绕转盘座轴线转动。当转到要求的方向时，扳动夹紧手柄使夹紧螺钉旋紧，便可在夹紧盘的作用下把固定钳身固紧。转盘座上有三个螺栓孔，用以与工作台固定。

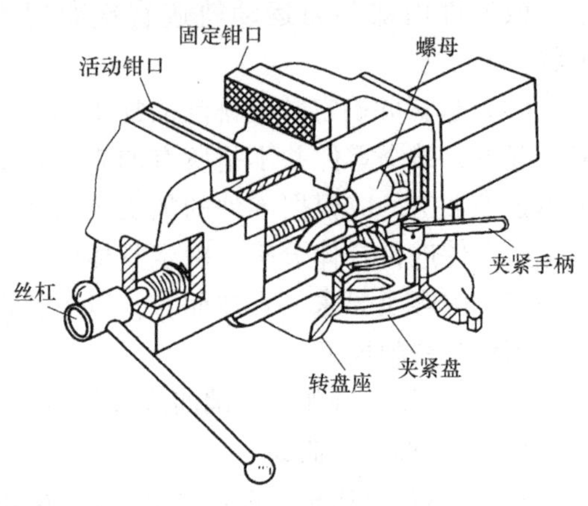

图5-12　台虎钳的结构

在使用台虎钳时，需要注意以下几点。

1）台虎钳一定要牢固地固定在工作台上，三个压紧螺钉必须扳紧，使台虎钳钳身在加工时没有松动现象，否则会损坏台虎钳并影响加工。

2）在夹紧工件时只许用手的力量扳动手柄，绝不许用锤子或其他套筒扳动手柄，以免损坏丝杠、螺母或钳身。

3）不能在钳口上敲击工件，否则会损坏钳口。

4）丝杠、螺母和其他滑动表面要保持清洁，并加油润滑。

二、斜楔夹紧机构

铣床夹具中使用最普遍的是机械夹紧机构，这类机构大多数是利用机械摩擦的原理来夹紧工件的，常见的形式有斜楔夹紧机构、螺旋夹紧机构和偏心夹紧机构等。

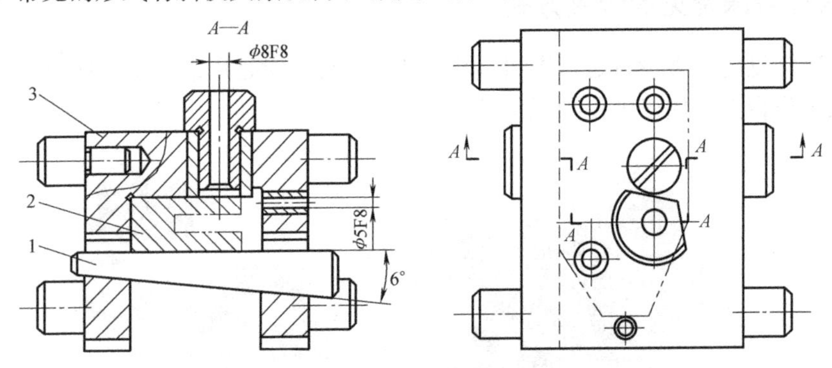

图5-13　斜楔结构示意图

1—斜楔　2—工件　3—夹具体

采用斜楔作为传力元件或夹紧元件的夹紧机构，称为斜楔夹紧机构。图5-13所示为斜楔夹紧机构示意图，其实体图如图5-14所示。敲入斜楔1的大头，使斜楔上升，装在斜楔上方的工件2便逐渐靠近夹具体3的定位面，从而完成夹紧任务。加工完成后，敲动斜楔1

的小头，即可松开工件。采用斜楔直接夹紧工件的夹紧力较小、操作不方便，因此实际生产

图 5-14 斜楔结构实体图

中一般与其他机构联合使用。图 5-15 所示为斜楔与螺旋夹紧机构的组合，当拧紧螺旋时楔块向左移动，使杠杆压板转动夹紧工件；当反向转动螺旋时，楔块向右移动，杠杆压板在弹簧力的作用下松开工件。

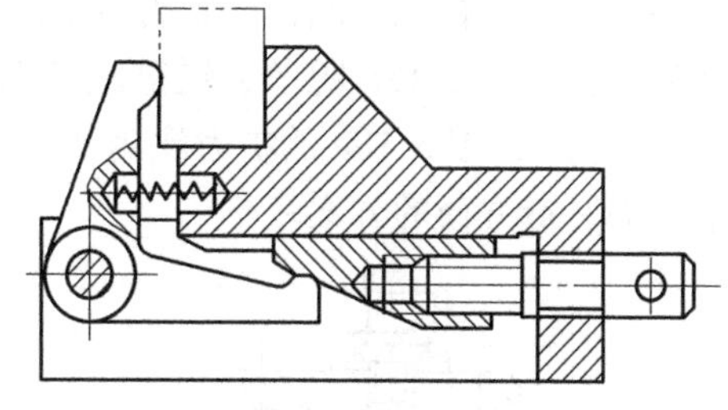

图 5-15 斜楔与螺旋夹紧机构的组合

三、螺旋夹紧机构

采用螺旋直接夹紧或采用螺旋与其他元件组合实现夹紧的机构，称为螺旋夹紧机构。螺旋夹紧机构具有结构简单、夹紧力大、自锁性好和制造方便等优点，很适用于手动夹紧，因而在机床夹具中得到了广泛的应用。其缺点是夹紧动作较慢，因此在机动夹紧机构中应用较少。螺旋夹紧机构分为简单螺旋夹紧机构和螺旋压板夹紧机构。

图 5-16 所示为最简单的螺旋夹紧机构。图 5-16a 所示螺栓头部直接对工件表面施加夹紧力，螺栓转动时，容易损伤工件表面或使工件转动，解决这一问题的办法是在螺栓头部套上一个摆动压块，如图 5-16b 所示，这样既能保证与工件表面有良好的接触，防止夹紧时螺栓带动工件转动，还可避免螺栓头部直接与工件接触而造成压痕。图 5-17 所示为螺旋机构实体图。摆动压块的结构已经标准化，可根据夹紧表面来选择。

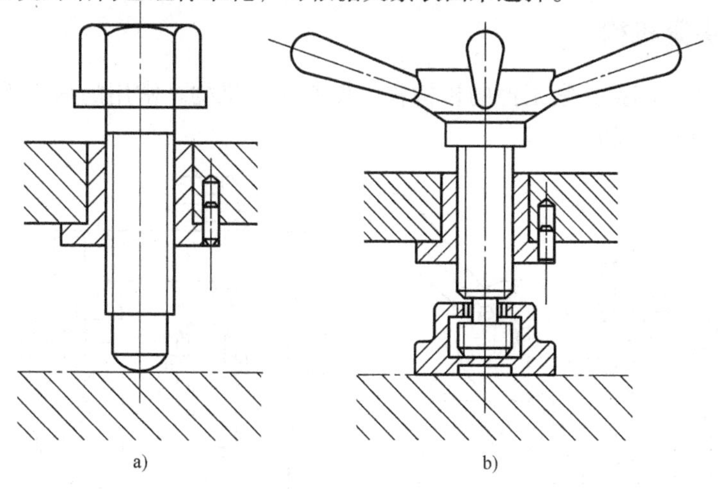

图 5-16 螺旋机构结构示意图

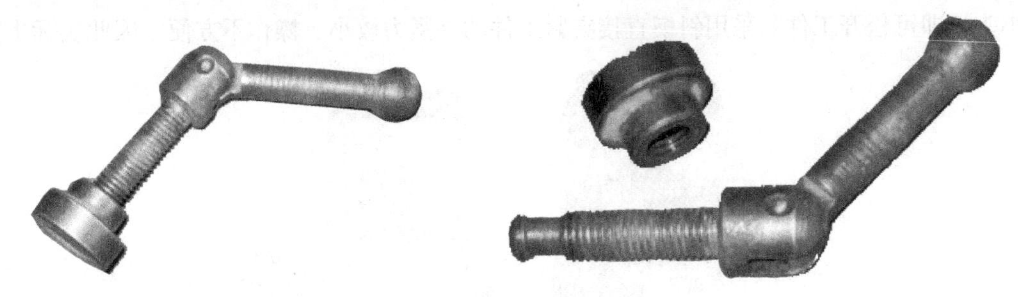

图 5-17　螺旋机构实体图

实际生产中使用较多的是如图 5-18 所示的螺旋压板夹紧机构。它利用杠杆原理实现对工件的夹紧，杠杆比不同，夹紧力也不同。其结构形式变化很多，图 5-18a、图 5-18b 所示为移动压板，图 5-18c 所示为铰链式转动压板。图 5-18a 的扩力比最低，为 1/2，图 5-18b 的扩力比为 1，图 5-18c 的扩力比为 2。故设计这类夹具时，要注意合理布置杠杆比例，寻求最省力、最方便的方案。

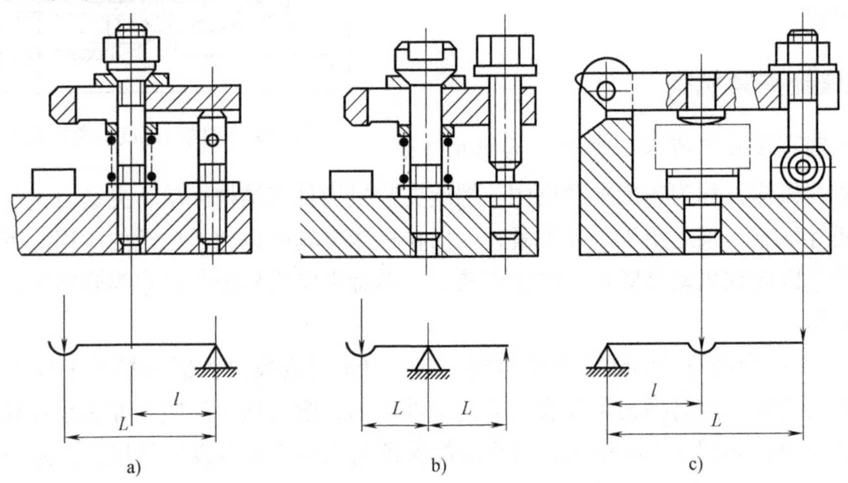

图 5-18　螺旋压板夹紧机构示意图

四、偏心夹紧机构

用偏心件直接或间接夹紧工件的机构称为偏心夹紧机构。常用的偏心件有偏心轮（图 5-19）和偏心轴（图 5-20）。

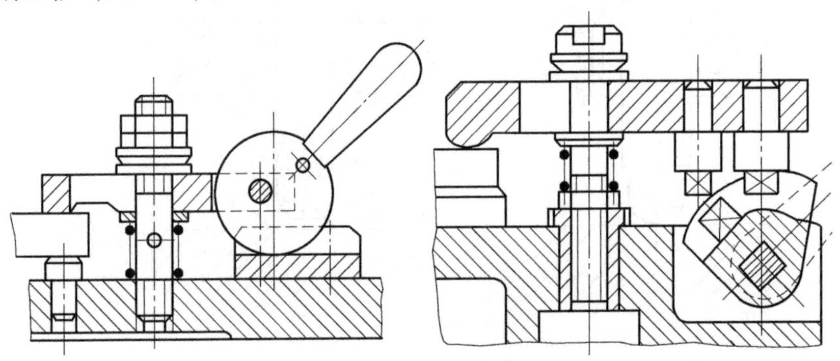

图 5-19　偏心轮夹紧机构示意图

偏心夹紧机构操作简单、夹紧动作快，但夹紧行程和夹紧力较小，一般用于没有振动或振动较小、夹紧力要求不大的场合。图 5-21 所示为偏心轮多件夹紧机构的实体图。

图 5-1 所示的平面类工件的机械加工工艺过程卡参见表 5-2。

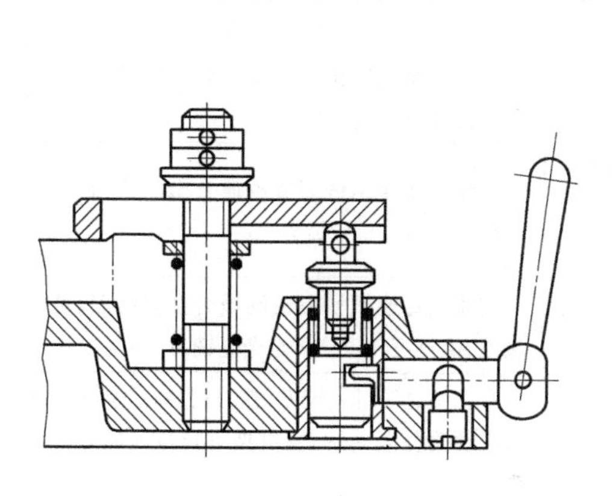

图 5-20　偏心轴夹紧机构示意图

图 5-21　偏心轮多件夹紧机构的实体图

表 5-2　机械加工工艺过程卡

机械加工工艺过程卡				产品型号			零件图号	
				产品名称			零件名称	
材料牌号	45 钢	毛坯种类	板材	毛坯外形尺寸	206mm×64mm×24mm		备注	
工序号	工序名称	工序内容		车间	工段	设备	工艺装备	工时
1	备料	板材:206mm×64mm×24mm						
2	铣	铣削六个表面至尺寸要求		数控加工		XH714	机用平口虎钳	
3	去毛刺							
4	尺寸检验							
5	检查入库							
编制		审核					共　页	第　页

任务三　数控加工工序卡的编写

一、工艺路线的拟定

随着数控加工技术的发展，在不同设备和技术条件下，同一个零件的加工工艺路线会有较大的差别。但关键的都是从现有加工条件出发，根据工件结构特点合理选择加工方法、划分加工工序、确定加工路线和工件各个加工表面的加工顺序，协调数控铣削工序和其他工序之间的关系以及考虑整个工艺方案的经济性等。

（1）加工方法的选择　数控铣削加工对象的主要加工表面一般可采用表 5-3 所列的加工方案。

1）平面加工方法的选择。在数控铣床上加工平面主要采用面铣刀和立铣刀加工。粗铣

的尺寸公差等级一般可达 IT11 ~ IT13，表面粗糙度值 Ra 可达 6.3 ~ 25μm；精铣的尺寸公差等级一般可达 IT8 ~ IT10，表面粗糙度值 Ra 可达 1.6 ~ 6.3μm。表 5-4 为平面数控铣削的经济型加工方案。

表 5-3　数控铣床表面加工方案

序号	加工表面	加工方案	所用刀具
1	平面	粗铣 X、Y、Z 方向—分层半精铣—精铣	整体式高速钢铣刀或硬质合金立铣刀、机夹可转位硬质合金立铣刀
2	内外轮廓	粗铣 X、Y、Z 方向—分层半精铣内外轮廓—分层半精铣轮廓高度方向—精铣	整体式高速钢铣刀或硬质合金立铣刀、机夹可转位硬质合金立铣刀
3	空间曲面	粗铣 X、Y、Z 方向—第三轴方向分层粗铣—曲面半精铣—曲面精铣	整体式高速钢铣刀或硬质合金立铣刀、球头铣刀、机夹可转位硬质合金立铣刀
4	孔	定尺寸刀具；铣削	麻花钻、扩孔钻、铰刀、镗刀；整体式高速钢铣刀或硬质合金立铣刀；机夹可转位硬质合金立铣刀
5	内螺纹	攻螺纹；螺纹铣刀铣削	丝锥；螺纹铣刀
6	外螺纹	螺纹铣刀铣削	螺纹铣刀

表 5-4　平面数控铣削的经济型加工方案

序号	经济公差等级	表面粗糙度值 Ra/μm	加工方法	使用范围
1	IT7 ~ IT9	1.6 ~ 6.3	粗铣—精铣 粗铣—半精铣—精铣	精度一般的不淬硬表面
2	IT6 ~ IT7	0.4 ~ 1.6	粗铣—精铣—刮研 粗铣—半精铣—精铣—刮研	精度高的不淬硬表面
3	IT7	0.4 ~ 1.6	粗铣—精铣—磨削	精度高的淬硬表面
4	IT6 ~ IT7	0.2 ~ 0.8	粗铣—精铣—粗磨—精磨	精度高的淬硬表面
5	IT7 ~ IT8	0.4 ~ 1.6	粗铣—半精铣—拉	大量生产，较小的平面
6	IT6 以上	0.2 ~ 0.005	粗铣—精铣—磨削—研磨	高精度平面

2）平面轮廓加工方法的选择。平面轮廓多由直线和圆弧或各种曲线构成，通常采用三轴数控铣床进行两轴半加工。图 5-22 所示为由直线构成的零件平面轮廓 $ABCD$，采用半径为 R 的立铣刀沿周向加工，虚线 $A'B'C'D'$ 为刀具中心的运动轨迹。为保证加工面光滑，刀具沿 PA' 切入，沿 $A'R$ 切出。

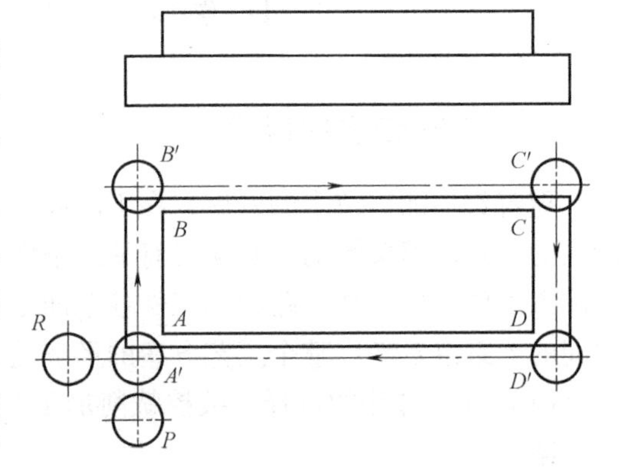

图 5-22　平面轮廓铣削

3）固定斜角平面加工方法的选择。固定斜角平面是与水平面成一固定夹角的斜面，采用的加工方法如下。

当零件尺寸不大时，可用斜垫板垫平后加工（图 5-23a）；如果机床主轴可以摆角，则可以摆成适当的定角，用不同的刀具来加工（图

5-23b、c、d)；当零件尺寸很大，斜面斜度又较小时，常用行切法加工（图 5-23e)，但加工后，会在加工面上留下残留面积，需要用钳修方法加以清除，用三轴数控立铣加工飞机整体壁板零件时常用此法。

当然，加工斜面的最佳方法是采用五轴数控铣床，主轴摆角后加工，可以不留残留面积。

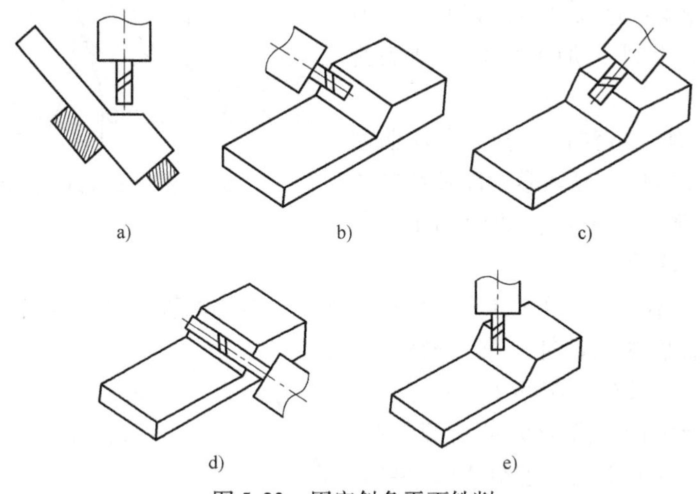

图 5-23　固定斜角平面铣削

4）变斜角面加工方法的选择。

① 曲率变化较小的变斜角面。选用 *X*、*Y*、*Z* 和 *A* 四轴联动的数控铣床，采用立铣刀（当零件斜角过大，超过机床主轴摆角范围时，可用角度成型铣刀加以弥补）以插补方式摆角加工，如图 5-24 所示。加工时，为保证刀具与零件型面在全长上始终贴合，刀具绕 *A* 轴摆动角度。

② 曲率变化较大的变斜角面。用四轴联动加工难以满足加工要求，最好用 *X*、*Y*、*Z*、*A* 和 *B*（或 *C* 轴）的五轴联动数控铣床，以圆弧插补方式摆角加工，如图 5-25 所示。图中夹角 *A* 和 *B* 分别是零件斜面母线与 *Z* 坐标轴夹角 α 在 *ZOY* 平面上和 *XOY* 平面上的分夹角。

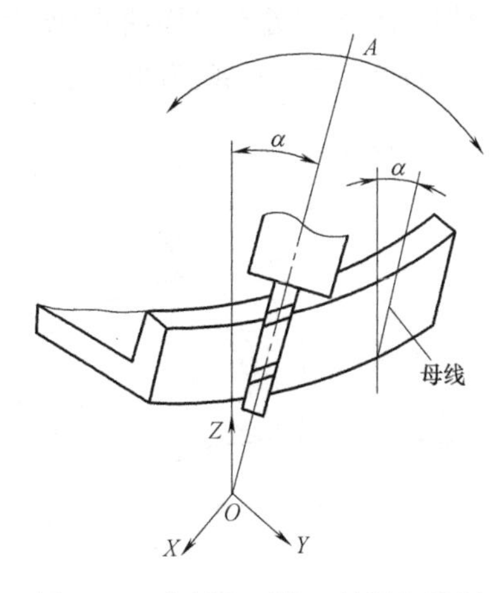

图 5-24　变斜角面的 *A* 轴摆角铣削

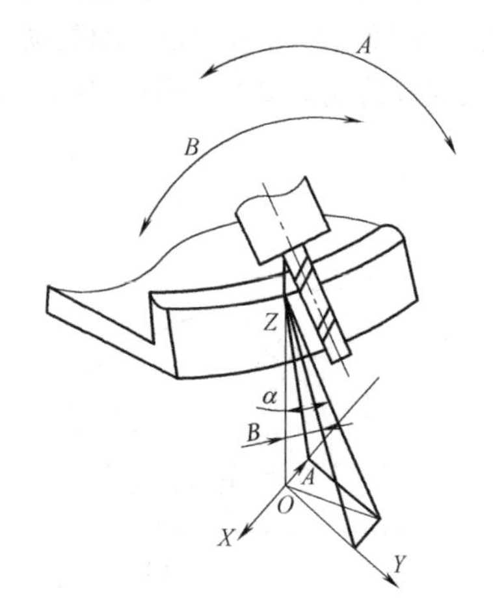

图 5-25　变斜角面的 *A*、*B* 轴摆角铣削

③ 变斜角面的加工。采用三轴数控铣床两轴联动，利用球头铣刀和鼓形铣刀，以直线或圆弧插补方式进行分层铣削加工，加工后的残留面积用钳修方法清除。图 5-26 所示为用鼓形铣刀分层铣削变斜角面的情形。由于鼓形铣刀的鼓径可以做得比球头铣刀的球径大，所以加工后的残留高度小，加工效果比球头铣刀好。

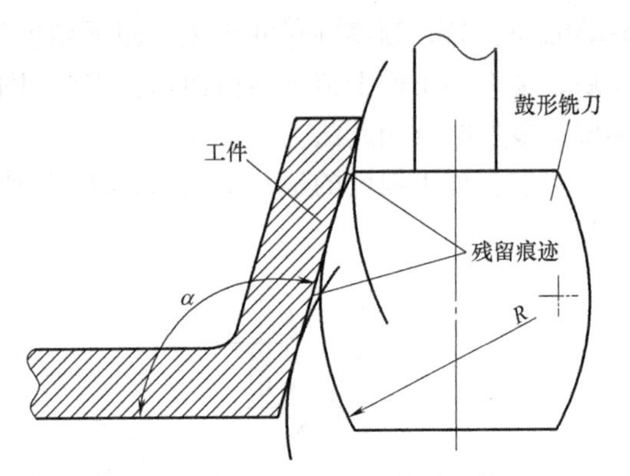

图 5-26　变斜角面的分层铣削

5）曲面轮廓加工方法的选择。立体曲面的加工应根据曲面形状、刀具形状以及精度要求采用不同的铣削加工方法，如两轴半、三轴、四轴及五轴等联动加工。

① 对曲率变化不大和精度要求不高的曲面加工，常用两轴半坐标行切法加工，即 X、Y、Z 三轴中任意两轴做联动插补，第三轴做单独的周期进给（图 5-27）。图 5-27 中，将 X 向分成若干段，球头铣刀沿 YOZ 面所截的曲线进行铣削，每一段加工完后进给 ΔX，再加工另一相邻曲线，如此依次切削即可加工出整个曲面。在行切法中，要根据轮廓表面质量的要求及刀头不干涉相邻表面的原则选取 ΔX。球头铣刀的刀头半径应选得大一些，有利于散热，但刀头半径应小于内凹曲面的最小曲率半径。

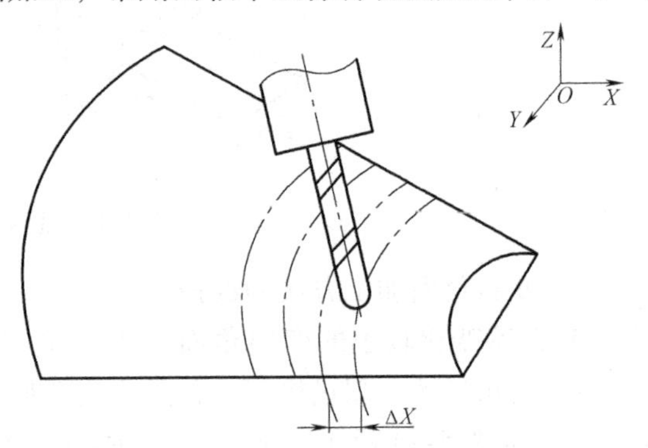

图 5-27　曲面的两轴半坐标行切法

两轴半坐标加工曲面的刀心轨迹 OF 和切削点轨迹 ab 如图 5-28 所示。由于曲面的曲率变化，改变了球头铣刀与曲面切削点的位置，使切削点的连线成为一条空间曲线，从而在曲面上形成扭曲的残留沟纹。

② 对曲率变化较大和精度要求较高的曲面的精加工，常用 X、Y、Z 三轴联动插补的行切法加工（图 5-29）。由于是三轴联动，球头铣刀与曲面的切削点始终处在平面曲线 ab 上，可获得较规则的残留沟纹。但这时的刀心轨迹 OF 不在 P_{YOZ} 平面上，而是一条空间曲线。

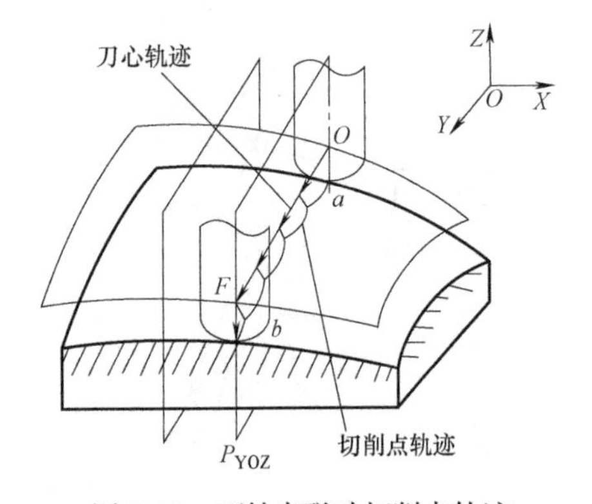

图 5-28　两轴半联动切削点轨迹

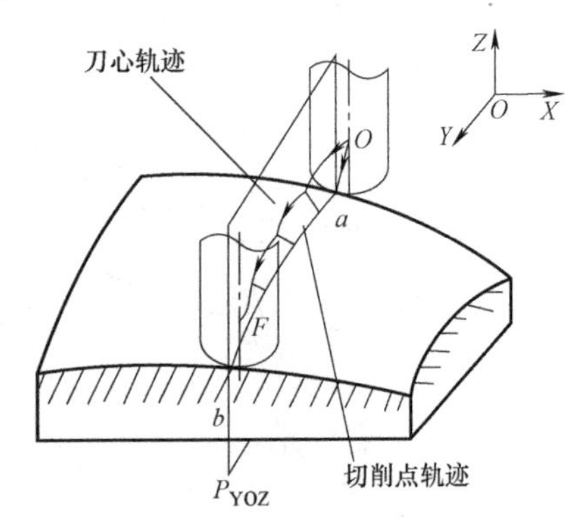

图 5-29　三轴联动切削点轨迹

③ 对于叶轮、螺旋桨这样的零件，因其叶片形状复杂，刀具容易与相邻表面发生干涉，常用五轴联动的数控机床或加工中心进行加工。

（2）工序的划分　工序划分主要考虑生产纲领、所用设备及零件本身的结构和技术要求等。大批大量生产时，若使用多轴、多刀的高效加工中心，可按工序集中原则组织生产；若在由组合机床组成的自动线上加工，工序一般按分散原则划分。随着现代数控技术的发展，特别是加工中心的应用，工艺路线的安排更多地趋向于工序集中。单件小批生产时，通常采用工序集中原则。成批生产时，可按工序集中原则划分，也可按工序分散原则划分，应视具体情况而定。对于结构尺寸和质量都很大的重型零件，应采用工序集中原则，以减少装夹次数和运输量。对于刚性差、精度高的零件，应按工序分散原则划分工序。

在数控机床上加工的零件，工序划分详见前文中工序的划分原则和方法。在划分数控铣削加工工序时还应注意以下问题。

1）当加工中使用的刀具较多时，为了减少换刀次数，缩短辅助时间，可以将一把刀具所加工的内容安排在一个工序（或工步）中。

2）按照工件加工表面的性质和要求，将粗加工、精加工分为依次进行的不同工序（或工步）。先进行所有表面的粗加工，然后再进行所有表面的精加工。

一般情况下，为了减少工件加工中的周转时间，提高数控铣床的利用率，保证加工精度要求，在划分数控铣削工序时，应尽量使工序集中。当数控铣床的数量比较多，同时有相应的设备技术措施保证工件的定位精度时，为了更合理地均匀机床的负载，协调生产组织，也可以将加工内容适当分散。

（3）工序顺序的安排　一般数控铣削采用工序集中的方式，这时工步的顺序就是工序分散时的工序顺序，可以参照工序顺序的安排原则和方法进行安排，通常按照从简单到复杂的原则，先加工平面、沟槽和孔，再加工外形、内腔，最后加工曲面；先加工精度要求低的表面，再加工精度要求高的部位等。

在安排数控铣削加工工序的顺序时还应注意以下问题。

1）上道工序的加工不能影响下道工序的定位与夹紧，中间穿插有通用机床加工工序的也要综合考虑。

2）一般先进行内形内腔加工工序，后进行外形加工工序。

3）以相同定位、夹紧方式或同一把刀具加工的工序，最好连续进行，以减少重复定位次数与换刀次数。

4）在同一次安装中进行的多道工序，应先安排对工件刚性破坏较小的工序。

总之，顺序的安排应根据零件的结构和毛坯状况，以及定位安装与夹紧的需要综合考虑。

二、顺铣和逆铣的确定

（1）顺铣和逆铣的概念　沿着刀具的进给方向看，如果工件位于铣刀进给方向的右侧，那么进给方向称为顺时针。反之，当工件位于铣刀进给方向的左侧时，进给方向定义为逆时针。如果铣刀旋转方向与工件进给方向相同，称为顺铣（图 5-30a）；铣刀旋转方向与工件进给方向相反，称为逆铣（图 5-30b）。

（2）顺铣和逆铣的特点　逆铣时，切屑由薄变厚，刀齿从已加工表面切入，对铣刀的

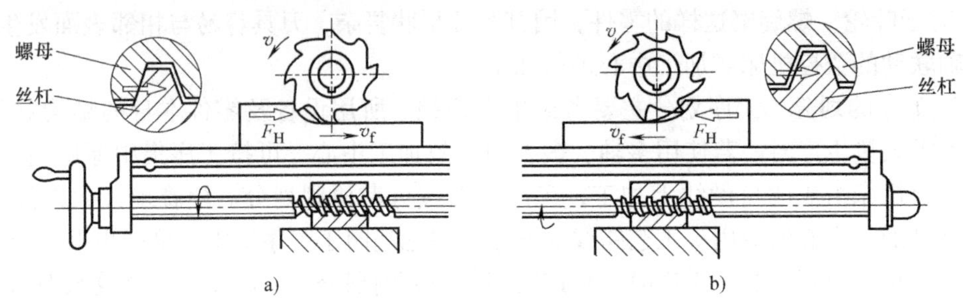

图 5-30 顺铣和逆铣

a）顺铣 b）逆铣

使用有利。逆铣时，当铣刀刀齿接触工件后不能马上切入金属层，而是在工件表面滑动一小段距离，在滑动过程中，由于强烈的摩擦，会产生大量的热量，同时在待加工表面易形成硬化层，降低了刀具的寿命，影响工件表面质量，给切削带来不利。另外，逆铣时，由于刀齿由下往上（或由内往外）切削，且从表面硬质层开始切入，刀齿受很大的冲击，铣刀变钝较快，但刀齿切入过程中没有滑移现象。

顺铣的功率消耗要比逆铣时小。在同等切削条件下，顺铣功率消耗要低 5%～15%，同时顺铣也更加有利于排屑。一般应尽量采用顺铣法加工，以提高被加工零件表面质量（降低表面粗糙度值），保证尺寸精度。但是在切削面上有较显著的硬质层、积渣和工件表面凹凸不平时，如加工锻造毛坯，应采用逆铣法。顺铣和逆铣的特点归纳如下。

1）逆铣时，每把刀的切削厚度都是由小到大逐渐变化的。当刀齿刚与工件接触时，切削厚度为零，只有当刀齿在前一刀齿留下的切削表面上滑过一段距离、切削厚度达到一定数值后，刀齿才真正开始切削。顺铣使得切削厚度是由大到小逐渐变化的，刀齿在切削表面上的滑动距离也很小。而且顺铣时，刀齿在工件上走过的路程也比逆铣短。因此，在相同的切削条件下，采用逆铣时，刀具易磨损。

2）逆铣时，由于铣刀作用在工件上的水平切削力方向与工件进给运动方向相反，所以工作台丝杠与螺母能始终保持螺纹的一个侧面紧密贴合。而顺铣时则不然。由于其水平铣削力的方向与工件进给运动方向一致，当刀齿对工件的作用力较大时，由于工作台丝杠与螺母间间隙的存在，工作台会产生窜动，这样不仅破坏了切削过程的平稳性，影响工件的加工质量，而且严重时会损坏刀具。

3）逆铣时，由于刀齿与工件间的摩擦较大，因此已加工表面的冷硬现象较严重。

4）顺铣时，刀齿每次都是由工件表面开始切削的，所以不宜用来加工有硬皮的工件。

5）顺铣时的平均切削厚度大，切削变形较小，与逆铣相比较功率消耗要少些（铣削碳钢时，功率消耗可减少 5%，铣削难加工材料时可减少 14%）。

（3）顺铣和逆铣的选择 采用顺铣时，首先要求机床具有间隙消除机构，能可靠地消除工作台进给丝杠与螺母间的间隙，以防止铣削过程中产生的振动。如果工作台是液压驱动则最为理想。其次，要求工件毛坯表面没有硬皮，工艺系统要有足够的刚性。在以上条件能够满足时，应尽量采用顺铣，特别是对难加工材料的铣削，采用顺铣不仅可以减少切削变形，还能降低切削力和功率的消耗。常见的顺铣和逆铣的选择方法如下。

1）毛坯材料硬度高：逆铣较好。

2）毛坯材料硬度低：顺铣较好。

3）机床精度好、刚性好、精加工：较适应顺铣，反之较适应逆铣。

4）零件内拐角处精加工强烈建议用顺铣。

5）粗加工：逆铣较好；精加工：顺铣较好。

6）刀具材料韧性好、硬度低：较适应粗加工（大切削量加工）。

7）刀具材料韧性差、硬度高：较适应精加工（小切削量加工）。

顺铣和逆铣的对比见表5-5。

表5-5　顺铣和逆铣的对比

项目 名称	切削厚度	滑行现象	刀具磨损	工件表面冷硬现象	对工件作用	消除丝杠与螺母间隙	振动	损耗能量	表面质量	使用场合
顺铣	从大到小	无	慢	无	压紧	否	大	小	好	精加工
逆铣	从小到大	有	快	有	抬起	是	小	多5%~15%	差	粗加工

三、切削用量的选择

数控加工中确定切削用量的原则与普通机床加工基本相同，即根据切削原理中规定的方法以及机床的性能和规定的允许值、刀具寿命等来选择和计算，并结合实践经验确定。

合理确定切削用量的原则如下。

粗加工时，以提高生产率为主，但也应考虑经济性和加工成本；半精加工和精加工时，应在保证加工质量的前提下，兼顾切削效率、经济性和加工成本。

目前生产中切削用量的选择是根据选用的具体厂家生产的不同材料、不同型号、应用于不同生产条件的刀片或刀具所推荐的具体切削用量值经实践来确定。这样选择切削用量才能发挥刀具的最佳性能，零件的质量最好，刀具寿命最佳，也最节省刀具费用。

（1）与吃刀量有关参数的确定　铣削加工与吃刀量有关的参数包括背吃刀量 a_p 和侧吃刀量 a_e。

1）背吃刀量 a_p 和侧吃刀量 a_e 的概念。背吃刀量 a_p 为平行于铣刀轴线测量的切削层尺寸，单位为mm。端铣时，a_p 为切削层深度；而圆周铣削时，a_p 为被加工表面的宽度。

侧吃刀量 a_e 为垂直于铣刀轴线测量的切削层尺寸，单位为mm。端铣时，a_e 为被加工表面宽度；而圆周铣削时，a_e 为切削层深度。

背吃刀量和侧吃刀量如图5-31所示。

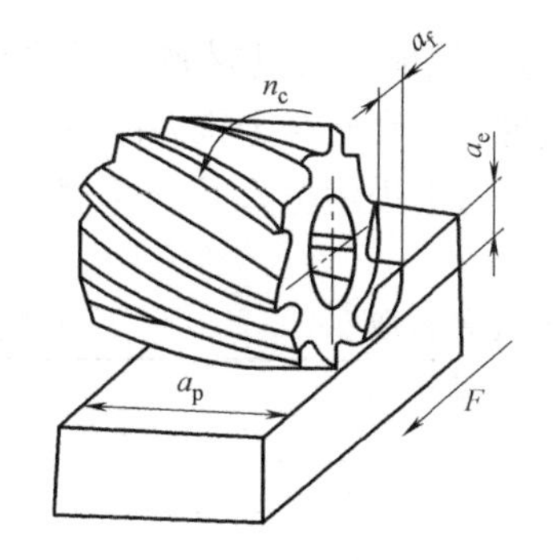

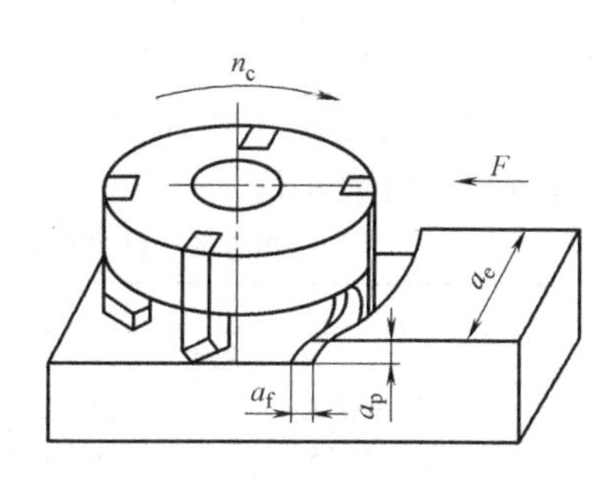

图5-31　背吃刀量 a_p 和侧吃刀量 a_e

2）背吃刀量 a_p 和侧吃刀量 a_e 的确定。从刀具寿命出发，切削用量的选择方法如下。

先选取背吃刀量或侧吃刀量，其次确定进给速度，最后确定切削速度。

由于吃刀量对刀具寿命影响最小，背吃刀量 a_p 和侧吃刀量 a_e 的确定主要根据机床、夹具、刀具、工件的刚度和被加工零件的精度要求来决定。如果零件精度要求不高，在工艺系统刚度允许的情况下，最好一次切净加工余量，即 a_p 或 a_e 等于加工余量，以提高加工效率；如果零件精度要求高，为保证表面质量和精度，只好采用多次走刀。

① 在工件表面粗糙度值要求为 Ra12.5～25μm 时，如果圆周铣削的加工余量小于 5mm，端铣的加工余量小于 6mm，粗铣一次进给就可以达到要求。但在余量较大、工艺系统刚性较差或机床动力不足时，可分两次进给完成。

② 在工件表面粗糙度值要求为 Ra3.2～12.5μm 时，可分粗铣和精铣两步进行。粗铣时背吃刀量或侧吃刀量选取同前，粗铣后留 0.5～1.0mm 余量，在精铣时切除。

③ 在工件表面粗糙度值要求为 Ra0.8～3.2μm 时，可分粗铣、半精铣、精铣三步进行。半精铣时背吃刀量或侧吃刀量取 1.5～2mm；精铣时圆周铣侧吃刀量取 0.3～0.5mm，面铣刀背吃刀量取 0.5～1mm。

一般来讲，为提高切削效率，要尽量选用大直径的铣刀；切削宽度取刀具直径的 1/3～1/2，切削深度应大于冷硬层。

（2）与进给有关的参数的确定　在加工复杂表面的自动编程中，有 5 种进给速度需设定，它们是快速走刀速度（空刀进给速度）、进刀速度（接近工件表面进给速度）、切削进给速度（进给速度）、行间连接速度（跨越进给速度）及退刀进给速度（退刀速度）。现分别讨论这些进给速度的设定原则。

1）快速走刀速度（空刀进给速度）。为了节省非切削加工时间，降低生产成本，快速走刀速度应尽可能选高一些，一般选为机床所允许的最大进给速度，即 G00 进给速度。

2）进刀速度（接近工件表面进给速度）。为了使刀具安全可靠地接近工件而不损坏机床、刀具和工件，进刀速度不能选得太高，要小于或等于切削进给速度。依照生产经验，对软材料加工而言，一般选为 200mm/min；对钢类或铸铁类零件的切削加工，一般选为 50mm/min。

3）切削进给速度 F。切削进给速度 F 是切削时单位时间内工件与铣刀沿进给方向的相对位移，单位为 mm/min。它与铣刀转速 S、铣刀齿数 z 及每齿进给量 f_z（mm/z）的关系为

$$F = f_z z S$$

每齿进给量 f_z 的选取主要取决于工件材料的力学性能、刀具材料、工件表面质量等因素。工件材料的强度和硬度越高，f_z 越小；反之则越大。硬质合金铣刀的每齿进给量高于同类高速钢铣刀。工件表面粗糙度值越小，f_z 就越小。每齿进给量 f_z 可参考表 5-6 选取。工件刚度差或刀具强度低时，应取小值。

表 5-6　铣刀每齿进给量的选取　　（单位：mm/z）

工件材料	每齿进给量 f_z			
	粗铣		精铣	
	高速钢铣刀	硬质合金铣刀	高速钢铣刀	硬质合金铣刀
钢	0.1～0.15	0.1～0.25	0.02～0.05	0.1～0.15
铸铁	0.12～0.2	0.15～0.3		

铣刀转速 S 则与切削速度和机床的性能有关。所以，切削进给速度应根据所采用机床的性能、刀具材料和尺寸、被加工零件材料的可加工性和加工余量的大小来综合确定。一般原则是：工件表面的加工余量大，切削进给速度低；反之相反。切削进给速度可由机床操作者根据被加工工件表面的具体情况进行手工调整，以获得最佳切削状态。切削进给速度不能超过按逼近误差和插补周期计算所允许的进给速度。

4）行间连接速度。行间连接速度是指在曲面加工区域加工时，刀具从一个切削行转到下一个切削行之间刀具所具有的运动速度。该速度一般小于等于切削进给速度。

5）退刀进给速度。为了缩短非切削加工时间，降低生产成本，退刀速度应选择机床所允许的最大快移速度，即 G00 速度。

（3）切削速度 v_c　铣削加工时切削速度 v_c 由工件材料、刀具的材料及加工性质等因素所确定，表 5-7 为高速钢铣刀和硬质合金铣刀切削速度参考表。

表 5-7　高速钢铣刀和硬质合金铣刀切削速度参考表

工件材料	硬度 HBW	切削速度 v_c/(m/min)	
		高速钢铣刀	硬质合金铣刀
钢	<225	18～42	66～150
	225～325	12～36	54～120
	325～425	6～21	36～75
铸铁	<190	21～36	66～150
	190～260	9～18	45～90
	260～320	4.5～10	21～30

图 5-1 所示工件的数控加工工序卡见表 5-8。

表 5-8　数控加工工序卡

<table>
<tr><td colspan="5" rowspan="2">数控加工工序卡</td><td>产品型号</td><td colspan="2"></td><td>零件图号</td><td></td></tr>
<tr><td>产品名称</td><td colspan="2"></td><td>零件名称</td><td></td></tr>
<tr><td>材料牌号</td><td>45 钢</td><td>毛坯种类</td><td colspan="2">板材</td><td>毛坯外形尺寸</td><td colspan="2">206mm×64mm×24mm</td><td>备注</td><td></td></tr>
<tr><td>工序号</td><td>工序名称</td><td colspan="2">设备名称</td><td>设备型号</td><td>程序编号</td><td>夹具代号</td><td>夹具名称</td><td>切削液</td><td>车间</td></tr>
<tr><td>2</td><td>铣</td><td colspan="2"></td><td></td><td></td><td></td><td></td><td></td><td></td></tr>
<tr><td>工步号</td><td>工步内容</td><td>刀具号</td><td>刀具直径</td><td>量具及检具</td><td>主轴转速/(r/min)</td><td>切削速度/(m/min)</td><td>进给速度/(mm/min)</td><td>背吃刀量/mm</td><td>备注</td></tr>
<tr><td>1</td><td>1. 粗铣前表面
2. 精铣前表面</td><td>T01</td><td>φ32</td><td></td><td>300
400</td><td></td><td>100
40</td><td></td><td></td></tr>
<tr><td>2</td><td>1. 粗铣后表面
2. 精铣后表面</td><td>T01</td><td>φ32</td><td></td><td>300
400</td><td></td><td>100
40</td><td></td><td></td></tr>
<tr><td>3</td><td>1. 粗铣左表面
2. 精铣左表面</td><td>T01</td><td>φ32</td><td></td><td>300
400</td><td></td><td>100
40</td><td></td><td></td></tr>
<tr><td>4</td><td>1. 粗铣右表面
2. 精铣右表面</td><td>T01</td><td>φ32</td><td></td><td>300
400</td><td></td><td>100
40</td><td></td><td></td></tr>
<tr><td>5</td><td>1. 粗铣下表面
2. 半精铣下表面
3. 精铣下表面</td><td>T01</td><td>φ32</td><td></td><td>300
360
400</td><td></td><td>100
80
40</td><td></td><td></td></tr>
<tr><td>6</td><td>1. 粗铣上表面
2. 半精铣上表面
3. 精铣上表面</td><td>T01</td><td>φ32</td><td></td><td>300
360
400</td><td></td><td>100
80
40</td><td></td><td></td></tr>
<tr><td>编制</td><td></td><td>审核</td><td colspan="2"></td><td>批准</td><td colspan="2"></td><td>共　页</td><td>第　页</td></tr>
</table>

任务四　数控加工刀具卡的编写

一、对数控铣刀的要求

（1）铣刀刚度要好　要求铣刀刚度好的目的：一是满足为提高生产率而采用大切削用量的需要；二是为适应数控铣床加工过程中难以调整切削用量的特点。在数控铣削中，因铣刀刚度较差而断刀并造成零件损伤的事例是经常有的，所以解决数控铣刀的刚度问题是至关重要的。

（2）铣刀的寿命要高　当一把铣刀加工的内容很多时，如果刀具磨损较快，不仅会影响零件的表面质量和加工精度，而且会增加换刀与对刀次数，从而导致零件加工表面留下因对刀误差而形成的接刀台阶，降低零件的表面质量。

除上述两点之外，铣刀切削刃的几何角度参数的选择与排屑性能等也非常重要。切屑粘刀形成积屑瘤在数控铣削中是十分忌讳的。总之，根据被加工工件材料的热处理状态、切削性能及加工余量，选择刚度好、寿命长的铣刀，是充分发挥数控铣床的生产率并获得满意的加工质量的前提条件。

二、数控铣刀的种类

（1）立铣刀　立铣刀是数控机床上用得最多的一种铣刀，其结构如图 5-32 所示。立铣刀的圆柱表面和端面上都有切削刃，它们可同时进行切削，也可单独进行切削，主要用于加工凹槽、台阶面和小的平面。

立铣刀圆柱表面的切削刃为主切削刃，端面上的切削刃为副切削刃。主切削刃一般为螺旋齿，这样可以增加切削的平稳性，提高加工精度。由于普通立铣刀端面中心处无切削刃，所以立铣刀不能做轴向进给，端面刃主要用来加工与侧面相垂直的底平面。

为了能加工较深的沟槽，并保证有足够的备磨量，立铣刀的轴向长度一般较长。为改善切屑卷曲情况，增大容屑空间，防止切屑堵塞，立铣刀刀齿数比较少，容屑槽圆弧半径则较大。一般粗齿立铣刀齿数 $Z=3\sim4$，细齿立铣刀齿数 $Z=5\sim8$，套式结构立铣刀 $Z=10\sim20$，容屑槽圆弧半径 $r=2\sim5$mm。当立铣刀直径较大时，可制成不等齿距结构，以增强抗振性，使切削过程平稳。

标准立铣刀的螺旋角 β 为 40°~45°（粗齿）和 30°~35°（细齿），套式结构立铣刀的螺旋角 β 为 15°~25°。直径较小的立铣刀，一般制成带柄形式。$\phi2\sim\phi71$mm 的立铣刀制成直柄；$\phi6\sim\phi63$mm 的立铣刀制成莫氏锥柄；$\phi25\sim\phi80$mm 的立铣刀做成 7:24 锥柄，内有螺孔用来拉紧刀具。由于数控机床要求铣刀能快速自动装卸，故立铣刀柄部形式也有很大不同，一般是由专业厂家按照一定的规范设计制造成统一形式、统一尺寸的刀柄。直径大于 40~60mm 的立铣刀可做成套式结构。

（2）面铣刀　如图 5-33 所示，面铣刀圆周方向的切削刃为主切削刃，端部切削刃为副切削刃，可用于立式铣床或卧式铣床上加工台阶面和平面，生产率较高。面铣刀多制成套式镶齿结构，刀齿为高速钢或硬质合金，刀体为 40Cr。高速钢面铣刀按国家标准规定，直径 $\phi=80\sim250$mm，螺旋角 $\beta=10°$，刀齿数 $Z=10\sim26$。

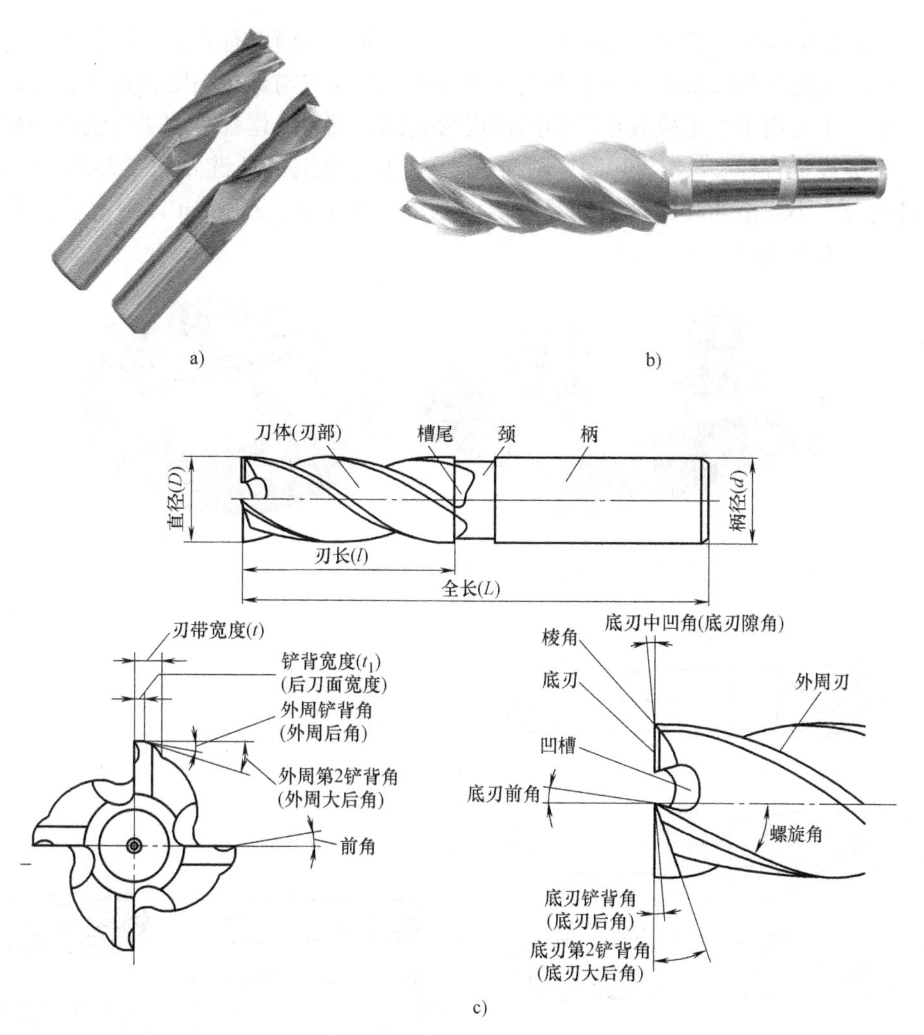

图 5-32　立铣刀

a）3 刃立铣刀　b）4 刃立铣刀　c）立铣刀结构图

硬质合金面铣刀的铣削速度、加工效率和工件表面质量均高于高速钢铣刀，并可加工带有硬皮和淬硬层的工件，因而在数控加工中得到了广泛的应用。图 5-34 所示为常用硬质合金面铣刀的种类，由于整体焊接式和机夹焊接式面铣刀难于保证焊接质量，刀具寿命短，重磨较费时，目前已被可转位面铣刀所取代。

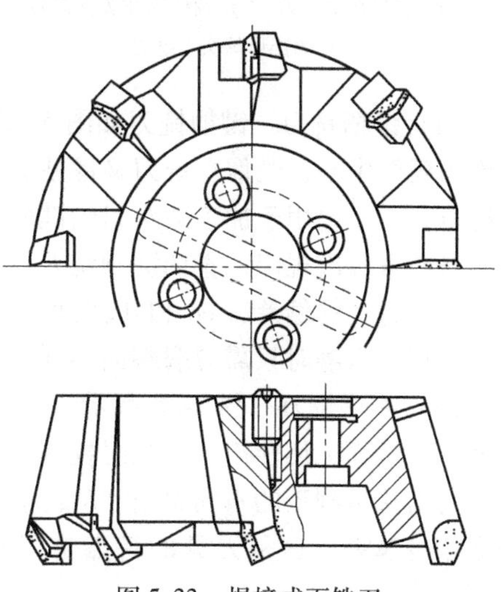

图 5-33　焊接式面铣刀

可转位面铣刀的直径已经标准化，采用公比 1.25 的标准直径系列：16、20、25、33、40、50、63、80、100、125、160、200、250、315、400、500、630（mm），参见 GB/T 5342—2006。

（3）模具铣刀　模具铣刀由立铣刀发展而成，可分为圆锥形立铣刀（圆锥半角 $\alpha/2$ = 3°、5°、

7°、10°）、圆柱形球头立铣刀和圆锥形球头立铣刀三种，其柄部有直柄、削平型直柄和莫氏锥柄。它的结构特点是球头或端面上布满了切削刃，圆周刃与球头刃圆弧连接，可以做径向和轴向进给，主要用于加工模具型腔和凸模成形表面，铣刀工作部分用高速钢或硬质合金制造，国家标准规定直径 $d=4\sim63$mm。图 5-35 所示为高速钢模具铣刀，图 5-36 所示为硬质合金模具铣刀。小规格的硬质合金模具铣刀多制成整体结构，ϕ16mm 以上直径的制成焊接或机夹可转位刀片结构。

图 5-34　可转位面铣刀

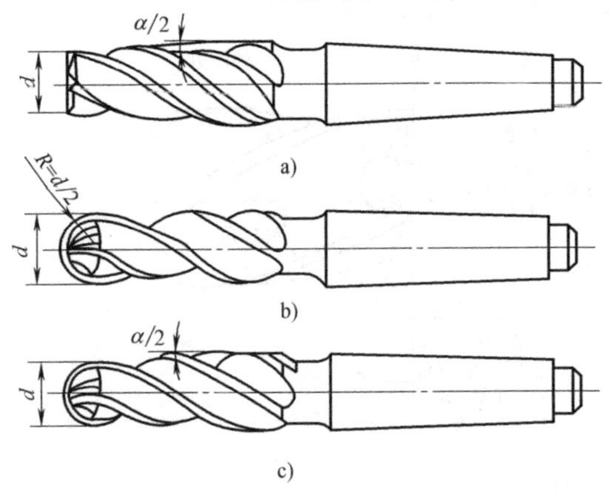

图 5-35　高速钢模具铣刀

a）圆锥形立铣刀　b）圆柱形球头立铣刀

c）圆锥形球头立铣刀

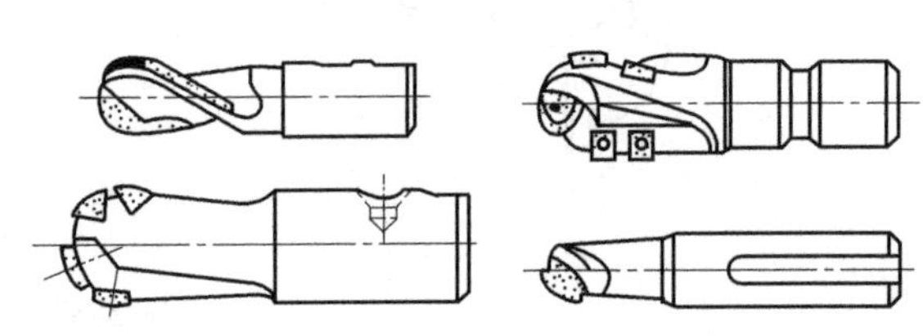

图 5-36　硬质合金模具铣刀

（4）键槽铣刀　键槽铣刀如图 5-37 所示，它有两个刀齿，圆柱面和端面都有切削刃，端面刃延至中心，既像立铣刀又像钻头，加工时先轴向进给达到槽深，然后沿键槽方向铣出键槽全长，主要用于加工圆头封闭键槽。

按国家标准规定，直柄键槽铣刀直径 $\phi=2\sim22$mm，锥柄键槽铣刀直径 $\phi=14\sim50$mm。键槽铣刀直径的偏差有 e8 和 d8 两种。键槽铣刀的圆周切削刃仅在靠近端面的一小段长度内发生磨损，重磨时只需刃磨端面切削刃，因此重磨后铣刀直径不变。

（5）鼓形铣刀　图 5-38 所示为一种典型的鼓形铣刀，它的切削刃分布在半径为 R 的圆弧面上，端面无切削刃。加工时控制刀具上下位置，相应改变切削刃的切削部位，可以在工件上切出从负到正的不同斜角。R 越小，鼓形铣刀所能加工的斜角范围越广，但所获得的表面质量也越差。这种刀具的特点是刃磨困难，切削条件差，而且不适于加工有底的轮廓表面。

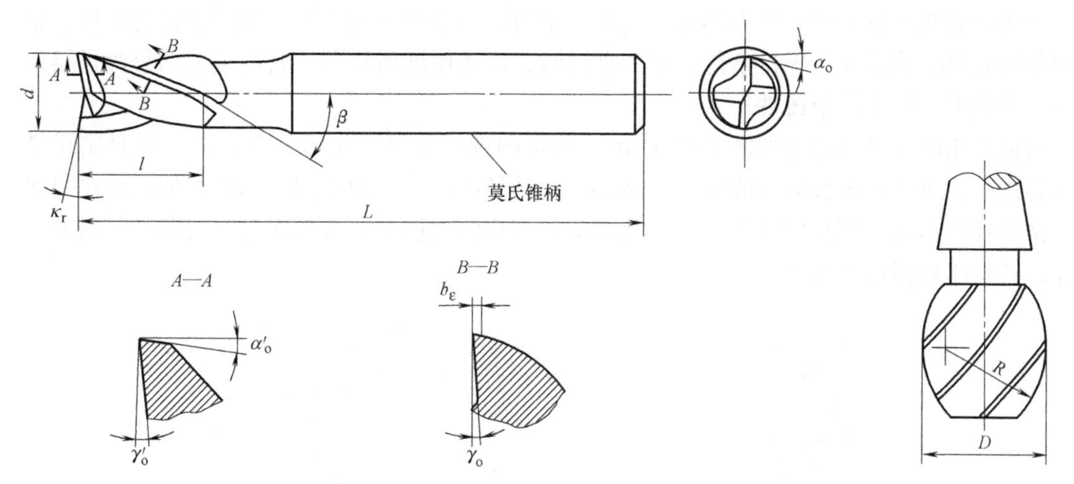

图 5-37　键槽铣刀　　　　图 5-38　鼓形铣刀

（6）成形铣刀　成形铣刀一般是为特定形状的工件或加工内容专门设计制造的，如 T 形槽、燕尾槽、渐开线齿面等。几种常用的成形铣刀如图 5-39 所示。

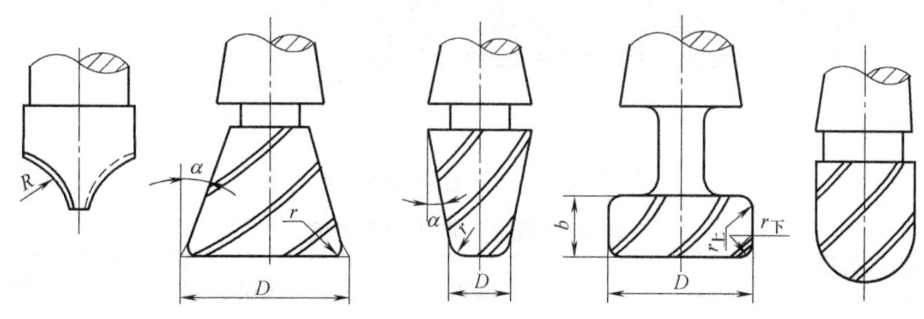

图 5-39　成形铣刀

除了上述几种类型的铣刀外，数控铣床也可使用各种通用铣刀，但因很多控铣床的主轴内有特殊的拉刀装置，或因主轴内锥孔有别，须配过渡套和拉钉。

三、铣刀参数的选择

铣刀类型应与工件的表面形状和尺寸相适应。常见的选择原则如下。

加工较大的平面应选择面铣刀。

加工凹槽、较小的台阶面及平面轮廓应选择立铣刀。

加工空间曲面、模具型腔或凸模成形表面等多选用模具铣刀。

加工封闭的键槽选择键槽铣刀。

加工变斜角零件的变斜角面应选用鼓形铣刀。

加工各种直的或圆弧形的凹槽、斜角面、特殊孔等应选用成形铣刀。

数控铣床上使用最多的是可转位面铣刀和立铣刀，因此这里重点介绍面铣刀和立铣刀参数的选择。

（1）面铣刀主要参数的选择　标准可转位面铣刀直径为 $\phi16 \sim \phi630$mm，应根据侧吃刀量 a_e 选择适当的铣刀直径，尽量包容工件整个加工宽度，以提高加工精度和效率，减小相邻两次进给之间的接刀痕迹，保证铣刀的寿命。

可转位面铣刀有粗齿、细齿和密齿三种。粗齿铣刀容屑空间较大，常用于粗铣钢件；粗铣带断续表面的铸件和在平稳条件下铣削钢件时，可选用细齿铣刀。密齿铣刀的每齿进给量较小，主要用于加工薄壁铸件。

面铣刀几何角度的标注如图 5-40 所示。前角的选择原则与车刀基本相同，只是由于铣削时有冲击，故其前角数值一般比车刀略小，尤其是硬质合金面铣刀，前角数值减小得更多些。铣削强度和硬度都高的材料可选用负前角。前角的数值主要根据工件材料和刀具材料来选择，其具体数值可参见表 5-9。

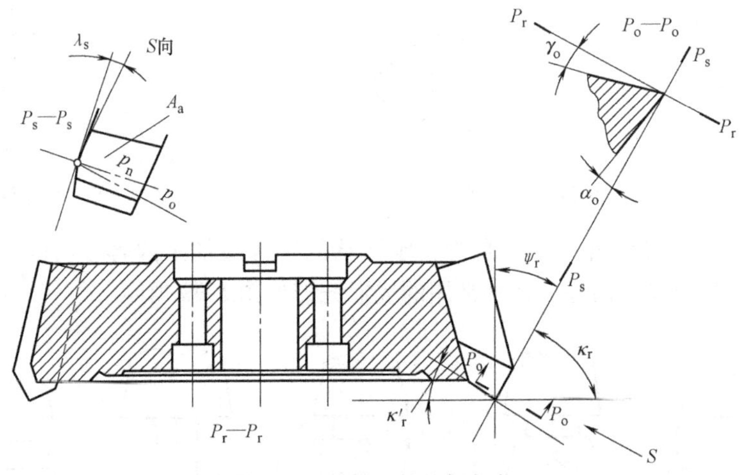

图 5-40　面铣刀的几何角度

表 5-9　面铣刀前角的参考值

刀具材料 \ 工件材料	钢	铸铁	黄铜、青铜	铝合金
高速钢	10°～20°	5°～15°	10°	25°～30°
硬质合金	−15°～15°	−5°～5°	4°～6°	15°

铣刀的磨损主要发生在后刀面上，因此适当加大后角，可减少铣刀磨损。后角常取 α_o = 5°～12°，工件材料软时取大值，工件材料硬时取小值；粗齿铣刀取小值，细齿铣刀取大值。

铣削时冲击力大，为了保护刀尖，硬质合金面铣刀的刃倾角常取 λ_s = −5°～15°，铣削低强度材料时，取 λ_s = 5°。

主偏角 κ_r 在 45°～90°范围内选取，铣削铸铁常用 45°，铣削一般钢材常用 75°，铣削带凸肩的平面或薄壁零件时要用 90°。

（2）立铣刀主要参数的选择　立铣刀主切削刃的前角在法剖面内测量，后角在端剖面内测量，前、后角的标注如图 5-32c 所示。前、后角都为正值，分别根据工件材料和铣刀直径选取，其具体数值可分别参见表 5-10 和表 5-11。

表 5-10　立铣刀前角的参考值

工件材料		前角
钢	R_m < 0.589GPa	20°
	0.589GPa < R_m < 0.981GPa	15°
	R_m < 0.981GPa	10°
铸铁	≤150HBW	15°
	>150HBW	10°

表 5-11　立铣刀后角的参考值

铣刀直径/mm	后角
≤10	25°
10～20	20°
>20	16°

立铣刀的尺寸参数如图 5-41 所示，推荐按下述经验数据选取。

1）刀半径 R 应小于零件内轮廓面的最小曲率半径 ρ，一般取 $R=(0.8\sim0.9)\rho$。

2）零件的加工高度 $H=(1/4\sim1/6)R$，以保证刀具具有足够的刚度。

3）对不通孔（深槽），选取 $l=H+5\sim10\text{mm}$（l 为刀具切削部分长度，H 为零件高度）。

4）加工外形及通槽时，选取 $l=H+r+5\sim10\text{mm}$（r 为端刃圆角半径）。

5）加工筋时，刀具直径为 $D=(5\sim10)b$（b 为筋的厚度）。

6）粗加工内轮廓面时（图 5-42），铣刀最大直径 $D_{粗}$ 可按下式计算

$$D_{粗}=\frac{2\left(\delta\sin\frac{\varphi}{2}-\delta_1\right)}{1-\sin\frac{\varphi}{2}}+D$$

式中　D——轮廓的最小凹圆角直径；

δ——圆角邻边夹角等分线上的精加工余量；

δ_1——精加工余量；

φ——圆角两邻边的夹角。

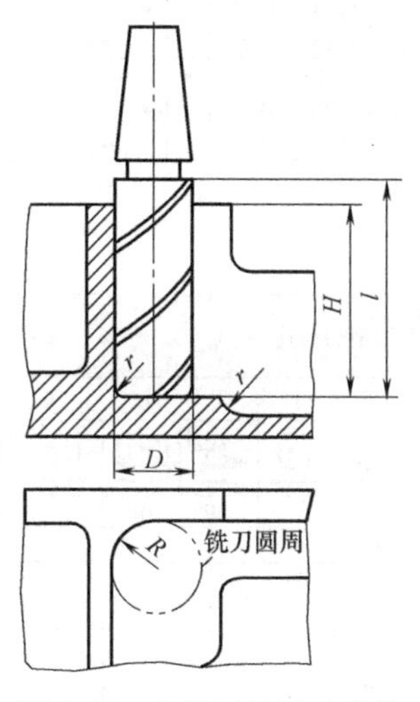

图 5-41　立铣刀的尺寸参数

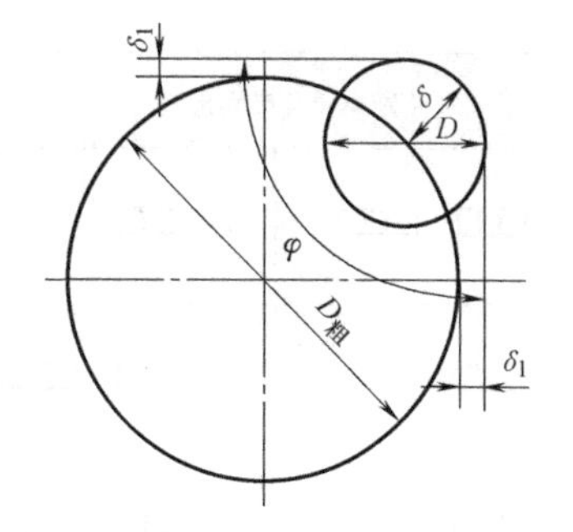

图 5-42　粗加工时立铣刀直径的计算

四、可转位铣刀刀片代码及选择

本文采用森泰英格刀具的数控可转位铣刀，该公司可转位铣削刀片的型号由 10 位代码组成，编制说明如图 5-43 所示。可转位铣刀的型号由 10 位代码组成，编制说明如图 5-44 所示。

图 5-1 所示工件的数控加工刀具卡见表 5-12。

S	D	H	T	12
1	2	3	4	5

1 刀片形状

A 85° B 82° K 55°	
H 120°	
L 90°	
O 135°	
P 108°	
C 80° D 55° E 75° M 86° V 35°	
R –	
S 90°	
T 60°	
W 00°	

2 刀片后角

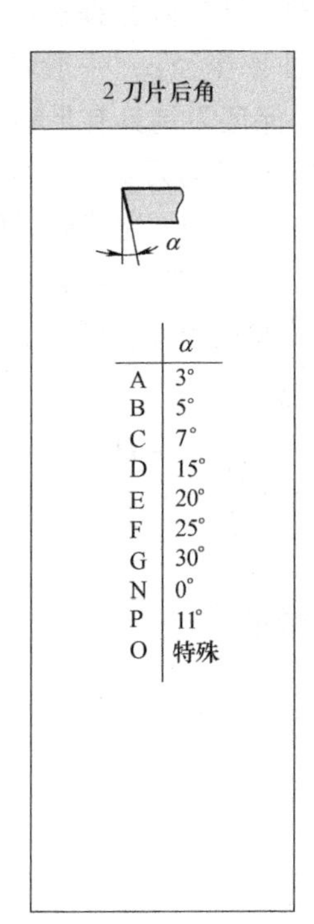

	α
A	3°
B	5°
C	7°
D	15°
E	20°
F	25°
G	30°
N	0°
P	11°
O	特殊

3 精度代号

	d/±mm	m/±mm	s/±mm	d=6.35/9.525	d=12.7	d=15.8/19.05
A	0.025	0.005	0.025	●	●	●
C	0.025	0.013	0.025	●	●	●
E	0.025	0.025	0.025	●	●	●
F	0.013	0.005	0.025	●	●	●
G	0.025	0.025	0.013	●	●	●
H	0.013	0.013	0.025	●	●	●
J	0.05	0.005	0.025	●		
	0.08	0.005	0.025		●	
	0.10	0.005	0.025			●
K	0.05	0.013	0.025	●		
	0.08	0.013	0.025		●	
	0.10	0.013	0.025			●
M	0.05	0.08	0.13	●		
	0.08	0.13	0.13		●	
	0.10	0.15	0.13			●
N	0.05	0.08	0.025	●		
	0.08	0.13	0.025		●	
	0.10	0.15	0.025			●
U	0.08	0.13	0.13	●		
	0.13	0.20	0.13		●	
	0.18	0.27	0.13			●

4 断屑槽及夹固形式

A		Q	
F		R	
G		T	
M		W	
N		O 特殊设计	

5 切削刃长度

d/mm	A	C	S	R	H	T	L	O	W
5.56	–	05	05	–	–	09	08	–	03
6.0	–	–	–	06	–	–	–	–	–
6.35	–	06	06	–	03	11	10	02	04
6.65	10	–	–	–	–	–	–	–	–
7.94	–	07	07		–	–	–	–	–
8.0	–	–	–	08	–	–	–	–	–
9.0	–	–	–	–	–	–	12		
9.525		09	09	–	05	16	15	04	06
10.0	–	–	–	10	–	–	–	–	–
12.0	–	–	–	12	–	–	–	–	–
12.7	–	12	12	–	07	22	20	05	08
15.875	–	16	15	–	09	27	–	06	10
16.0	–	–	–	16	–	–	–	–	–
16.74	–	–	16	–	–	–	–	–	–
19.05	–	19	19	–	11	33	–	07	13
20.0	–	–	–	20	–	–	–	–	–

图 5-43 可转位铣削

04	AE	F	N	—	27
6	7	8	9		10

6刀片厚度s/mm

01	s=1.59
T1	s=1.98
02	s=2.38
03	s=3.18
T3	s=3.97
04	s=4.76
05	s=5.56
06	s=6.35
07	s=7.94
09	s=9.52

7刀片修光刃角度代号

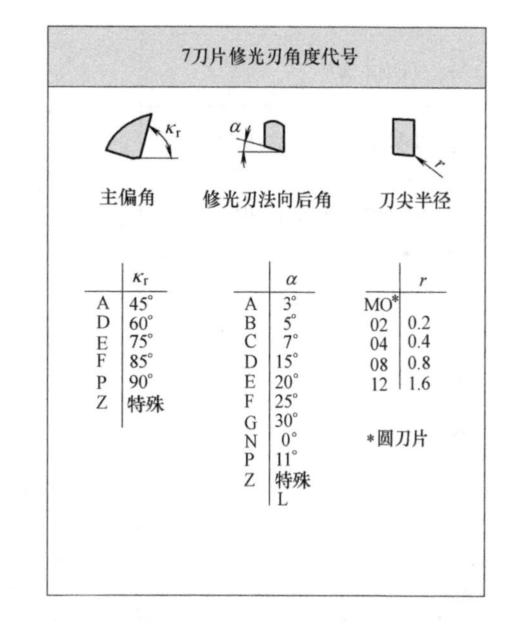

8 刃口钝化代号

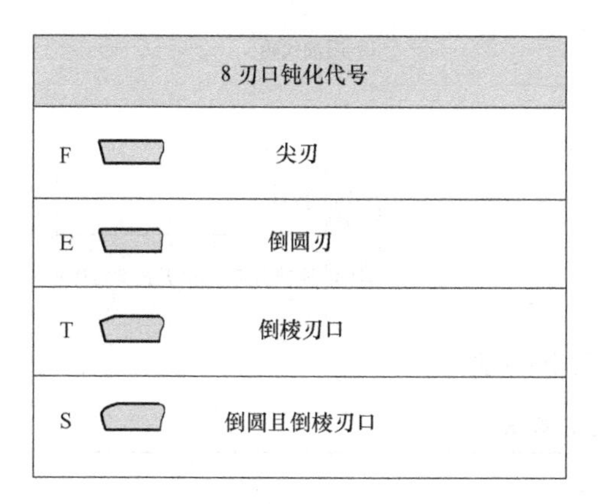

9切削刃方向

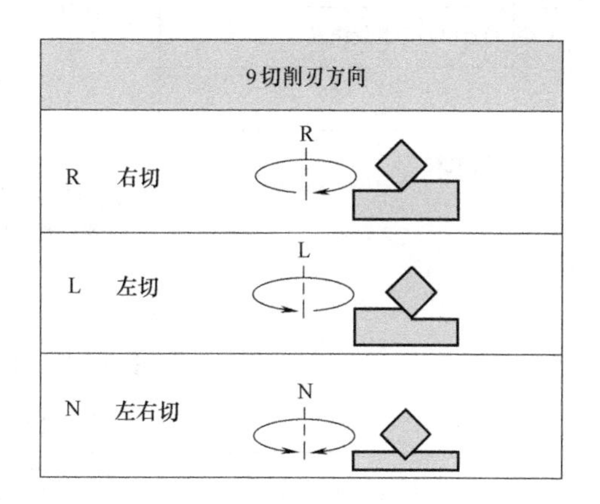

10 制造商选择代号(断屑槽型)

刀片的国际编号通常由前九位编号组成(包括8位、9位编号，仅在需要时标出)。此外，制造商根据需要可以增加编号。

-27—非铁金属	-31—铸铁	P—抛光	M—半精加工
-29—钢	-33—不锈钢	R—粗加工	F—精加工

刀片的型号说明

EM	75	16	S	P	09	(AI)	(M)	(L200)	(-Z2)
1	2	3	4	5	6	7	8	9	10

1. 刀具型式

EM	可转位立铣刀
FM	可转位面铣刀(带孔类刀片)
FMW	可转位面铣刀(无孔类刀片)

2. 主偏角

90	κ_r=90°
75	κ_r=75°
45	κ_r=45°
R	圆弧铣刀
M	带可换刀夹
Z	钻铣刀
HZ	带过中心刃螺旋铣刀
SR	球头铣刀

3. 铣刀切削直径

4. 刀片形状

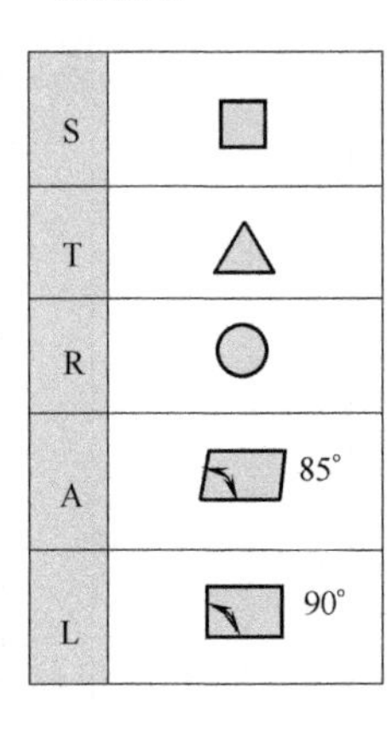

5. 刀片后角

P	11°
D	15°
E	20°

6. 切削刃长度

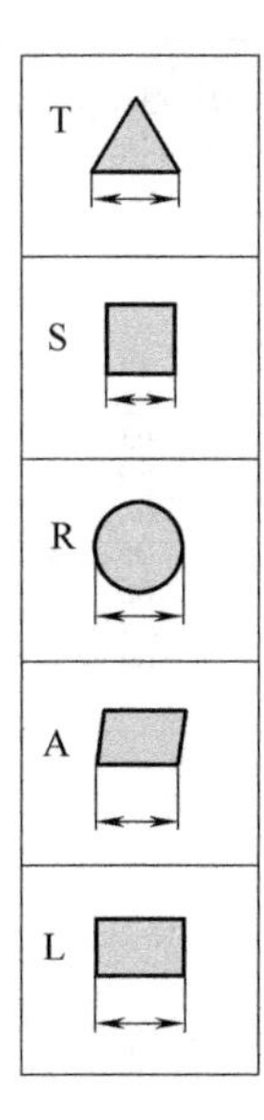

7. 铝合金加工专用

8. 附加压板压紧

9. 加长型，数字为总长

10. 附加代码

-Z2	齿数
-75	面铣刀主偏角(无孔类刀片)

图 5-44　可转位铣刀的型号说明

表 5-12　数控加工刀具卡

<table>
<tr><td colspan="5" rowspan="2">数控加工刀具</td><td colspan="2">产品型号</td><td colspan="2"></td><td colspan="2">零件图号</td><td></td></tr>
<tr><td colspan="2">产品名称</td><td colspan="2"></td><td colspan="2">零件名称</td><td></td></tr>
<tr><td colspan="2">材料牌号</td><td>45 钢</td><td>毛坯种类</td><td>板材</td><td>毛坯外形尺寸</td><td colspan="3">206mm×64mm×24mm</td><td colspan="2">备注</td><td></td></tr>
<tr><td>工序号</td><td>工序名称</td><td>设备名称</td><td>设备型号</td><td>程序编号</td><td>夹具代号</td><td colspan="2">夹具名称</td><td colspan="2">切削液</td><td colspan="2">车间</td></tr>
<tr><td>2</td><td>铣</td><td></td><td></td><td></td><td></td><td colspan="2"></td><td colspan="2"></td><td colspan="2"></td></tr>
<tr><td rowspan="2">工步号</td><td rowspan="2">刀具号</td><td rowspan="2">刀具名称</td><td rowspan="2">刀具型号</td><td colspan="2">刀片</td><td>刀尖圆弧</td><td>刀柄</td><td colspan="2">刀具</td><td>补偿量</td><td rowspan="2">备注</td></tr>
<tr><td>型号</td><td>牌号</td><td>半径/mm</td><td>型号</td><td>直径/mm</td><td>刀长/mm</td><td>/mm</td></tr>
<tr><td>1～6</td><td>T01</td><td>4 刃可转位立铣刀</td><td>EM90-32AP10N</td><td>APKT1003PDTR</td><td>EB1220</td><td>0.8</td><td></td><td>ϕ32</td><td>110</td><td></td><td></td></tr>
<tr><td colspan="2">编制</td><td colspan="2"></td><td>审核</td><td colspan="2"></td><td>批准</td><td></td><td colspan="2">共　页</td><td>第　页</td></tr>
</table>

任务五　数控加工进给路线图的编写

一、进刀、退刀的路线设计

进刀方式是指加工零件前，刀具接近工件表面的运动方式；退刀方式是指零件（或零件区域）加工结束后，刀具离开工件表面的运动方式。这两个概念对复杂表面的高精度加工来说是非常重要的。

进刀、退刀路线是为了防止过切、碰撞和飞边在切入前和切出后设置的引入到切入点和从切出点引出的线。

数控机床常见的进刀、退刀路线有以下六种。

1）沿坐标轴的 Z 轴方向直接进行进刀、退刀。该方式是数控加工中最常用的进、退刀方式。其优点是定义简单；缺点是在工件表面的进刀、退刀处会留下微观的驻刀痕迹，影响工件表面的加工精度。在铣削平面轮廓零件时，应避免在零件垂直表面的方向进刀、退刀。

2）沿给定的矢量方向进行进刀和退刀。该方式要先定义一个矢量方向来确定刀具进刀和退刀运动的方向，其特点与选定的矢量方向有关。

3）沿曲面的切矢方向以直线进刀或退刀。该方式是从被加工曲面的切矢方向以直线切入或切出工件表面。其优点是在工件表面的进刀、退刀处，不会留下驻刀痕迹，工件表面的加工精度高。如用立铣刀的端刃和侧刃铣削平面轮廓零件时，为了避免在轮廓的切入点和切出点处留下刀痕，应沿轮廓外形的切线方向切入和切出，切入点和切出点一般选在零件轮廓两几何元素的交点处，引入、引出线由相切的直线组成，这样可以保证加工出的零件轮廓形状平滑完整，如图 5-45a、b、c 所示。

4）沿曲面的法矢方向进刀或退刀。该方式以被加工曲面切入点或切出点的法矢量方向切入或切出工件表面，其特点与方式 1）类似。

5）沿圆弧段方向进刀或退刀。该方式是刀具以圆弧段的运动方式切入或切出工件表面，引入、引出线为圆弧并且圆弧与曲面相切，如图 5-45d 所示，其优点与方式 3）相同。该方式必须首先定义切入或切出圆弧段。此种方式适用于不能用直线直接引入、引出的场合。

6）沿螺旋线或斜线进刀方式。即在两个切削层之间，刀具从上一层的高度沿螺旋线或斜线以渐进的方式切入工件，直到下一层的高度，然后开始正式切削。

对于加工精度要求很高的型面加工来说，应选择沿曲面的切矢方向或沿圆弧方向进刀、退刀方式，这样不会在工件的进刀或退刀处留下驻刀痕迹而影响工件表面的加工质量。

为防止刀具或铣头与被加工表面相碰（碰撞可能引起破坏被加工表面，严重时造成零件报废；损坏刀具或铣头；损坏机床精度等后果），在起始点和进刀线、返回点和退刀线之间，应加刀具移动定位语句。在起始点，应使刀具先运动到引入线上方的某个位置上；同理，在曲面切削后，在引出线的位置上应给刀具一个增量值运动语句，使刀具在 Z 轴方向向上提升一个增量值，运动后刀具位置的 Z 值应在安全高度或与起始点 Z 值一致。

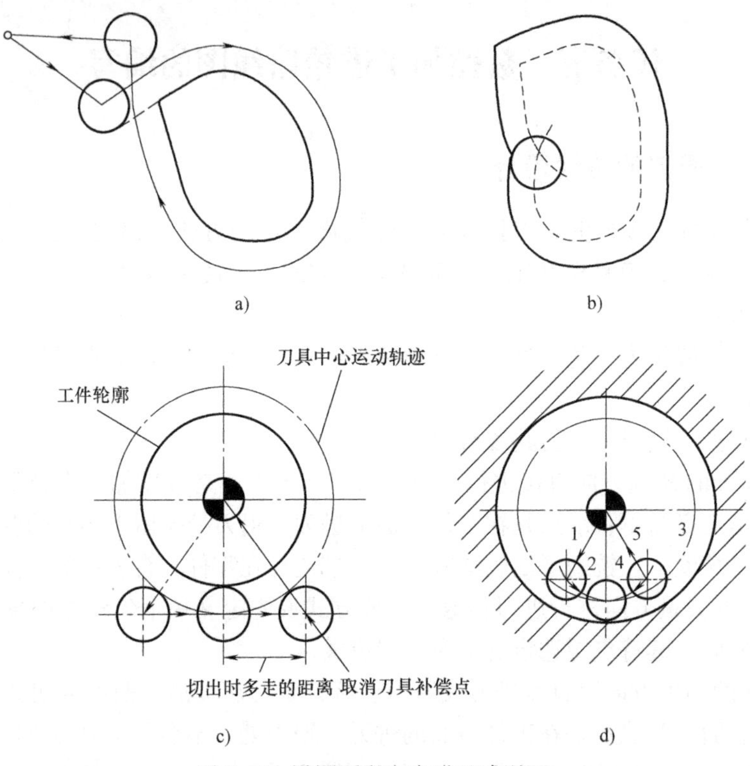

图 5-45　沿圆弧段方向进刀或退刀

二、平面类工件的进给路线设计

平面类工件常见的进给路线方式有行切法（图 5-46a）和环切法（图 5-46b）。行切法的刀具运动轨迹呈“己”型分布，该走刀方式的特点是在切削加工过程中顺铣、逆铣交替进行，表面质量较差但加工效率高。环切轨迹又分为等距环切、依外形环切和螺旋环切等，可以从外向内环切，也可以从内向外环切。环切走刀方式既可保证顺铣或逆铣的一致性，又无非切削运动轨迹，加工效率高，且加工轨迹均匀，因此它是生成封闭环状平面、曲面、型腔刀具运动轨迹的主要方法。

图 5-46　平面行切、环切示例

a）行切示意图　b）环切示意图

除了上述的两种走刀方式，另一种走刀方式是单方向走刀方式，如图 5-47 所示。在切削加工过程中能保证顺铣或逆铣的一致性，编程员可根据实际加工要求选择顺铣或逆铣走刀方式。由于该走刀方式在完成一条切削轨迹后，附加了一条非切削运动轨迹，因此延长了机床的加工时间。

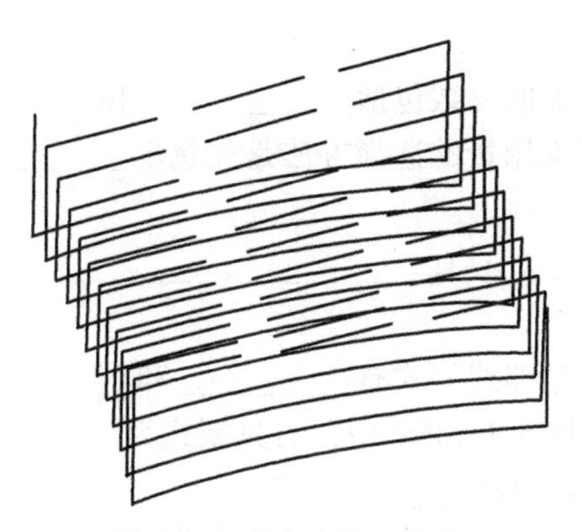

图 5-47　单方向走刀方式

图 5-1 所示平面工件的进给路线图工艺卡见表 5-13。

表 5-13　数控加工进给路线工艺卡图

数控加工进给路线工艺卡图				产品型号		零件图号		
				产品名称		零件名称		
材料牌号	45 钢	毛坯种类	板材	毛坯外形尺寸	206mm×64mm×24mm	备注		
工序号	工序名称	设备名称	设备型号	程序编号	夹具代号	夹具名称	切削液	车间
2	铣							

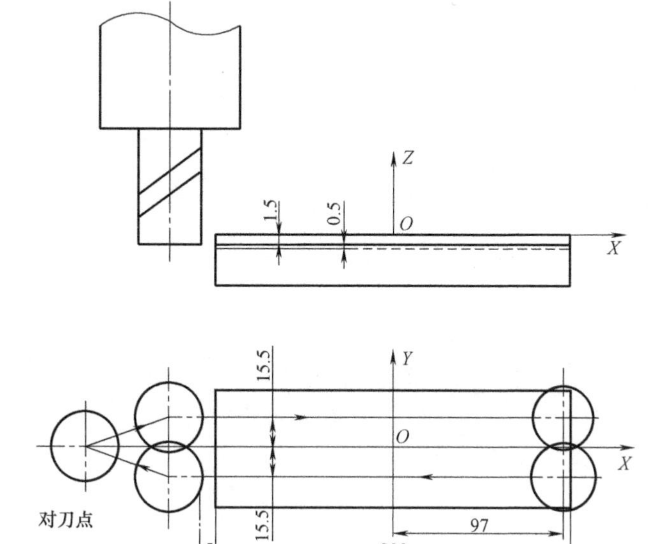

上表面粗铣进给路线图

思考与练习题

1. 按通用铣床的分类方法，数控铣床分为__________、__________、__________。
2. 常见的数控铣床专用夹具的夹紧机构有__________、__________、__________。
3. 如果铣刀旋转方向与工件进给方向相同，称为__________；铣刀旋转方向与工件进给方向相反，称为__________。

4. 铣削加工与吃刀量有关的参数包括____________和____________。

5. 从刀具寿命出发，切削用量的选择方法是先选取__________，其次确定__________，最后确定__________。

6. 常见的数控铣削刀具类型有__________、__________、__________、__________、__________、__________。

7. 平面类工件常见的进给路线方式有__________和__________。

8. 数控铣刀的编码为 EM75-16SP09 中，刀具型式为__________，主偏角为__________，刀具直径为__________，刀片形状为__________。

9. 铣削加工采用顺铣时，铣刀旋转方向与工件进给方向（　　）。

A. 相同　　B. 相反　　C. 没任何关系　　D. A、B 都不可以

10. 当铣削一整圆外形时，为保证不产生切入、切出的刀痕，刀具切入、切出时应采用（　　）。

A. 法向切入、切出方式　　B. 切向切入、切出方式

C. 任意方向切入、切出方式　　D. 切入、切出时应降低进给速度

项目六 型腔类工件数控铣削工艺编制

[学习目标]

1. 了解型腔类零件图样的工艺分析方法。
2. 了解台虎钳的找正与装夹方法。
3. 掌握型腔的加工方法。
4. 掌握90°可转位立铣刀的选择方法。
5. 掌握型腔加工路线的生成方法及其路线。

[项目重点]

1. 型腔的加工方法。
2. 90°可转位立铣刀的选择。
3. 型腔加工路线的生成方法及其路线。

[项目难点]

1. 90°可转位立铣刀的选择。
2. 型腔加工路线的生成方法及其路线。

任务一　图 样 识 别

一、零件图样工艺分析

图6-1所示的型腔类工件材料为45钢，毛坯尺寸为198mm×128mm×50mm，生产批量为500件。

该工件由平面和型腔组成，型腔由直线和半径为18mm的圆弧组成，几何元素之间关系清楚并完整。工件4个侧面的表面粗糙度值 Ra 为6.3μm，加工要求一般；型腔底平面和侧面的表面粗糙度值 Ra 为3.2μm，上、下表面的表面粗糙度值 Ra 为1.6μm，加工要求较高。型腔侧面与下表面有垂直度要求。该工件材料为45钢，可加工性良好。

根据上述分析，工件4个侧面的加工采用粗铣-精铣两个加工阶段，上、下表面和型腔的加工采用粗铣—半精铣—精铣三个加工阶段。同时以下表面作为加工型腔的定位基准，以满足垂直度的要求。

二、机床的选择

由于该工件的加工批量为500件，可以确定其生产类型为小批量生产。

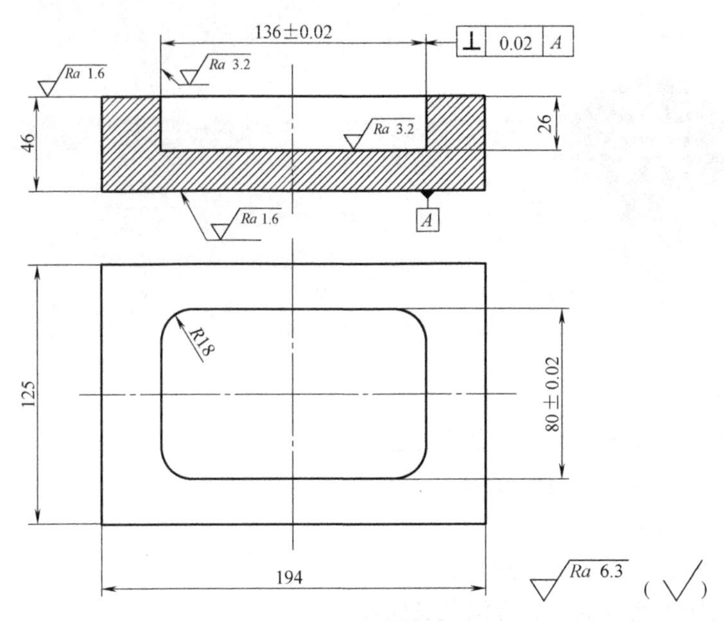

图 6-1　型腔类零件图

根据以机床来划分工序的原则，采用选择一台普通铣床 X5040 和一台数控铣床 XH714 来完成加工任务，其外形结构如图 6-2 所示。

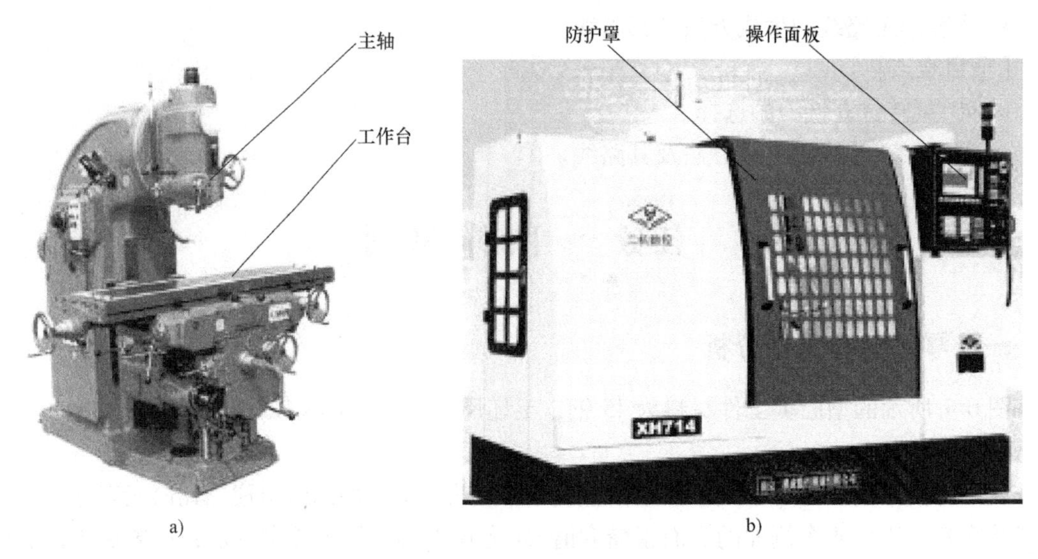

图 6-2　铣床外形结构图

a）普通铣床 X5040 外形结构图　b）数控铣床 XH714 外形结构图

普通铣床 X5040 的主要参数见表 6-1。

表 6-1　普通铣床 X5040 的主要参数

项　　目	技术参数
工作台尺寸	1700mm × 400mm
铣床的 T 形槽数目	3
电动机功率	11kW
T 形槽宽度	18mm

（续）

项　　目	技术参数
最大负载	800kg
X 向[工作台纵向(手动/机动)]	100mm/980mm
Y 向[滑座横向(手动/机动)]	315mm/300mm
立式铣床的 Z 向[升降台垂向(手动/机动)]	385mm/300mm
快速移动速度	X:2300mm/min;Y:1540mm/min;Z:770mm/min
主轴转速范围	30～1500r/min
主轴转速级数	18 级
主轴轴向移动距离	85mm
主轴端面至工作台距离	30mm/500mm
主轴最大回转角度	±45°
机床外形尺寸	2556mm×2159mm×2298mm
净重	4250kg

数控铣床 XH714 的主要参数见表 6-2。

表 6-2　数控铣床 XH714 的主要参数

项　　目	技 术 参 数
X 轴行程	650mm
Y 轴行程	400mm
Z 轴行程	500mm
工作台尺寸	800mm×400mm
工作台最大承重	320kg
T 形槽(槽数×宽度×间距)	5×14mm×85mm
主轴功率	5.5kW
主轴锥度	BT40
主轴最高转速	8000r/min
快速移动(X/Y/Z)	15000mm/min;15000mm/min;12000mm/min
切削进给	1～5000mm/min
主轴端面至工作台面距离	100～600mm
主轴中心至立柱导轨面距离	510mm
进给电动机 X/Y/Z	10N·m
定位精度	0.025mm
重复定位精度	0.015mm
机床重量(约)	2100kg
外形尺寸	2120mm×2150mm×2290mm

任务二　机械加工工艺过程卡的编写

该工件采用台虎钳装夹，如图 6-3 所示。

台虎钳的找正步骤如下。

1）将工作台与台虎钳地面擦拭干净。

2）将虎钳放到工作台上。

3）用百分表校验台虎钳固定钳口与机床 Y 轴（或 X 轴）的平行度，用木榔头敲击调整，平行度误差为 0.01mm 内合格。

4）拧紧螺栓使台虎钳紧固在工作台上。

5）再用百分表校验一下平行度是否有变化。

用台虎钳装夹工件的步骤。

1）根据所夹工件尺寸，调整钳口夹紧范围。

2）根据工件厚度选择合适尺寸的垫铁，垫在工件下面。

3）工件被加工部分要高出钳口，避免刀具与钳口发生干涉。

4）圆形工件需用V形块装夹。

5）旋紧手柄后，用木榔头敲击工件上表面，使工件底面与垫铁贴合。

本工件的机械加工工艺过程卡见表6-3。

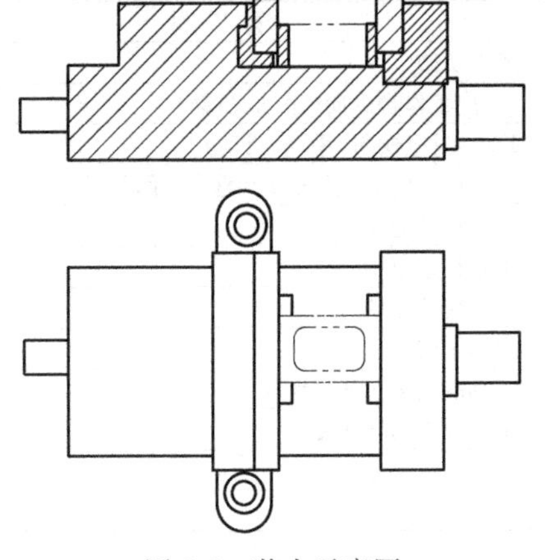

图6-3　装夹示意图

表6-3　机械加工工艺过程卡

机械加工工艺过程卡片				产品型号			零件图号	
				产品名称			零件名称	
材料牌号	45钢	毛坯种类	板材	毛坯外形尺寸	198mm×128mm×50mm		备注	
工序号	工序名称	工序内容		车间	工段	设备	工艺装备	工时
1	备料	板材：198mm×128mm×50mm						
2	铣	六个表面的加工		机加工		X5040	台虎钳	
3	铣	工艺孔 ϕ33mm 的加工		机加工		X5040	台虎钳	
4	铣	型腔的加工		数控加工		XH714	台虎钳	
5	去毛刺							
6	尺寸检验							
7	检查入库							
编制			审核				共　页	第　页

任务三　数控加工工序卡的编写

型腔的加工方法如下：

（1）直接下刀法　对于较浅的型腔，可用键槽铣刀插削到底面深度，先铣型腔的中间部分，然后再利用刀具半径补偿对垂直侧壁轮廓进行精铣加工。

（2）预钻孔下刀法　对于较深的内部型腔，宜在深度方向分层切削，常用的方法是预先钻削一个到所需深度的孔，然后使用比孔尺寸小的平底立铣刀从 Z 向进入预定深度，随后进行侧面铣削加工，将型腔扩大到所需的尺寸和形状（图6-4）。

（3）插铣法　插铣法又称为 Z 轴铣削法（图6-5），是实现高切除率金属切削最有效的加工方法之一。对于难加工材料的曲面加工、切槽加工以及刀具悬伸长度较大的加工，插铣法的加工效率远远高于常规的端面铣削法。事实上，在需要快速切除大量金属材料时，采用插铣法可使加工时间缩短一半以上。此外，插铣加工还具有以下优点。

1）可减小工件变形。

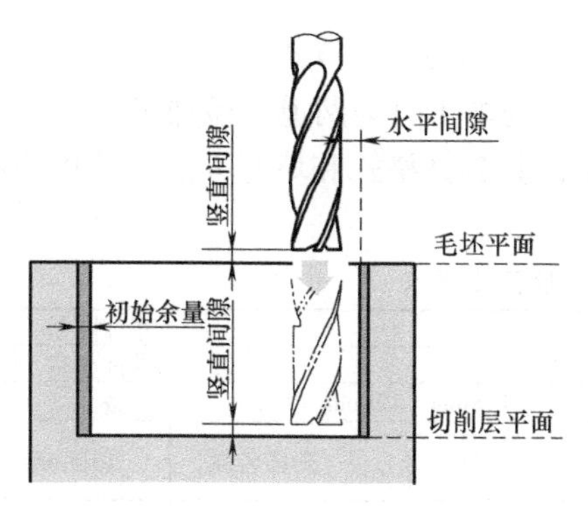

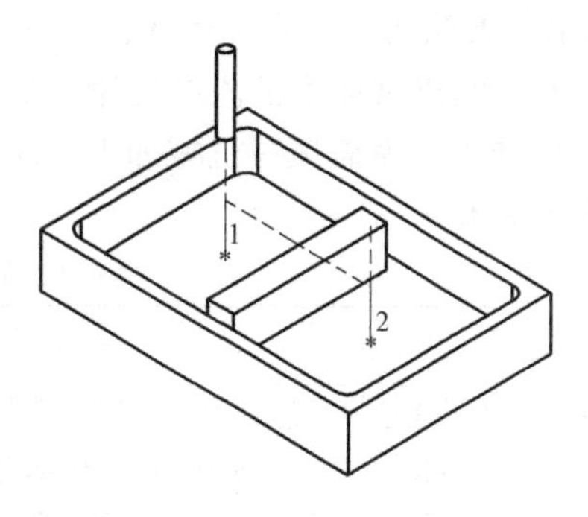

图 6-4　预钻孔示意图

2）可降低作用于铣床的背向力，这意味着轴系已磨损的主轴仍可用于插铣加工而不会影响工件的加工质量。

3）刀具悬伸长度较大，对于工件凹槽或表面的铣削加工十分有利。

4）能实现对高温合金材料的切槽加工。

插铣法非常适合型腔的粗加工，并被推荐用于航空零部件的高效加工。其中一个特殊用途就是在三轴或四轴铣床上插铣涡轮叶片，这种加工通常需要在专用机床上进行。

（4）坡走铣法　坡走铣法加工示意图如图 6-6 所示。这种加工方法是铣削型腔（内槽）的最佳方法之一，它采用 X、Y、Z 三轴联动的加工方式。

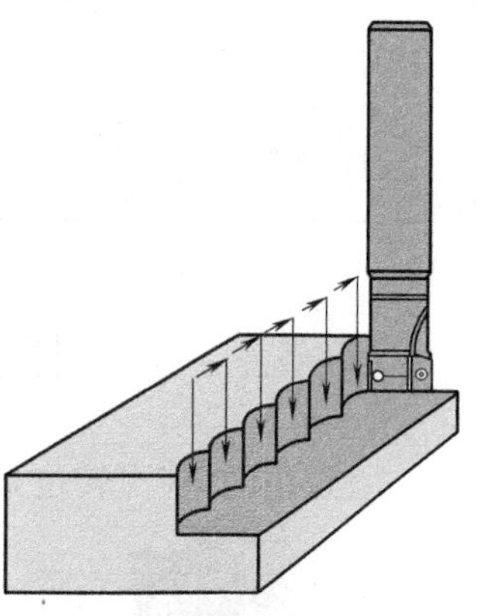

图 6-5　插铣加工示意图

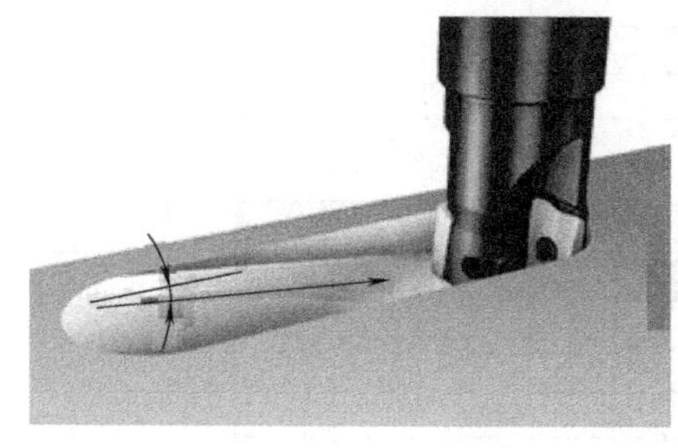

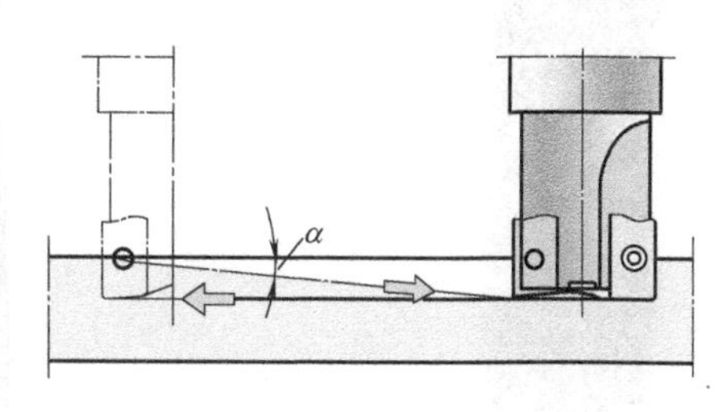

图 6-6　坡走铣法加工示意图

（5）螺旋插补法　螺旋插补法加工示意图如图 6-7 所示。这种加工方法是铣削型腔

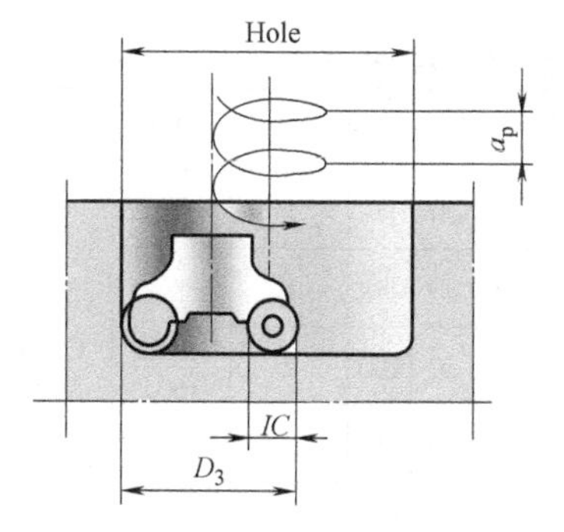

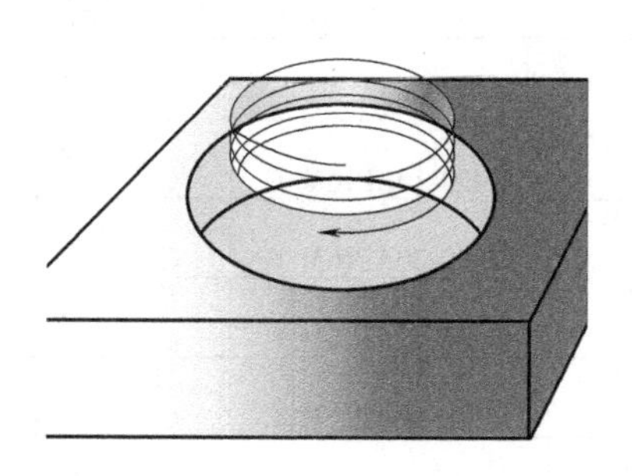

图 6-7　螺旋插补法加工示意图

（内槽）的最佳方法之一，它采用 X、Y、Z 三轴联动的加工方式。

根据表 6-3 的机械加工工艺过程片，本工件的加工分为两道机械加工工序、一道数控加工工序。机械加工工序需填写机械加工工序卡，其具体格式和填写方法详见相关资料。数控加工工序卡见表 6-4。

表 6-4　数控加工工序卡

数控加工工序卡				产品型号			零件图号		
				产品名称			零件名称		
材料牌号	45 钢	毛坯种类	板材	毛坯外形尺寸	198mm×128mm×50mm		备注		
工序号	工序名称	设备名称	设备型号	程序编号	夹具代号	夹具名称	切削液	车间	
4	铣								
工步号	工步内容	刀具号	刀具	量具及检具	主轴转速/(r/min)	切削速度/(m/min)	进给速度/(mm/min)	背吃刀量/mm	备注
1	粗铣型腔	T01			800		100		
2	半精铣型腔	T01			1200		150		
3	精铣型腔	T01			1400		100		
编制		审核		批准			共　页		第　页

任务四　数控加工刀具卡的编写

本文选用的90°可转位立铣刀外形结构如图 6-8 所示，刀柄分为直柄和侧固柄两种形式。

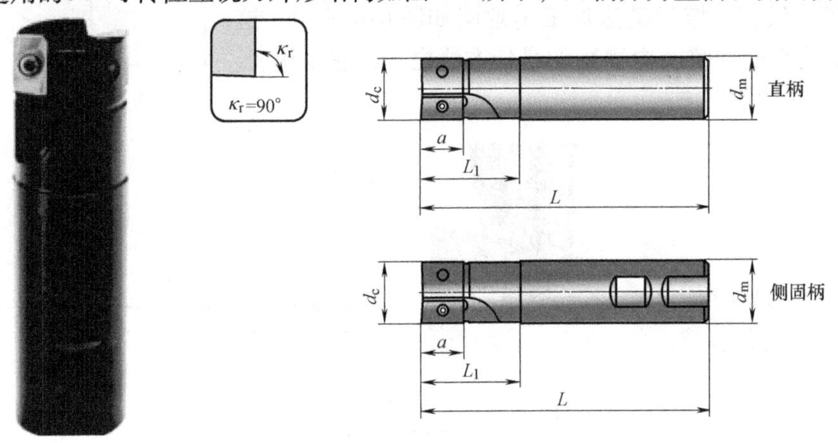

图 6-8　90°可转位立铣刀外形结构图

该类型铣刀的型号和尺寸见表 6-5。

表 6-5　90°可转位立铣刀的型号和尺寸

型号（侧固柄）	型号（直柄）	库存	d_c	d_m	a	L_1	L	齿数	刀片	螺钉	扳手	重量/kg
EM90-16AP16M		○	16	16	14	30	90	1				0.1
	EM90-16AP16M. C	○										
EM90-20AP16M		○	20	20	14	30	90	1				0.2
	EM90-20AP16M. C	○										
EM90-25AP16M		○	25	25	14	30	100	2	APMT 1604	C040 A09S	T15	0.4
	EM90-25AP16M. C	○										
EM90-32AP16M		○	32	32	14	40	110	3				0.7
	EM90-32AP16M. C	○										
EM90-40AP16M		○	40	32	14	40	110	4				0.8
	EM90-40AP16M. C	○										

该类型铣刀对应刀片的型号和尺寸见表6-6。

表6-6　90°可转位立铣刀刀片型号和尺寸

图例	型号	d	L	S	α	d_1	l_1	r	刀片材质	库存	适用加工材料
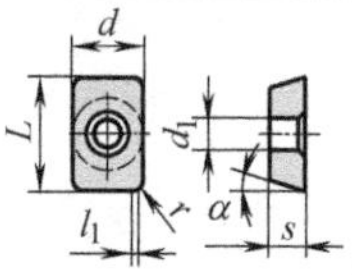	APMT1604 PDTR	9.525	16	4.76	11°	4.4	0.9	0.4	EB1220	●	不锈钢
	APMT1604 PDER-EM	9.525	16	4.76	11°	4.4	0.9	0.4	EP2220	●	钢
	APMT1604 PDER-EM	9.525	16	4.76	11°	4.4	0.9	0.4	EP3215	○	铸铁

图6-1所示工件的数控加工刀具卡见表6-7。

表6-7　数控加工刀具卡

数控加工刀具卡				产品型号					零件图号		
				产品名称					零件名称		
材料牌号		45钢	毛坯种类	板材		毛坯外形尺寸	198mm×128mm×50mm		备注		
工序号		工序名称	设备名称	设备型号		程序编号	夹具代号	夹具名称	切削液		车间
4		铣									
工步号	刀具号	刀具名称	刀具型号	刀片 型号	刀片 牌号	刀尖圆弧半径/mm	刀柄型号	刀具 直径/mm	刀具 刀长/mm	补偿量/mm	备注
1～3	T01	3刃可转位立铣刀	EM90-32AP16M	APMT1604 PDTR	EB1220	0.4		ϕ32	110		
编制			审核			批准			共　页		第　页

任务五　数控加工进给路线图的编写

一、型腔加工路线的生成方法

常见的型腔数控加工轨迹分为行切法和环切法两种切削加工方式。型腔加工路线生成步骤如下（图6-9）。

1）首先选择最大轮廓边界曲线，决定区域加工的范围。

2）选择一个或多个孤岛，确定非加工的保护区域。

3）选择总加工深度或进刀次数及每次进刀深度。

4）选择切削方式，有行切法和环切法可供选择。

5）选择切削方向，可以用两点或一个矢量来定义。

6）选择跨步方向。对平头铣刀而言，可指定重叠量或行距来控制刀具运动轨迹的疏密；对球头铣刀而言，可指定残留高度或行距来控制刀具运动轨迹的疏密。

（1）行切法加工路线的生成方法　行切法加工路线的生成方法如下。

1）生成封闭的边界轮廓（含岛屿的边界）。

2）生成边界（含岛屿的边界）轮廓等距线。该等距线距离边界轮廓的距离为精加工余量与刀具半径之和，如图6-10a所示，其中实线为型腔及岛屿的边界轮廓，虚线为其等距线。

3）计算各行刀具轨迹。从刀具路径角度方向与上述边界轮廓等距线的第一条切线的切点开始逐行计算每一条行切刀具轨迹线与上述等距线的交点，生成各切削行的刀具轨迹线段，如图6-10b所示。

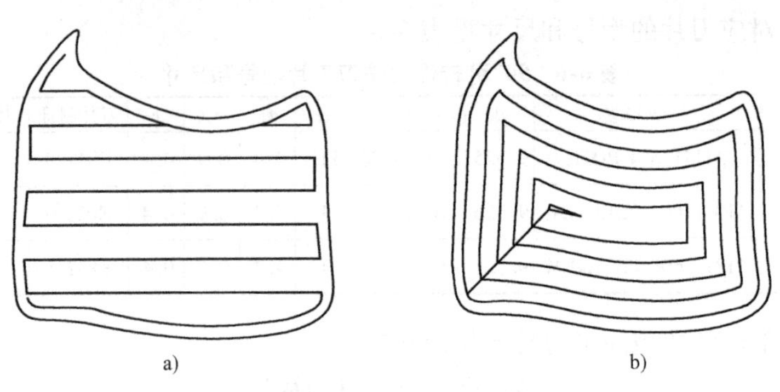

a)　　b)

图 6-9　型腔加工刀具轨迹生成示意图

a）型腔行切刀具轨迹生成示意图　b）型腔环切刀具轨迹生成示意图

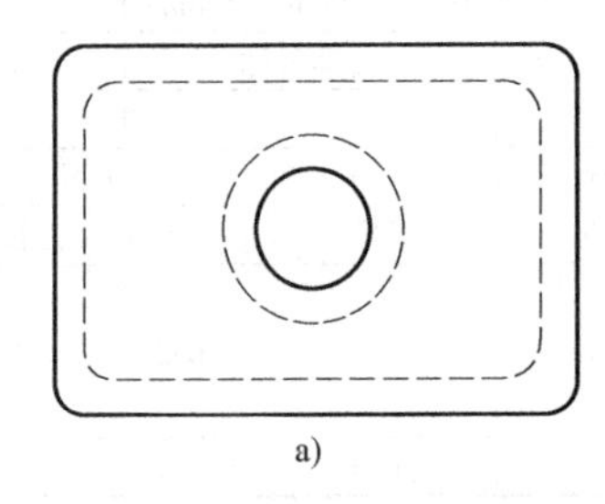

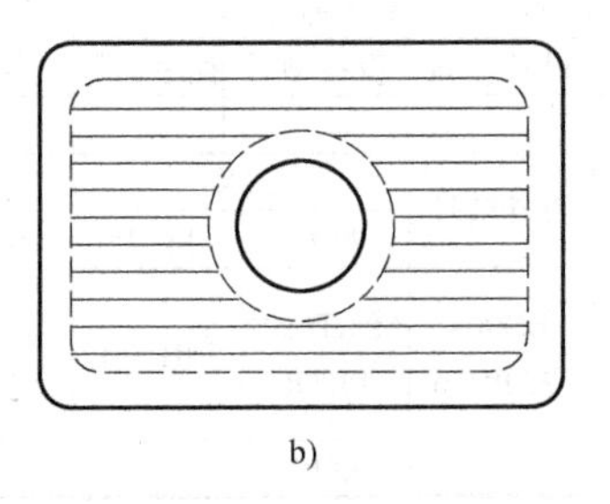

a)　　b)

图 6-10　型腔行切加工路线生成示意图一

a）生成边界　b）生成行切

4）有序连接各刀具轨迹线段。从第一条刀具轨迹线段（所有线段均为直线，第一条可能只有一个切点）开始，将前一行最后一条刀具轨迹线段的终点和下一行第一条刀具轨迹的起点沿边界轮廓等距线连接起来，同一行中的不同刀具轨迹线段则要通过抬刀再下刀的方式将刀具轨迹连接起来，即在前一段刀具轨迹的终点处将刀具抬起至安全面高度，用直线连接到下一段刀具轨迹起点的安全面高度处，再下刀至这一段刀具轨迹的起点进行加工，如图 6-11a 所示；或沿岛屿的等距线运动到下一行的下一条刀具轨迹线段的起点将刀具轨迹连接起来，如图 6-11b 所示。采用图 6-11b 所示的方法生成刀具轨迹将避免加工过程中的垂直进刀。由于平底面铣刀不宜垂直进刀，平面型腔的行切加工一般均采用双向走刀，避免多次垂直进刀；在不能避免垂直进刀的情况下，需要预先在垂直进刀位置钻一个进刀工艺孔。

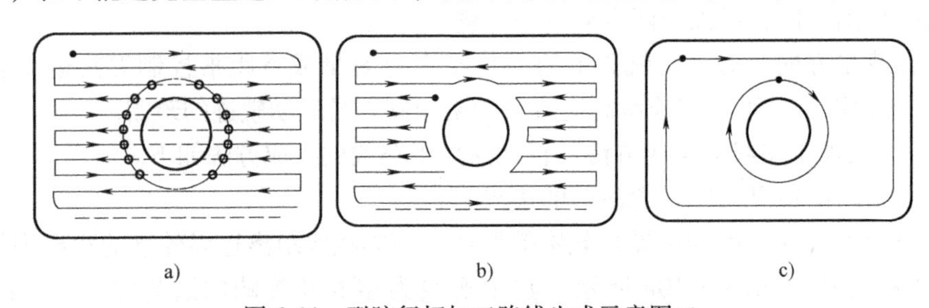

a)　　b)　　c)

图 6-11　型腔行切加工路线生成示意图二

a）下刀、抬刀生成　b）行切生成　c）最后路线的生成

5）最后沿型腔和岛屿的等距线运动，生成最后一条刀具轨迹，如图 6-11c 所示。

（2）环切法加工路线的生成方法　环切法加工分为顺铣（图 6-12a）和逆铣（图

6-12b)，其刀具轨迹是沿型腔边界走的等距线，优点是铣刀的切削方式不变。

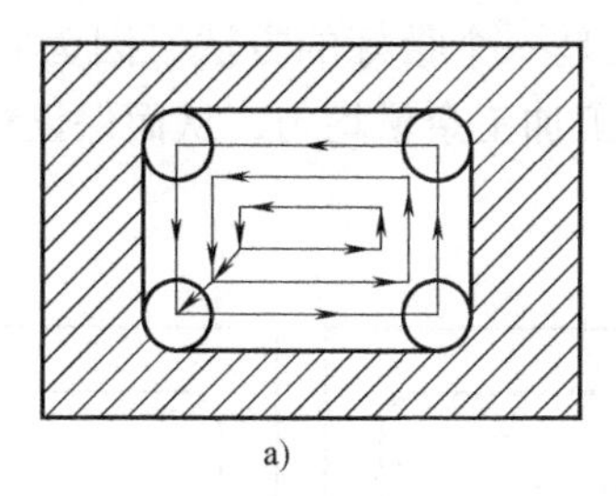

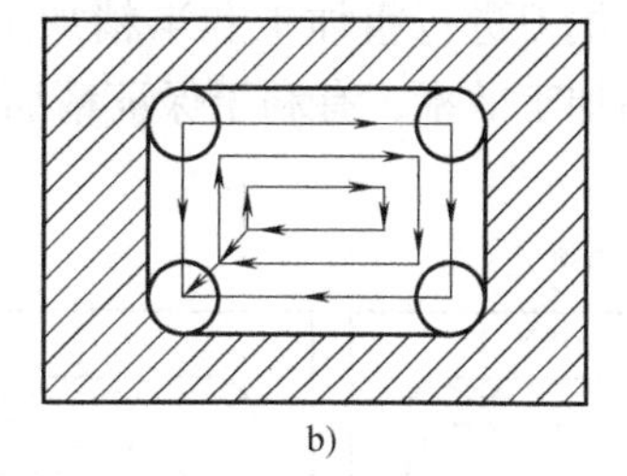

a)　　b)

图 6-12　型腔环切加工路线生成示意图

a）顺铣　b）逆铣

图 6-13 所示为某零件型腔的边界轮廓及其环切法加工的刀具轨迹图。

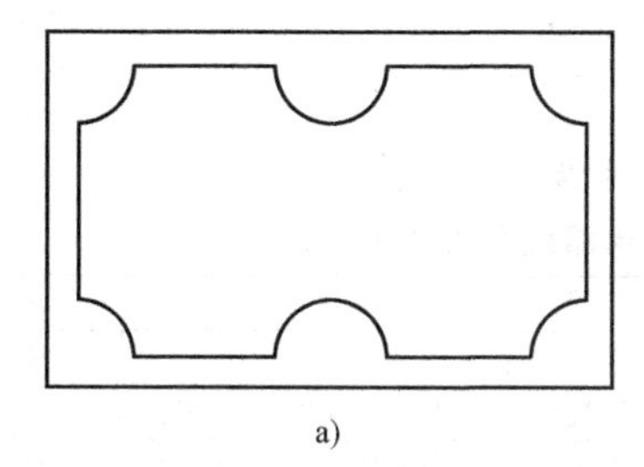

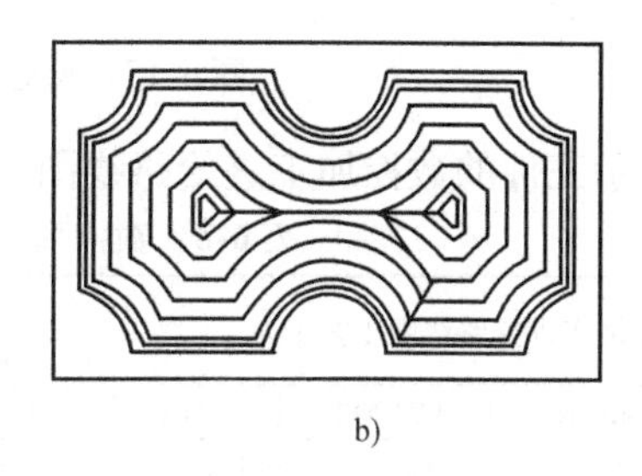

a)　　b)

图 6-13　某型腔的边界轮廓及其环切法加工的刀具轨迹图

a）边界生成　b）环切生成

型腔的环切法加工刀具轨迹的计算可以归结为平面封闭轮廓曲线的等距线计算，可以采用直接偏置法，如图 6-14 所示，其计算步骤如下。

1）根据铣刀直径及余量按一定的偏置距离对封闭轮廓曲线的每一条边界曲线分别计算等距线。

2）对各条等距线进行裁剪或延长，使之连接形成封闭曲线。

3）对自相交的等距线进行处理，判断是否和岛屿、边界轮廓曲线干涉，去掉多余部分，得到基于上述偏置距离的封闭等距线。

4）重复上述过程，直到确定完所有待加工区域。

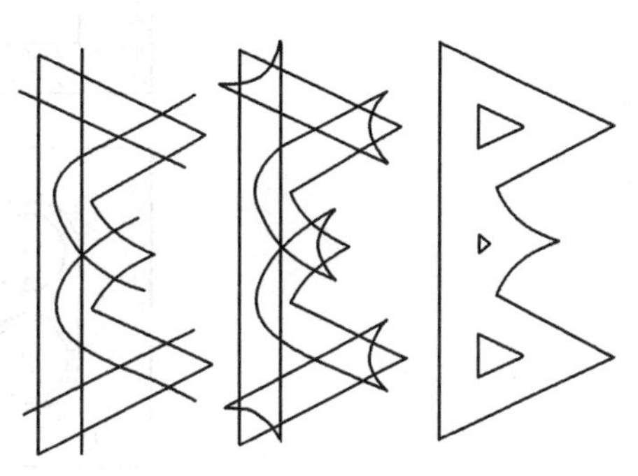

图 6-14　型腔环切法刀具轨迹

在铣削带岛槽型零件时，为了避免刀具多次嵌入式切入，一般应选择环切加工路线。

二、型腔的加工路线

常见的型腔加工路线如下。

1）*Z* 形走刀路线，如图 6-15a 所示，刀具循 *Z* 字形刀路行切，粗加工的效率高；相邻两行走刀路线的起点和终点间留下凹凸不平的残留，残留高度与行距有关。

2）环切走刀路线。如图 6-15b 所示为环绕切削，加工余量均匀稳定，有利于精加工时工艺系统的稳定性，从而得到高的表面质量，但刀路较长，不利于提高切削效率。

3）先用行切法粗加工，后环切一周半精加工。如图 6-15c 所示，把 Z 字形运动和环绕切削结合起来用一把刀进行粗加工和半精加工是一个很好的方法，因为它集中了两者的优点，有利于提高粗加工效率，有利于保证精加工加工余量均匀，从而保证精切削时工艺系统的稳定性。

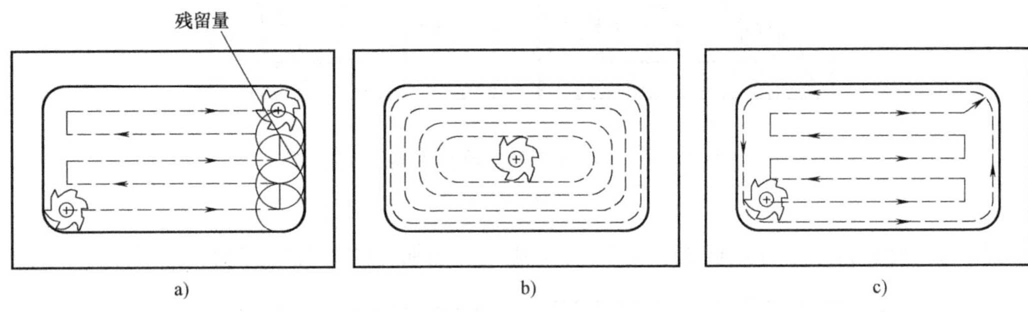

图 6-15　型腔加工路线示意图

图 6-1 所示工件的数控加工进给路线图工艺卡见表 6-8。

表 6-8　数控加工进给路线图工艺卡

数控加工进给路线图工艺卡				产品型号			零件图号	
				产品名称			零件名称	
材料牌号	45 钢	毛坯种类	板材	毛坯外形尺寸	198mm×128mm×50mm		备注	
工序号	工序名称	设备名称	设备型号	程序编号	夹具代号	夹具名称	切削液	车间
4	铣							

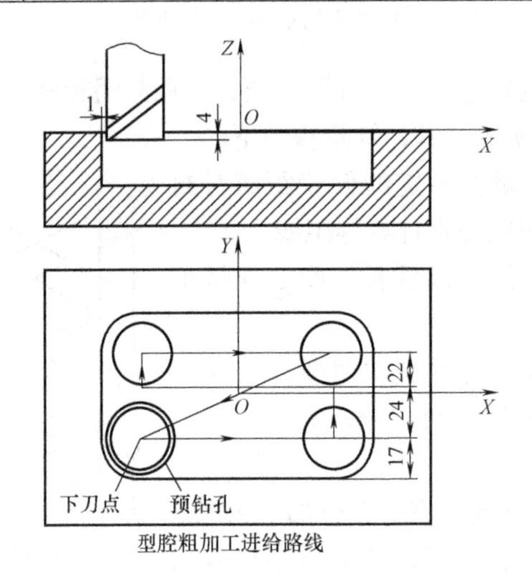

型腔粗加工进给路线

思考与练习题

1. 数控铣床 XH714 Z 轴行程为______，定位精度为________，重复定位精度________。
2. 型腔的加工方法有________、________、________、________、________。
3. 型腔加工路线的生成方法有__________、__________、__________。

项目七 数控铣削类工件的综合工艺编制

[学习目标]

掌握中等难度数控铣削工件的工艺编制方法。

[项目重点]

中等难度数控铣削工件的工艺编制。

[项目难点]

中等难度数控铣削工件的工艺编制。

任务一　正弦曲线曲面类工件工艺编制

一、零件图样工艺分析

图 7-1 所示的正弦曲线曲面类工件材料为 45 钢，调质处理，生产批量为 10 件，毛坯尺寸为 100mm×100mm×40mm，尺寸偏差为 ±0.02mm，六个表面已经加工完毕。

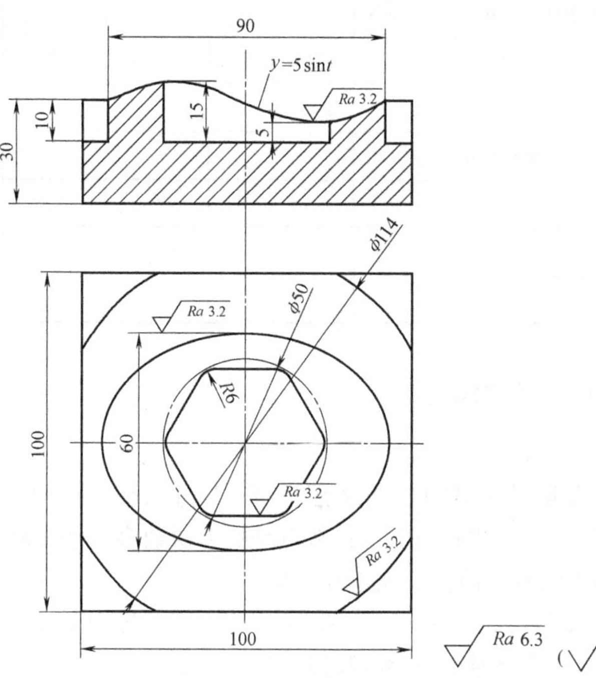

图 7-1　正弦曲线曲面类零件图

该工件由平面、型腔、曲线和曲面组成，第一个型腔由椭圆和 ϕ114mm 的圆组成，第二个型腔由内六边形组成，曲面由 $y = 5\sin t$ 的正弦曲线组成，各个几何元素之间关系清楚并完整。工件六个表面已经加工完成，椭圆外表面、ϕ114mm 圆的内表面、内六边形以及曲面的表面粗糙度值均要求 Ra3.2μm，加工要求较高；其余表面和底面的表面粗糙度值 Ra 均为 6.3μm，加工要求一般。该工件材料为 45 钢，可加工性良好。

根据上述分析，第一个型腔的加工采用粗铣—精铣两个加工阶段，第二个型腔的加工采用粗铣—精铣两个加工阶段，曲面的加工采用粗铣—精铣两个加工阶段。

二、机床的选择

由于该工件的生产批量为 10 件，可以确定其生产类型为单件生产。

本工件采用工序集中的加工原则，以机床来划分工序，采用选择一台数控铣床 XH714 来完成加工任务。

三、机械加工工艺过程卡的编写

本工件的机械加工工艺过程卡见表 7-1。

表 7-1　机械加工工艺过程卡

机械加工工艺过程卡				产品型号			零件图号	
				产品名称			零件名称	
材料牌号	45 钢	毛坯种类	板材	毛坯外形尺寸	100mm×100mm×40mm		备注	
工序号	工序名称	工序内容		车间	工段	设备	工艺装备	工时
1	备料	板材：100mm×100mm×40mm						
2	铣	型腔及曲面的加工		数控加工		XH714	台虎钳	
3	去毛刺							
4	热处理	调质处理						
5	尺寸检验							
6	检查入库							
编制		审核					共　页	第　页

四、数控加工工序卡的编写

（1）曲面的粗加工方式

1）平行铣削。先每层进 Z 深度，再每层沿 X、Y 方向平行铣削。其优点是通用率高，各处精度较一致，适用于大多数曲面加工；缺点是提刀次数多，加工时间长，效率低，且垂直度越高精度越差，90°的垂直面会出现不加工情况。

2）放射状加工。先每层进 Z 深度，再在每层中以一个点呈放射状加工。其优点是提刀少，适用于一些圆状物体或类似于圆形的物体的加工；缺点是放射点周围精度高，离放射点越远精度越差。

3）投影加工。对投射到曲面的图案或形状或 NCI 文件进行分层加工，每层图案或形状都同原来的一致。其优点是可以将一些平面图案或形状反映到曲面上加工；缺点是适用范围小，要有与投影相对应的图案、形状或 NCI 文件。

4）曲面流线。曲面在最高处向低处呈流水状分层加工。其优点是可以保证每刀之间的间距，提刀少；缺点是只用于有梁脊的工件的加工。

5）等高加工。保证 Z 方向高度值，每层深度保持一致的加工。其优点是极少提刀，效率高；缺点是精度不高，遇到曲面比较平直的地方就会出现加工不到的情况。

6）挖槽粗加工。在指定一个加工范围内，对工件进行分层铣削（加工参数确定后要给定加工范围）。其优点是基本适用于所有曲面物体的加工，提刀少，效率高；缺点是精度不高。

7）钻削式加工。用钻头对曲面的类似钻孔方式的分层加工。其优点是效率高；缺点是精度差，提刀多。

（2）曲面的精加工方式

1）平行铣削。每刀间距以平行的方式进行加工。其优点是通用性高，每处精度可以保证一致，适用于多数曲面的加工；缺点是垂直度要求高的曲面精度较差，90°面不加工。

2）陡斜面加工。对斜度较大的面进行平行加工。其优点是补充平行铣削的不足，垂直度要求较高的面可以按面的平均间距加工；缺点是只可以对斜度大的面进行加工，一般作为辅助加工。

3）投影加工。对相对应的图案或形状投射到曲面中进行雕刻加工。其优点是可以将平面中的图案或形状雕刻到曲面中来；缺点是只可以加工投影类的内容。

4）放射状加工。以一个放射点向周围呈放射状加工。其优点是圆状或类似圆状的物体可以用这种加工方式；缺点是放射点周围精度高，离放射点越远精度越差。

5）曲面流线。曲面在最高处向低处呈流水状加工。其优点是可以保证每刀之间的间距；缺点是只用于有梁脊的工件的加工。

6）等高加工。保证 Z 方向高度值，对每层深度保持一致的环绕曲面进行加工。其优点是效率高；缺点是精度不高，遇到曲面比较平直的地方就会出现加工不到的情况。

7）浅平面加工。对一些比较平直的曲面进行辅助性加工。其优点是可以对平直度比较高的曲面进行精度较高的加工；缺点是不能加工斜度较大的曲面，只用于辅助类加工。

8）交线清角。在曲面交线处进行对残料清理的加工。其优点是可以保证交线处的精度；缺点是只能加工交线处，作为辅助性加工。

9）残料加工。扫描曲面，分析后对所有可能发生有残料的地方进行加工。其优点是可以清理精加工后的残料；缺点是可能会发生过切，并作为辅助加工。

10）环绕等距。保证 XY 方向间距值，每刀间的间距保持一致的加工。其优点是可以保证整个曲面的每刀间距精度，精度高，适用范围广；缺点是加工时间长，NC 文件大。

根据表 7-1 机械加工工艺过程卡，本工件的数控加工工序卡见表 7-2。

五、数控加工刀具卡的编写

本任务选用一把 4 刃整体式硬质合金（涂层）立铣刀，其外形结构如图 7-2 所示。

表 7-2 数控加工工序卡

数控加工工序卡				产品型号			零件图号		
				产品名称			零件名称		
材料牌号	45 钢	毛坯种类	板材	毛坯外形尺寸	100mm×100mm×40mm		备注		
工序号	工序名称	设备名称		设备型号	程序编号	夹具代号	夹具名称	切削液	车间
4	铣								
工步号	工步内容	刀具号	刀具	量具及检具	主轴转速/(r/min)	切削速度/(m/min)	进给速度/(mm/min)	背吃刀量/mm	备注
1	粗铣圆、椭圆和内六边形	T01			800		100		
2	精铣圆、椭圆和内六边形	T01			1200		150		
3	铣四边余料	T01			800		100		
4	粗铣曲面	T02			1000		200		
5	精铣曲面	T02			1200		100		
编制		审核		批准			共 页		第 页

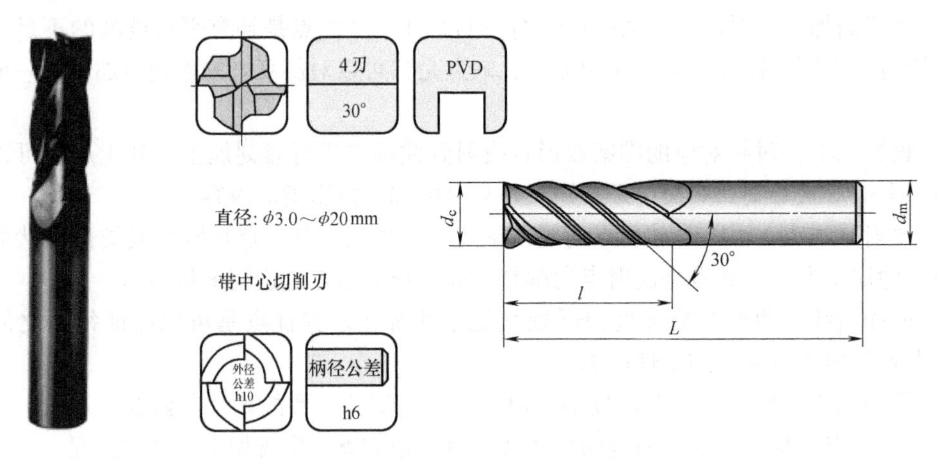

图 7-2 4 刃整体式硬质合金（涂层）立铣刀的外形结构

该类型铣刀的标准型型号和尺寸见表 7-3。

表 7-3 刀具型号和尺寸

型号	库存	尺寸/mm			
		d_c	d_m	l	L
ES4300-3	○	3	3	9	39
ES4300-4	○	4	4	14	51
ES4300-5	○	5	5	10	51
ES4300-6	●	5	6	19	61
ES4300-8	●	8	8	21	61
ES4300-10	●	10	10	22	70
ES4300-12	●	12	12	25	76
ES4300-14	○	14	14	32	89
ES4300-16	○	16	16	32	89
ES4300-18	○	18	18	38	102
ES4300-20	○	20	20	38	102

本任务选用的一把 2 刃整体式硬质合金（涂层）球头铣刀外形结构如图 7-3 所示。

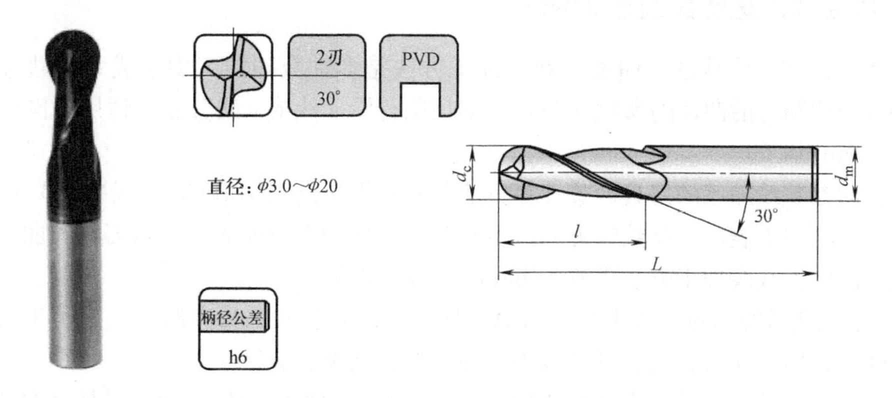

图 7-3　2 刃整体式硬质合金（涂层）球头铣刀外形结构

该类型铣刀的标准型型号和尺寸见表 7-4。

表 7-4　刀具型号和尺寸

型号	库存	尺寸/mm			
		d_c	d_m	l	L
ES2300B-3	○	3	3	9	39
ES2300B-4	○	4	4	14	51
ES2300B-5	○	5	5	10	51
ES2300B-6	●	5	6	19	61
ES2300B-8	●	8	8	21	61
ES2300B-10	●	10	10	22	70
ES2300B-12	●	12	12	30	76
ES2300B-14	○	14	14	30	89
ES2300B-16	○	16	16	40	89
ES2300B-18	○	18	18	40	102
ES2300B-20	○	20	20	40	102

图 7-1 所示工件的数控加工刀具卡见表 7-5。

表 7-5　数控加工刀具卡

<table>
<tr><td colspan="6" rowspan="2">数控加工刀具卡</td><td colspan="2">产品型号</td><td colspan="2"></td><td>零件图号</td><td></td></tr>
<tr><td colspan="2">产品名称</td><td colspan="2"></td><td>零件名称</td><td></td></tr>
<tr><td colspan="2">材料牌号</td><td colspan="2">45 钢</td><td colspan="2">毛坯种类</td><td>板材</td><td>毛坯外形尺寸</td><td colspan="2">100mm×100mm×40mm</td><td>备注</td><td></td></tr>
<tr><td colspan="2">工序号</td><td>工序名称</td><td>设备名称</td><td colspan="2">设备型号</td><td>程序编号</td><td>夹具代号</td><td colspan="2">夹具名称</td><td>切削液</td><td>车间</td></tr>
<tr><td colspan="2">4</td><td>铣</td><td></td><td colspan="2"></td><td></td><td></td><td colspan="2"></td><td></td><td></td></tr>
<tr><td rowspan="2">工步号</td><td rowspan="2">刀具号</td><td rowspan="2">刀具名称</td><td rowspan="2">刀具型号</td><td colspan="2">刀片</td><td rowspan="2">刀尖圆弧半径/mm</td><td rowspan="2">刀柄型号</td><td colspan="2">刀具</td><td rowspan="2">补偿量/mm</td><td rowspan="2">备注</td></tr>
<tr><td>型号</td><td>牌号</td><td>直径/mm</td><td>刀长/mm</td></tr>
<tr><td>1～3</td><td>T01</td><td>4 刃立铣刀</td><td>ES4300-10</td><td></td><td></td><td></td><td></td><td>φ10</td><td>70</td><td></td><td></td></tr>
<tr><td>4、5</td><td>T02</td><td>2 刃球头铣刀</td><td>ES2300B-12</td><td></td><td></td><td></td><td></td><td>φ12</td><td>76</td><td></td><td></td></tr>
<tr><td colspan="2">编制</td><td colspan="2"></td><td>审核</td><td colspan="2"></td><td>批准</td><td></td><td colspan="2">共　页</td><td>第　页</td></tr>
</table>

六、数控加工进给路线图的编写

（1）参数线轨迹生成法　曲面参数线加工方法是多轴数控加工中生成刀具轨迹的主要方法，特点是切削行沿曲面的参数线分布，即切削行沿 u 线或 v 线分布，适用于网格比较规整的参数曲面的加工。

基于曲面参数线加工的刀具轨迹计算方法的基本思想是利用 Bezier（贝塞尔）曲线曲面的细分特性，将加工表面沿参数线方向进行细分，生成的点位作为加工时刀具与曲面的切触点。因此，曲面参数线加工方法也称为 Bezier 曲线离散算法。

Bezier 曲线离散算法按照离散方式可分为四叉离散算法和二叉离散算法。由于前者占用的存储空间大，因此在刀具轨迹的计算中一般采用二叉离散算法。

在加工中，刀具的运动分为切削行的走刀和切削行的进给两种运动。刀具沿切削行走刀所覆盖的一个带状曲面区域，称为加工带。二叉离散过程首先沿切削行的行进给方向对曲面进行离散，得到加工带，然后在加工带上沿走刀方向对加工带进行离散，得到切削行。

二叉离散算法（见图 7-4）要求确定一个参数线方向为走刀方向，假定为 u 参数曲线方向，相应的另一参数曲线 v 方向即为切削行的行进给方向，然后根据允许的残余高度计算加工带的宽度，并以此为基础，根据 v 参数曲线的弧长计算刀具沿 v 参数曲线的走刀次数（即加工带的数量）。加工带在 v 参数曲线方向上按等参数步长（或局部按等参数步长）分布。球形刀与环行刀加工带宽的计算方法不同。

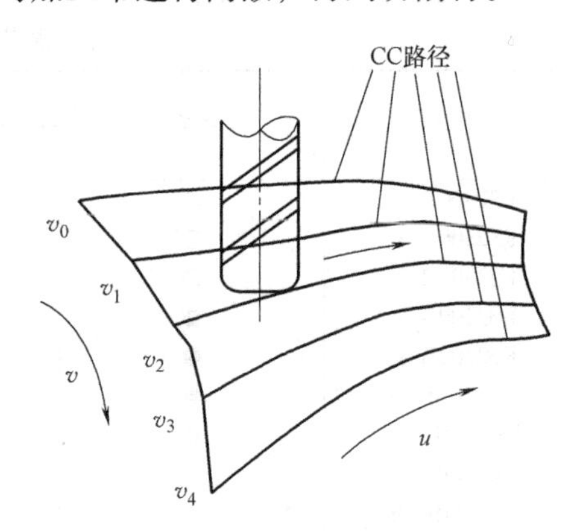

图 7-4　二叉离散算法示意图

基于参数线加工的刀具轨迹计算方法有多种，比较成熟的有等参数步长法、参数筛选法、局部等参数步长法、参数线的差分算法和参数线的对分算法等（图 7-5）。

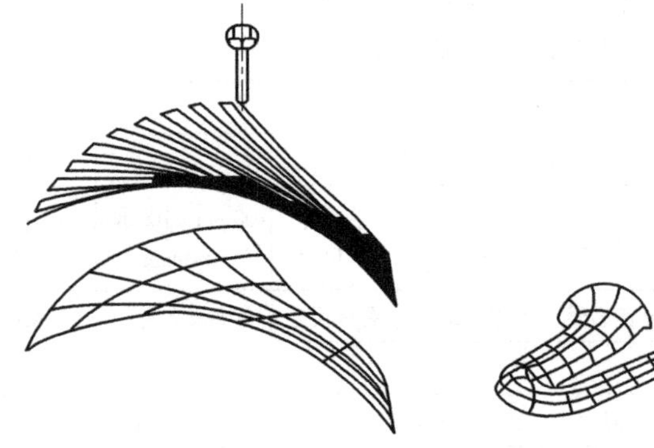

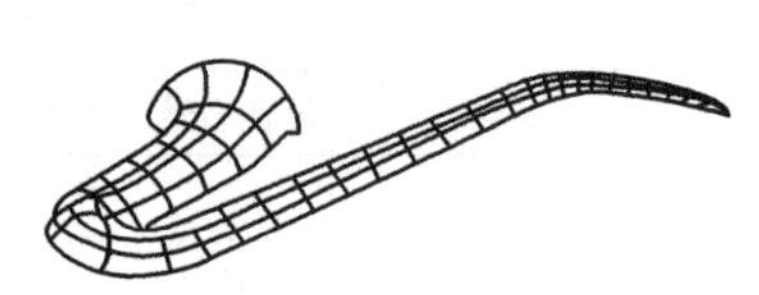

图 7-5　参数线加工的刀具轨迹示意图

最简单的曲线离散算法是等参数步长法，即在整条参数线上按等参数步长计算点位。参数步长和曲面加工误差没有一定关系，为了满足加工精度，通常步长的取值偏于保守且凭经验。这样计算的点位信息比较多。由于点位信息按等参数步长计算，没有用曲面的曲率来估

计步长，因此等参数步长法没有考虑曲面的局部平坦性。但这种方法计算简单，速度快，在刀位计算中常被采用。

参数筛选法按等参数步长法计算离散点列，步长取值使离散点足够密，然后按曲面的曲率半径、加工误差从离散点列中筛选出点位信息。参数筛选法克服了等参数步长的缺点，但计算速度稍慢一些。这种方法的优点是计算的点位信息比较合理且具有一定的通用性。

局部等参数步长法在实际应用中也常采用局部等参数步长离散算法，即加工带在 v 参数曲线方向上按局部等参数步长（曲面片内）分布；在走刀路线上，走刀步长根据容差进行计算，方法是在每一段 u 参数曲线上，按最大曲率估计步长，然后按等参数步长进行离散。采用局部等参数步长离散算法来求刀位点，不仅考虑了曲率的变化对走刀步长的影响，而且计算方法也比较简单。

参数线的差分算法对于走刀路线上的一批等参数步长离散点的位置，采用向前差分方法将大大加快计算速度。参数线的差分算法是效率较高的局部等参数步长离散算法，在参数曲面加工的刀具轨迹计算中应用较为广泛。

参数线的对分算法是曲线离散算法的一种，即在曲线离散算法中，在曲线段参数的中点将曲线离散一次，得到两个曲线段。参数线的对分算法适用于刀具轨迹的局部加密（在刀具轨迹的交互编辑中可用到）。

（2）截平面法　截平面法是指采用一组截平面去截取加工表面，截出一系列交线，刀具与加工表面的切触点就沿着这些交线运动，完成曲面的加工。该方法使刀具与曲面的切触点轨迹在同一平面上。截平面法的刀具轨迹如图 7-6 所示。

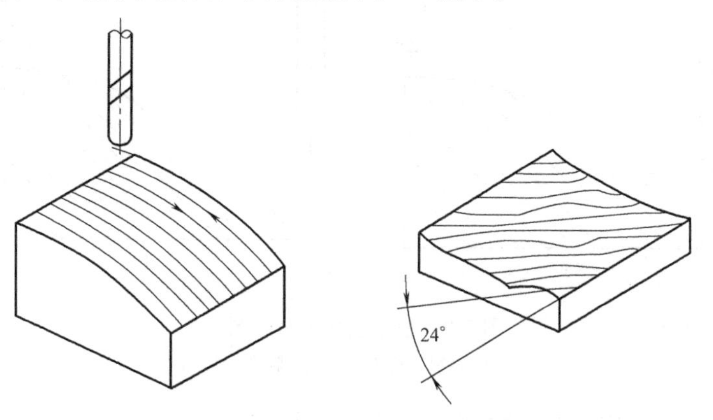

图 7-6　截平面法的刀具轨迹

（3）回转截面法　回转截面法是指采用一组回转圆柱面去截取加工表面，截出一系列交线，刀具与加工表面的切触点就沿着这些交线运动，完成曲面的加工。一般情况下，作为截面的回转圆柱面的轴心线平行于 Z 轴，如图 7-7 所示。

该方法要求首先建立一个回转中心，接着建立一组回转截面，并求出所有的回转截面与待加工表面的交线，然后对这些交线根据刀具运动方式进行串联，形成一条完整的刀具轨迹。回转截面法加工可以从中心向外扩展，也可以由边缘向中心靠拢。回转截面法适用于曲面区域、组合曲面、复杂多曲面和曲面型腔的加工轨迹的生成。

（4）投影法　投影法加工（图 7-8）的基本思路是使刀具沿一组事先定义好的导动曲线运动，同时跟踪待加工表面的形状。

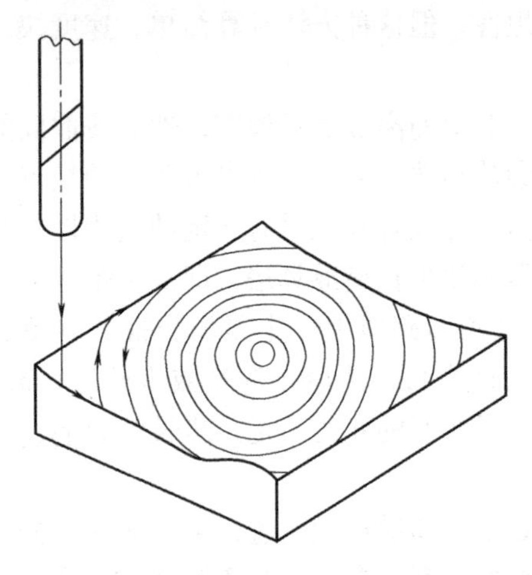

图 7-7　回转截面法的刀具轨迹

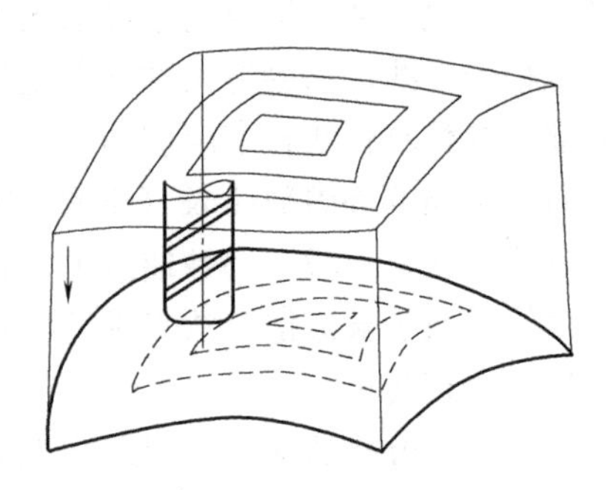

图 7-8　投影法加工

导动曲线在待加工表面上的投影一般为切触点轨迹，也可以是刀尖点轨迹。切触点轨迹（图 7-9a）适合于曲面特征的加工，而对于有干涉面的场合，限制刀心点（图 7-9b）更为有效。由于待加工表面上每一点的法矢均不相同，因此限制切触点轨迹不能保证刀尖轨迹落在投射方向上，所以限制刀尖容易控制刀具的准确位置，可以保证在一些临界位置和其他曲面不发生干涉。

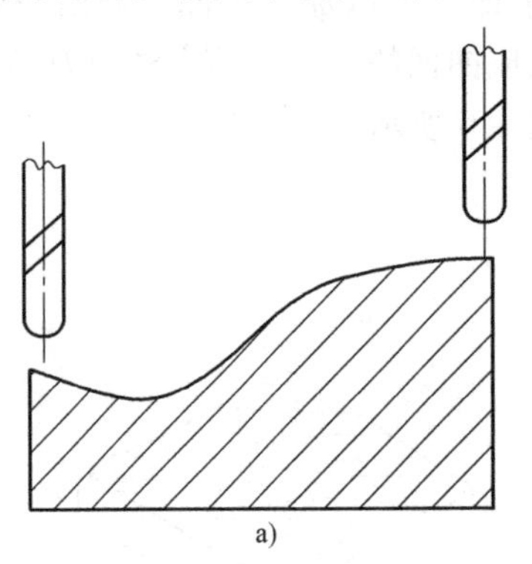

a)

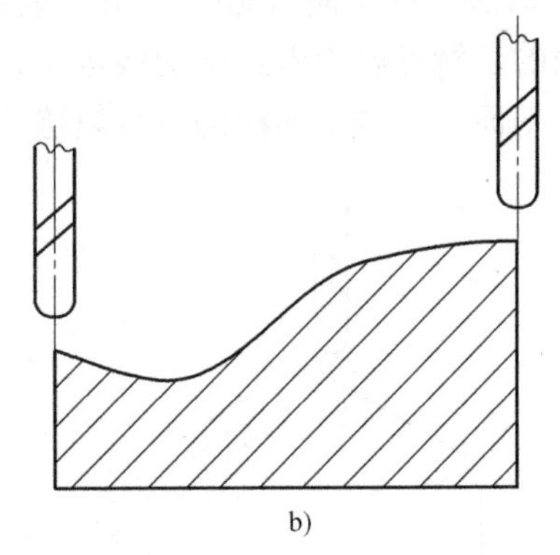

b)

图 7-9　投影法加工示意图一

a）限制切触点　b）限制刀心点

导动曲线的定义依加工对象而定。对于曲面上要求精确成形的轮廓线，如曲面上的花纹、文字和图形，可以事先将轮廓线投射到工作平面上作为导动曲线（图 7-10）。多个嵌套的内环与一个外环曲线作为导动曲线可用于限制曲面上的加工区域。对于曲面型腔的加工，便可采用平面型腔的加工方法，首先将型腔底面与边界曲面和岛屿边界曲面的交线投射到工作平面上，按平面型腔加工方法生成一组刀具轨迹，然后将该刀具轨迹投射到型腔曲面上，限制刀尖位置，便可生成曲面型腔型面的刀具轨迹。

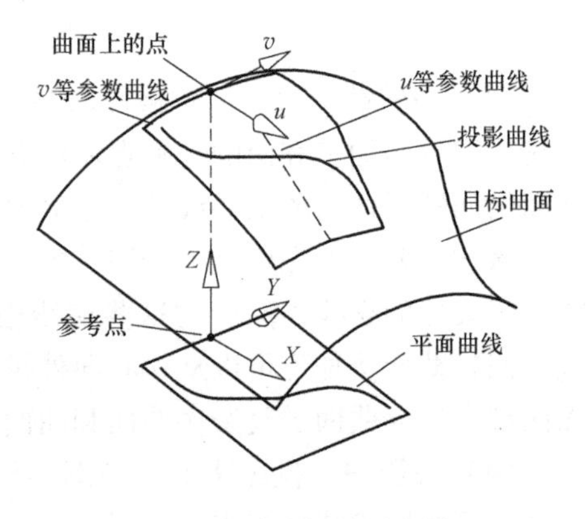

图 7-10　投影法加工示意图二

投影法加工以其灵活且易于控制等特点在现代 CAD/CAM 系统中获得了广泛的应用，常用来处理其他方法难以取得满意效果的组合曲面和曲面型腔的加工。

图 7-1 所示工件的数控加工进给路线图工艺卡见表 7-6。

表 7-6　数控加工进给路线图工艺卡

数控加工进给路线图工艺卡				产品型号		零件图号		
				产品名称		零件名称		
材料牌号	45 钢	毛坯种类	板材	毛坯外形尺寸	100mm×100mm×40mm	备注		
工序号	工序名称	设备名称	设备型号	程序编号	夹具代号	夹具名称	冷却液	车间
2	铣							

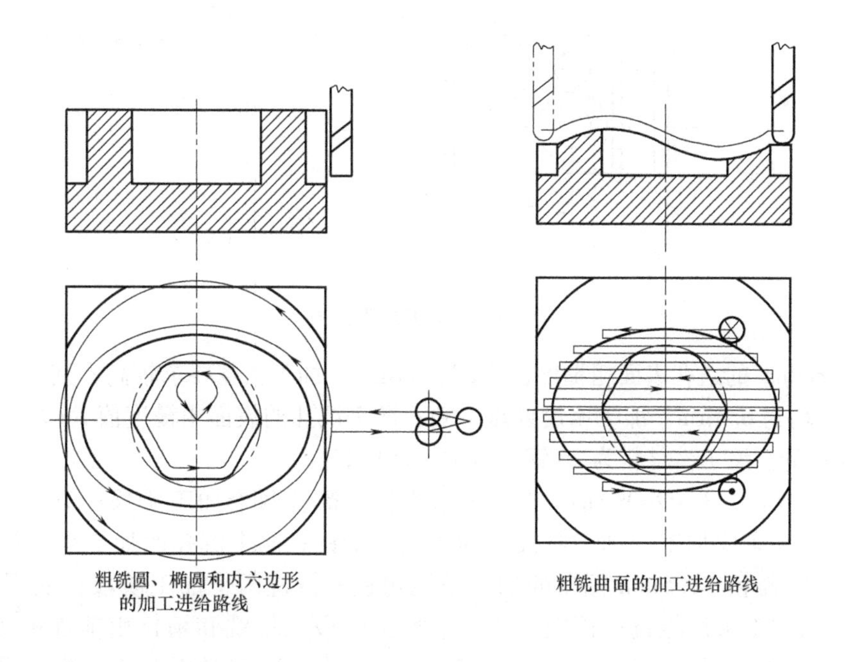

粗铣圆、椭圆和内六边形的加工进给路线　　粗铣曲面的加工进给路线

任务二　对刀块工件工艺编制

一、零件图样工艺分析

图 7-11 所示的对刀块工件材料为 20 钢，热处理方法为渗碳、淬火，生产批量为 6000 件，毛坯尺寸为 44mm×30mm×26mm。

该工件由平面、斜面、孔、槽以及倒角组成，平面由 8 个小平面组成，斜面尺寸为 2mm×12mm，两个 ϕ5mm 的通孔为配作，两个 ϕ7mm 孔的沉孔尺寸为 ϕ12mm 且深度为 7mm，45°槽的尺寸为 2mm×3mm，倒角为 $C1.5$，各个几何元素之间关系清楚并完整。工件的毛坯为板材，底平面、上表面和内侧面的表面粗糙度值 Ra 为 0.4～0.8μm，加工精度要

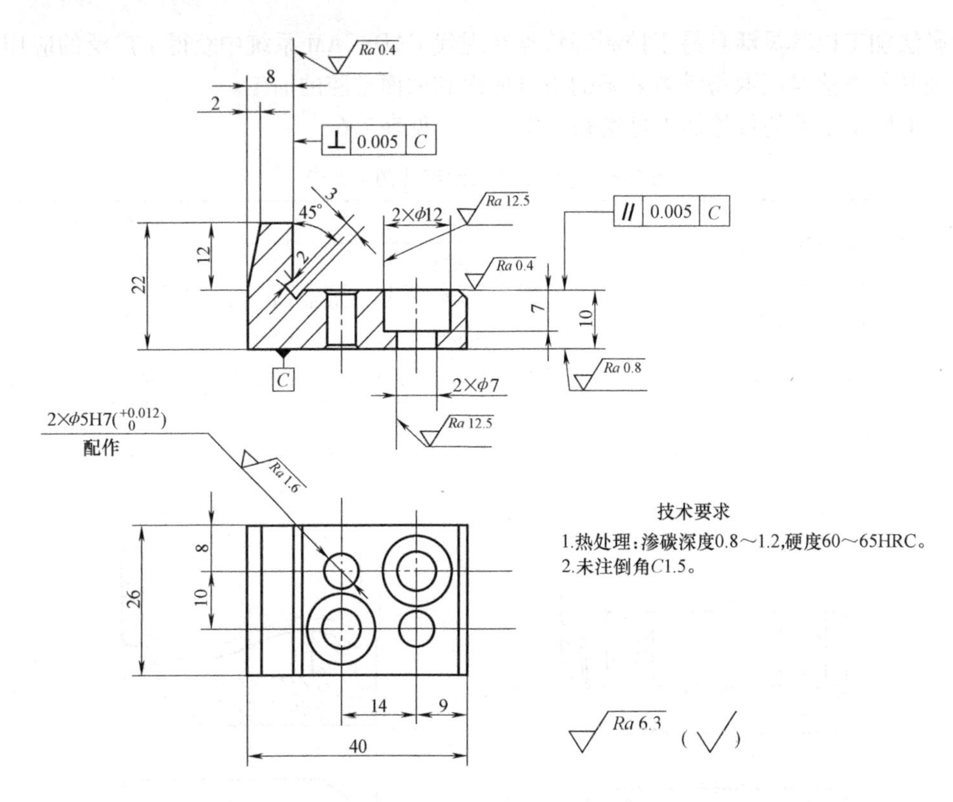

图 7-11　对刀块零件图

求高；两个 ϕ5mm 的通孔表面粗糙度值 Ra 为 1.6μm，加工精度要求较高；其余表面的表面粗糙度值 Ra 均为 6.3μm，加工精度要求一般；两个沉孔的表面粗糙度值 Ra 均为 12.5μm，加工精度要求低。该工件材料为 20 钢，可加工性良好。

根据上述分析，8 个小平面的加工采用粗铣—精铣两个加工阶段；2mm × 12mm 斜面采用成形刀来完成加工，加工阶段分为粗铣—精铣；两个沉孔的加工采用钻—铣两个加工阶段；45°槽和 C1.5mm 倒角的加工采用粗铣—精铣两个加工阶段；底平面、上表面和内侧面的加工采用粗铣—精铣—磨三个加工阶段，粗铣和精铣由前面的工序完成，留 0.2mm 余量给磨削工序即可；两个 ϕ5mm 的通孔在装配时再配作，由于孔径较小，可以先不加工。

二、机床的选择

由于该工件的加工批量为 6000 件，可以确定其生产类型为大批生产。

本工件采用工序集中的加工原则，以机床来划分工序，选择一台普通铣床 X5040、一台数控铣床 XH714 和一台磨床 M1420 来完成加工任务，其中磨床 M1420 的外形结构如图 7-12 所示。

磨床 M1420 的参数见表 7-7。

三、机械加工工艺过程卡的编写

本工件的机械加工工艺过程卡见表 7-8。

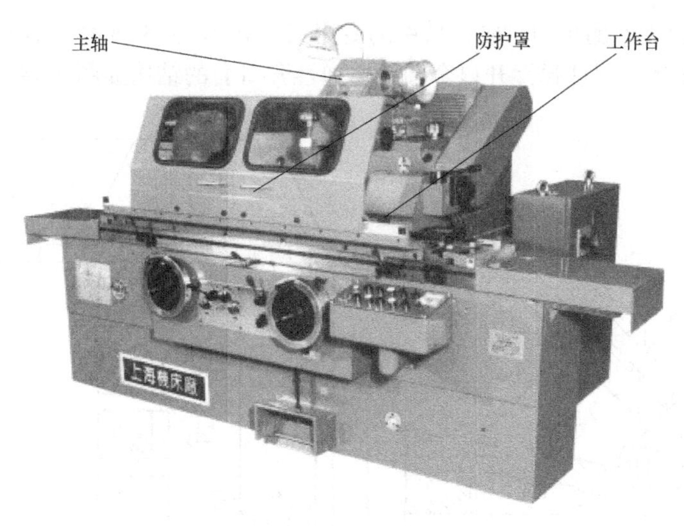

图 7-12　磨床 M1420 的外形结构

表 7-7　磨床 M1420 的参数

项　　目	技　术　参　数
外圆磨削范围	ϕ8 ~ ϕ200mm
内圆磨削范围	ϕ13 ~ ϕ100mm
中心高	135mm
最大工件重量	80kg
可磨长度（外圆/内圆）	500mm/125mm
工作台转动范围	－5° －9°
砂轮最大线速度	35m/s/25. 4m/s
外圆砂轮尺寸	max：ϕ400mm × 50mm × ϕ203mm min：ϕ280mm × 50mm × ϕ203mm
头架尾座顶尖	No. 4 morse
电动机总容量	5. 625kW
机床外形尺寸（长 × 高 × 宽）	2500mm × 1600mm × 1500mm
机床净重	2800kg

表 7-8　机械加工工艺过程卡

机械加工工艺过程卡				产品型号			零件图号	
				产品名称			零件名称	
材料牌号	20 钢	毛坯种类	板材	毛坯外形尺寸	44mm × 30mm × 26mm		备注	
工序号	工序名称	工序内容		车间	工段	设备	工艺装备	工时
1	备料	板材:44mm × 30mm × 26mm						
2	铣	铣各表面及斜面		机加工		X5040	台虎钳	
3	铣	加工 2 × ϕ7mm 孔及 2 × ϕ12mm 沉孔		数控		XH714	台虎钳	
4	铣	加工 45°槽及 C1. 5 倒角		机加工		X5040	专用夹具	
5	钳	去毛刺						
6	热处理	渗碳、淬火		热处理				
7	磨	磨底平面、上表面和内侧面		机加工		M1420		
8	尺寸检验							
9	检查入库							
编制			审核				共　页	第　页

加工45°槽和C1.5倒角的时候，采用的专用夹具如图7-13所示。本夹具的定位和夹紧装置采用一体化设计，圆柱弹性开口套和削边弹性开口套的结构如图7-14所示。

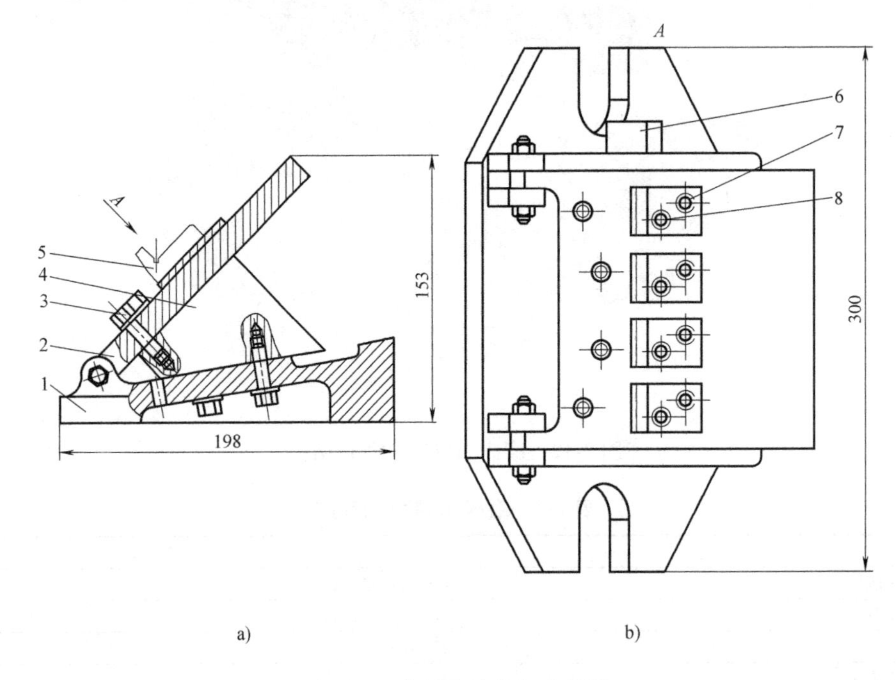

图7-13　专用夹具装配示意图

a）主视图　b）A向俯视图

1—夹具体　2—定位板　3—螺钉　4—角度板　5—工件　6—对刀块　7—圆柱弹性开口套　8—削边弹性开口套

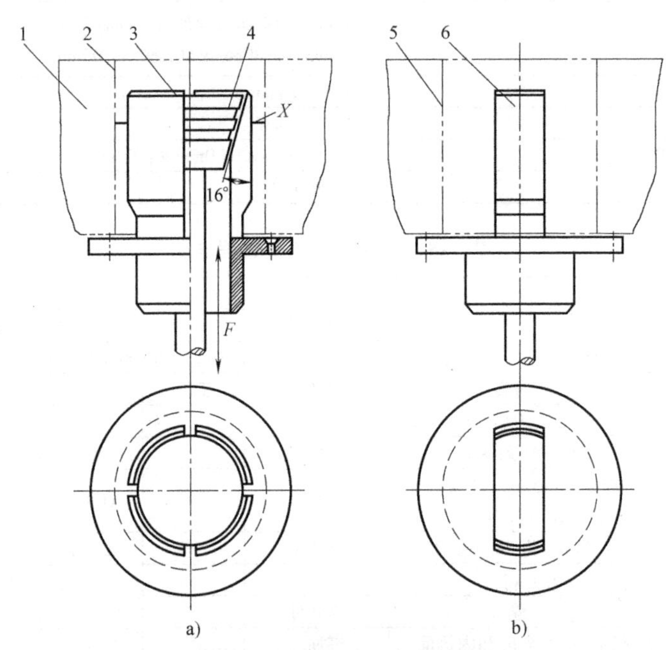

图7-14　弹性开口套的结构

a）圆柱弹性开口套　b）削边弹性开口套

1—工件　2、5—定位孔　3、6—弹性开口套　4—拉杆

在此定位方案中，圆柱短销换成圆柱弹性开口套，如图 7-14a 所示，开口套上部由 4 片同心的弹性片构成，内侧为内锥面，角度为 32°，轴片根部厚度为 2mm，开口套下部结构同定位短销，为定位部分，方便插入支撑板的定位孔中，由 4 个螺钉固定。开口套中插入倒锥拉杆，拉杆上部为外锥面，并车出储油环以储存润滑油。通过气压传动带动拉杆沿开口套轴线上下移动，由于开口套与拉杆倒锥的配合面均带有锥度，拉杆移动的同时会施加力使开口弹性片产生径向的胀开或收缩，对工件自定位的同时实现夹紧与松开。

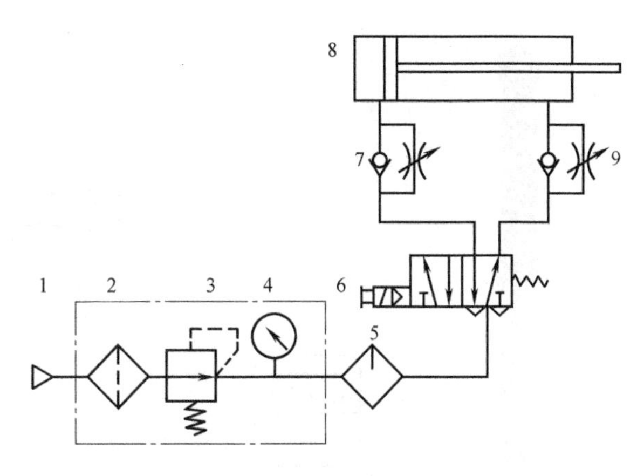

图 7-15 气动回路图

1—气源 2、3、4—过滤减压阀 5—油雾器

6—两位五通电磁换向阀 7、9—单向节流阀 8—气缸

菱形销也换成了削边弹性开口套，如图 7-14b 所示 ，其基本结构与圆柱弹性开口套相同。由于其作为定位元件只限制工件的自由度，因此只有前后两个弹性片，拉杆倒锥的宽度也和弹性片宽度一样。

本方案的气动回路图如图 7-15 所示。

四、数控加工工序卡的编写

根据表 7-8 机械加工工艺过程卡，只有工序 3 采用数控机床加工，其数控加工工序卡见表 7-9。

表 7-9 数控加工工序卡

数控加工工序卡				产品型号		零件图号			
				产品名称		零件名称			
材料牌号	20 钢	毛坯种类	板材	毛坯外形尺寸	44mm × 30mm × 26mm	备注			
工序号	工序名称	设备名称	设备型号	程序编号	夹具代号	夹具名称	切削液	车间	
3	铣								
工步号	工步内容	刀具号	刀具	量具及检具	主轴转速 /(r/min)	切削速度 /(m/min)	进给速度 /(mm/min)	背吃刀量 /mm	备注
1	钻 2 × ϕ7mm 通孔	T01			600		120		
2	铣 2 × ϕ12mm 沉孔	T02			800		200		
编制		审核		批准		共 页		第 页	

五、数控加工刀具卡的编写

本任务选用的一把 2 刃整体式硬质合金麻花钻的外形结构如图 7-16 所示。

该类型钻头的标准型型号和尺寸见表 7-10。

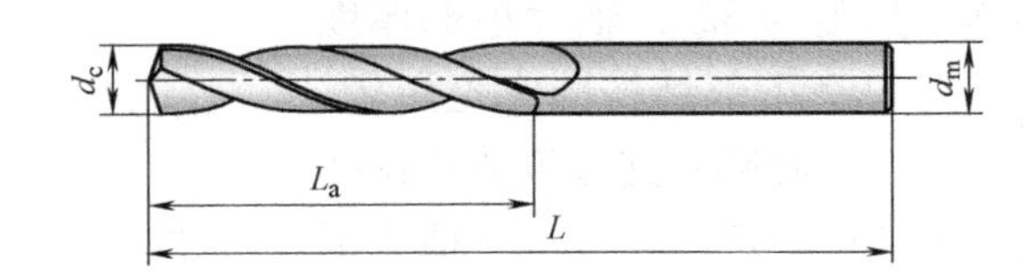

图 7-16　2 刃整体式硬质合金麻花钻的外形结构

表 7-10　刀柄型号和尺寸

型号	库存	尺寸/mm			
		d_c	L_a	L	d_m
ϕ6-2D	○	6	28	66	6
ϕ6.1-2D	○	6.1	34	79	8
ϕ6.2-2D	○	6.2	34	79	8
ϕ6.3-2D	○	6.3	34	79	8
ϕ6.4-2D	○	6.4	34	79	8
ϕ6.5-2D	○	6.5	34	79	8
ϕ6.6-2D	○	6.6	34	79	8
ϕ6.7-2D	○	6.7	34	79	8
ϕ6.8-2D	○	6.8	34	79	8
ϕ6.9-2D	○	6.9	34	79	8
ϕ7-2D	○	7	34	79	8
ϕ7.1-2D	○	7.1	41	79	8
ϕ7.2-2D	○	7.2	41	79	8

本任务选用的一把 4 刃整体式硬质合金（涂层）立铣刀的外形结构如图 7-2 所示。该类型铣刀的标准型型号和尺寸见表 7-3。

图 7-11 所示工件的数控加工刀具卡见表 7-11。

表 7-11　数控加工刀具卡

<table>
<tr><td colspan="5" rowspan="2">数控加工刀具卡</td><td colspan="3">产品型号</td><td colspan="2"></td><td>零件图号</td><td></td></tr>
<tr><td colspan="3">产品名称</td><td colspan="2"></td><td>零件名称</td><td></td></tr>
<tr><td colspan="2">材料牌号</td><td colspan="2">20 钢</td><td>毛坯种类</td><td colspan="2">板材</td><td>毛坯外形尺寸</td><td colspan="2">44mm×30mm×26mm</td><td>备注</td><td></td></tr>
<tr><td colspan="2">工序号</td><td>工序名称</td><td>设备名称</td><td>设备型号</td><td colspan="2">程序编号</td><td>夹具代号</td><td colspan="2">夹具名称</td><td>切削液</td><td>车间</td></tr>
<tr><td colspan="2">3</td><td>铣</td><td></td><td></td><td colspan="2"></td><td></td><td colspan="2"></td><td></td><td></td></tr>
<tr><td rowspan="2">工步号</td><td rowspan="2">刀具号</td><td rowspan="2">刀具名称</td><td rowspan="2">刀具型号</td><td colspan="2">刀片</td><td rowspan="2">刀尖圆弧半径/mm</td><td rowspan="2">刀柄型号</td><td colspan="2">刀具</td><td rowspan="2">补偿量/mm</td><td rowspan="2">备注</td></tr>
<tr><td>型号</td><td>牌号</td><td>直径/mm</td><td>刀长/mm</td></tr>
<tr><td>1</td><td>T01</td><td>2 刃麻花钻</td><td>ϕ7×2D</td><td></td><td></td><td></td><td></td><td>ϕ7</td><td>79</td><td></td><td></td></tr>
<tr><td>2</td><td>T02</td><td>4 刃立铣刀</td><td>ES4300-6</td><td></td><td></td><td></td><td></td><td>ϕ6</td><td>61</td><td></td><td></td></tr>
<tr><td colspan="2">编制</td><td colspan="2"></td><td>审核</td><td colspan="2"></td><td>批准</td><td></td><td colspan="2">共　页</td><td>第　页</td></tr>
</table>

六、数控加工进给路线图的编写

图 7-11 所示工件的数控加工进给路线图工艺卡见表 7-12。

表 7-12　数控加工进给路线图工艺卡

数控加工进给路线图工艺卡				产品型号		零件图号		
				产品名称		零件名称		
材料牌号	20 钢	毛坯种类	板材	毛坯外形尺寸	44mm×30mm×26mm	备注		
工序号	工序名称	设备名称	设备型号	程序编号	夹具代号	夹具名称	切削液	车间
3	铣							

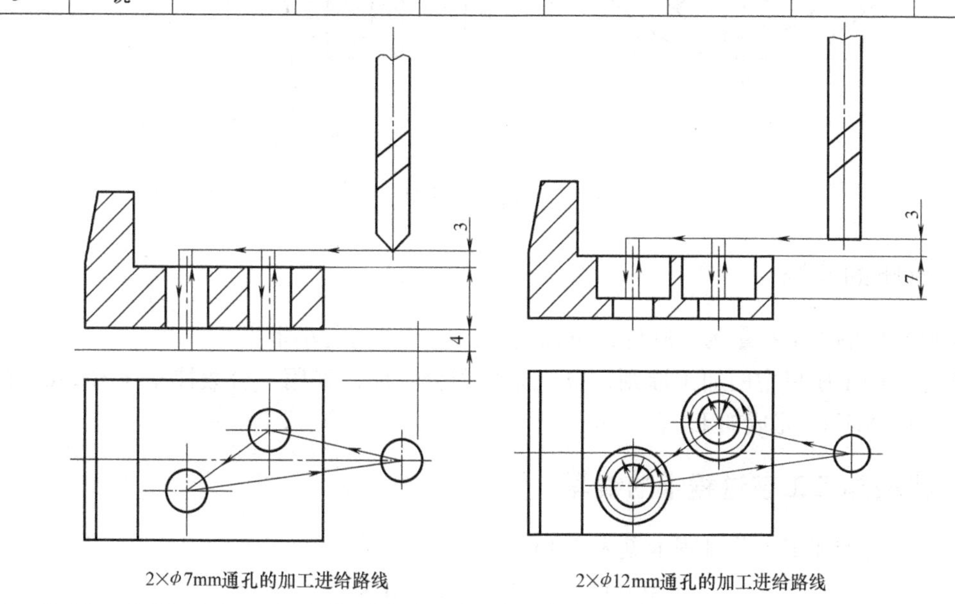

2×ϕ7mm通孔的加工进给路线　　2×ϕ12mm通孔的加工进给路线

任务三　凸轮工件工艺编制

一、零件图样工艺分析

图 7-17 所示的凸轮工件材料为 45 钢，预备热处理为正火，最终热处理为渗碳、淬火，生产批量为 300 件，毛坯尺寸为 ϕ122mm×46mm。

该工件由平面、孔、槽以及倒角组成，各个几何元素之间关系清楚并完整。工件的毛坯为棒料，凸轮槽内、外表面和两个 ϕ20mm 孔的表面粗糙度值 Ra 为 1.6μm，加工精度要求高；其余表面的表面粗糙度值 Ra 均为 3.2μm，加工精要求较高；凸台的中心与左端面有 0.04mm 的垂直度要求。该工件材料为 45 钢，可加工性良好。

根据上述分析，外圆、左右端面、凸台外形及其倒角的加工采用粗车—精车两个加工阶段，两个 ϕ20mm 孔的加工阶段分为钻—扩—倒角—铰四个加工阶段，凸轮槽在深度方向采用分层铣削的加工方式，内、外轮廓的加工分别采用粗铣—精铣两个加工阶段。

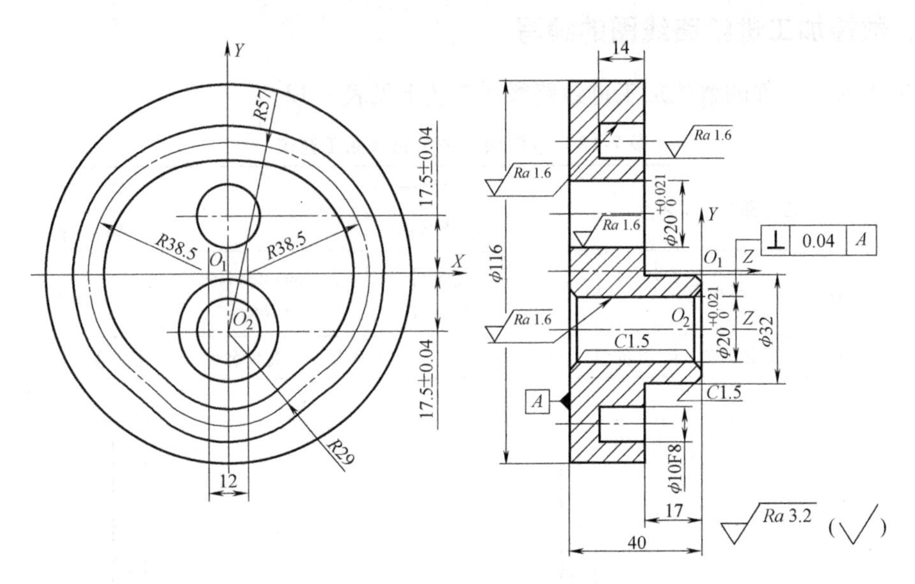

图 7-17 凸轮工件图

二、机床的选择

由于该工件的加工批量为 300 件，可以确定其生产类型为小批生产。

本工件采用工序集中的加工原则，以机床来划分工序，采用一台数控车床 CKA6136 和一台数控铣床 XH714 完成加工。

三、机械加工工艺过程卡的编写

本工件的机械加工工艺过程卡见表 7-13。

表 7-13 机械加工工艺过程卡

机械加工工艺过程卡				产品型号			零件图号	
				产品名称			零件名称	
材料牌号	45 钢	毛坯种类	板材	毛坯外形尺寸	ϕ122mm×46mm		备注	
工序号	工序名称	工序内容		车间	工段	设备	工艺装备	工时
1	备料	棒料： ϕ122mm×46mm						
2	热处理	正火		热处理				
3	车	加工外圆、左右端面以及 ϕ32mm 凸台外形 轮廓并倒角		数控		CKA6136	单动卡盘	
4	铣	加工两个 ϕ20mm 孔以及凸轮槽		数控		XH714	自定心卡盘	
5	钳	去毛刺						
6	热处理	渗碳、淬火		热处理				
7	尺寸检验							
8	检查入库							
编制			审核				共　页	第　页

四、数控加工工序卡的编写

根据表 7-13 机械加工工艺过程卡，工序 3 采用数控车床加工，其数控加工工序卡见表 7-14，工序 4 采用数控铣床加工，其数控加工工序卡见表 7-15。

表 7-14 数控加工工序卡一

数控加工刀具卡				产品型号			零件图号		
				产品名称			零件名称		
材料牌号	45 钢	毛坯种类	棒料	毛坯外形尺寸	ϕ122mm×46mm		备注		
工序号	工序名称	设备名称	设备型号	程序编号	夹具代号	夹具名称	切削液	车间	
3	车								
工步号	工步内容	刀具号	刀具	量具及检具	主轴转速/(r/min)	切削速度/(m/min)	进给速度/(mm/min)	背吃刀量/mm	备注
1	粗车左端外圆及端面	T01			1000		300		
2	精车左端外圆及端面	T02			1400		140		
3	粗车右端外圆及端面并倒角	T01			1000		300		
4	精车右端外圆及端面	T02			1400		140		
编制		审核		批准			共 页		第 页

表 7-15 数控加工工序卡二

数控加工工序卡				产品型号			零件图号		
				产品名称			零件名称		
材料牌号	45 钢	毛坯种类	棒料	毛坯外形尺寸	ϕ122mm×46mm		备注		
工序号	工序名称	设备名称	设备型号	程序编号	夹具代号	夹具名称	切削液	车间	
4	铣								
工步号	工步内容	刀具号	刀具	量具及检具	主轴转速/(r/min)	切削速度/(m/min)	进给速度/(mm/min)	背吃刀量/mm	备注
1	钻两个 ϕ20mm 孔的 2×ϕ6 定心孔	T01			800		100		
2	扩两个 ϕ20mm 孔至 ϕ19.7mm	T02			500		60		
3	O_2 孔一端倒角	T03			500		40		
4	铰 2×ϕ20mm 孔	T04			150		30		
5	粗铣凸轮槽内轮廓	T05			1200		60		
6	粗铣凸轮槽外轮廓	T05			1200		60		
7	精铣凸轮槽内轮廓	T05			1400		30		
8	精铣凸轮槽外轮廓	T05			1400		30		
9	翻面装夹，铣另一端倒角	T03			500		40		
编制		审核		批准			共 页		第 页

五、数控加工刀具卡的编写

图 7-17 所示工件的第 3 道工序所对应的数控加工刀具卡见表 7-16，第 4 道工序所对应的数控加工刀具卡见表 7-17。

表 7-16 数控加工刀具卡一

数控加工刀具卡					产品型号			零件图号			
					产品名称			零件名称			
材料牌号		45 钢		毛坯种类	棒料	毛坯外形尺寸	φ122mm×46mm	备注			
工序号		工序名称	设备名称	设备型号	程序编号	夹具代号	夹具名称	切削液		车间	
3		车									
工步号	刀具号	刀具名称	刀具型号	刀片型号	刀片牌号	刀尖圆弧半径/mm	刀柄型号	刀具直径/mm	刀具刀长/mm	补偿量/mm	备注
1	T01	机夹可转位车刀	SCLCR1212F09	CCMT09T308-EMF		0.8					
2	T02	机夹可转位车刀	SCLCR1212F09	CCMT09T304-EMF		0.4					
3	T01	机夹可转位车刀	SCLCR1212F09	CCMT09T308-EMF		0.8					
4	T02	机夹可转位车刀	SCLCR1212F09	CCMT09T304-EMF		0.4					
编制				审核			批准		共 页	第 页	

表 7-17 数控加工刀具卡二

数控加工刀具卡					产品型号			零件图号			
					产品名称			零件名称			
材料牌号		45 钢		毛坯种类	棒料	毛坯外形尺寸	φ122mm×46mm	备注			
工序号		工序名称	设备名称	设备型号	程序编号	夹具代号	夹具名称	切削液		车间	
4		铣									
工步号	刀具号	刀具名称	刀具型号	刀片型号	刀片牌号	刀尖圆弧半径/mm	刀柄型号	刀具直径/mm	刀具刀长/mm	补偿量/mm	备注
1	T01	60°定心钻	Z04.0600.060					φ6	72		
2	T02	4 刃麻花钻	φ19.7-4D					φ6	61		
3	T03	90°倒角刀	Z04.2300.090					φ23	155		
4	T04	硬质合金铰刀	φ20H7*40*103-30					φ20	103		
5	T05	4 刃硬质合金立铣刀	ES4300-6					φ6	90		

（续）

工步号	刀具号	刀具名称	刀具型号	刀片		刀尖圆弧半径/mm	刀柄型号	刀具		补偿量/mm	备注
				型号	牌号			直径/mm	刀长/mm		
6	T05	4刃硬质合金立铣刀	ES4300-6					$\phi6$	90		
7	T05	4刃硬质合金立铣刀	ES4300-6					$\phi6$	90		
8	T05	4刃硬质合金立铣刀	ES4300-6					$\phi6$	90		
9	T03	90°倒角刀	Z04. 2300. 090					$\phi23$	155		
编制				审核			批准		共　页		第　页

表7-17中的整体式硬质合金定心钻的外形结构如图7-18所示。

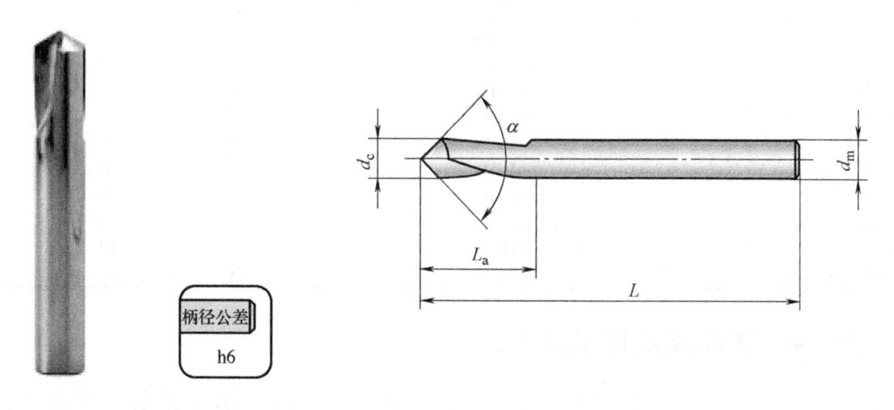

图7-18　整体式硬质合金定心钻的外形结构

该类型钻头的型号和尺寸见表7-18。

表7-18　刀具型号和尺寸

型号	库存	顶角(α)	尺寸/mm			
			d_c	d_n	L_a	L
Z04. 0600. 060	○	60°	6. 0	6. 0	20	72
Z04. 0800. 060	○	60°	8. 0	8. 0	26	81
Z04. 1000. 060	○	60°	10. 0	10. 0	30	89
Z04. 1200. 060	○	60°	12. 0	12. 0	36	103
Z04. 1400. 060	○	60°	14. 0	14. 0	40	115
Z04. 1600. 060	○	60°	16. 0	16. 0	41	115
Z04. 2000. 060	○	60°	20. 0	20. 0	53	135

表7-17中整体式硬质合金铰刀的外形结构如图7-19所示。

该类型铰刀的型号和尺寸见表7-19。

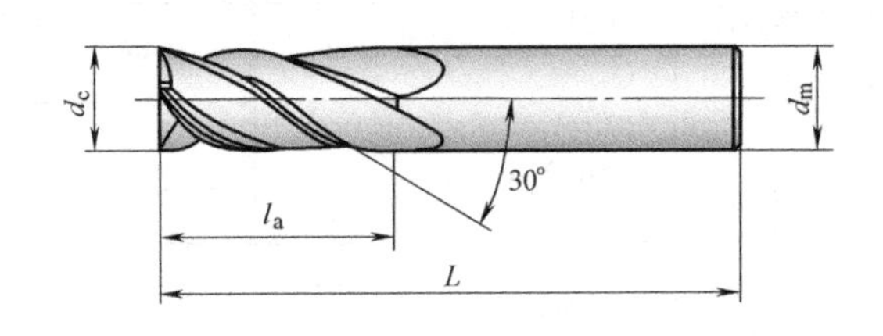

图 7-19 整体式硬质合金铰刀的外形结构

表 7-19 刀具型号和尺寸

型号	库存		尺寸/mm			
			d_c	d_m	L_a	L
ϕ12H7 * 35 * 77-30	○	ϕ12H7	12	12	35	77
ϕ12H8 * 35 * 77-30	○	ϕ12H8	12	12	35	77
ϕ13H7 * 40 * 103-30	○	ϕ13H7	13	14	40	103
ϕ13H8 * 40 * 103-30	○	ϕ13H8	13	14	40	103
ϕ14H7 * 30 * 77-30	○	ϕ14H7	14	14	30	77
ϕ14H8 * 40 * 77-30	○	ϕ14H8	14	14	30	77
ϕ14H7 * 40 * 103-30	○	ϕ14H7	14	14	40	103
ϕ16H7 * 40 * 77-30	○	ϕ16H7	16	16	40	77
ϕ16H8 * 40 * 77-30	○	ϕ16H8	16	16	40	77
ϕ16H7 * 40 * 103-30	○	ϕ16H7	16	16	40	103
ϕ18H7 * 40 * 77-30	○	ϕ18H7	18	18	40	77
ϕ18H7 * 40 * 103-30	○	ϕ18H7	18	18	40	103
ϕ20H7 * 40 * 103-30	○	ϕ20H7	20	20	40	103

六、数控加工进给路线图的编写

图 7-17 所示工件的第 3 道工序所对应的数控加工进给路线图工艺卡一见表 7-20，第 4 道工序所对应的数控加工进给路线图工艺卡二见表 7-21。

表 7-20 数控加工进给路线图工艺卡一

数控加工进给路线图工艺卡				产品型号			零件图号	
				产品名称			零件名称	
材料牌号	45 钢	毛坯种类	棒料	毛坯外形尺寸	ϕ122mm × 46mm		备注	
工序号	工序名称	设备名称	设备型号	程序编号	夹具代号	夹具名称	切削液	车间
3	车							

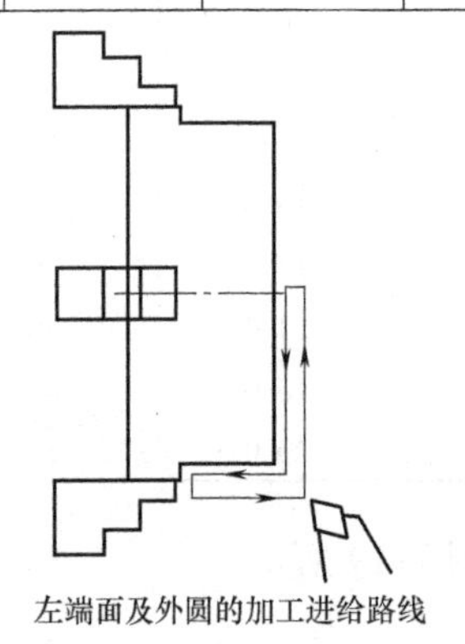

左端面及外圆的加工进给路线

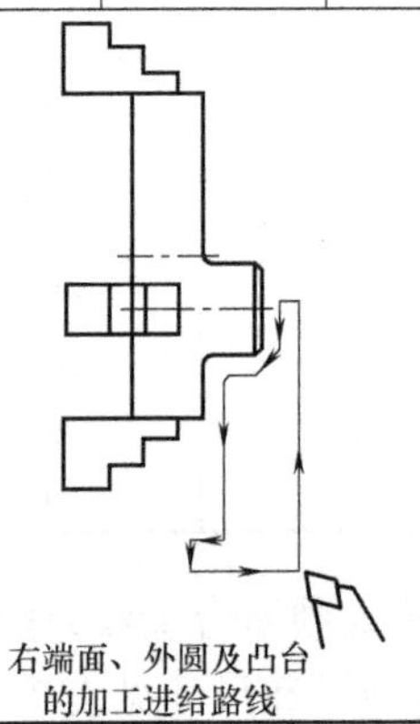

右端面、外圆及凸台的加工进给路线

表 7-21　数控加工进给路线图工艺卡二

数控加工进给路线图工艺卡				产品型号			零件图号	
				产品名称			零件名称	
材料牌号	45 钢	毛坯种类	棒料	毛坯外形尺寸	ϕ122mm×46mm		备注	
工序号	工序名称	设备名称	设备型号	程序编号	夹具代号	夹具名称	切削液	车间
4	铣							

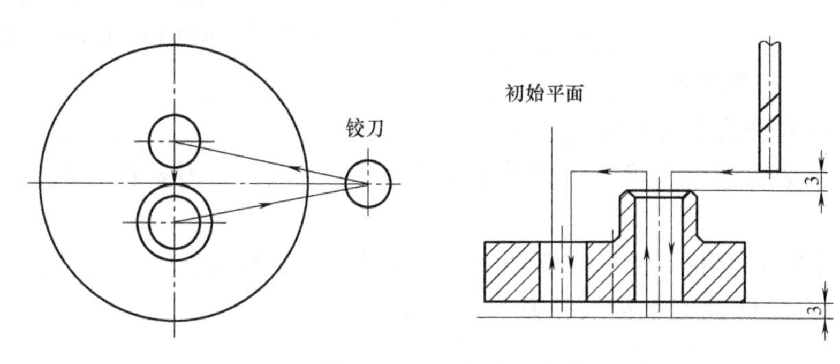

两个ϕ20mm孔的钻–扩–倒角–铰加工进给路线

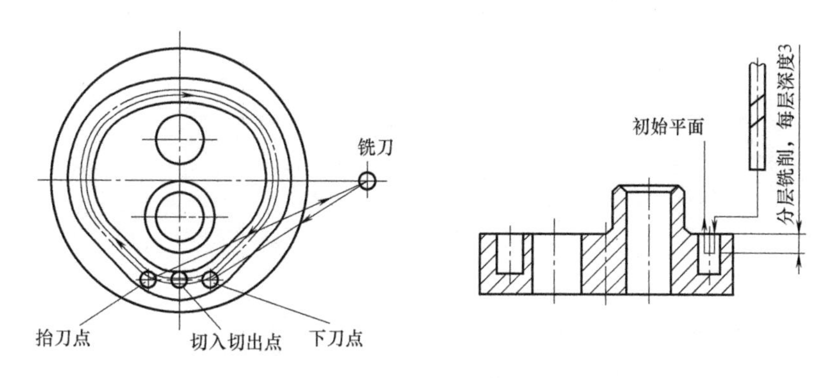

凸轮槽内轮廓的粗、精加工进给路线

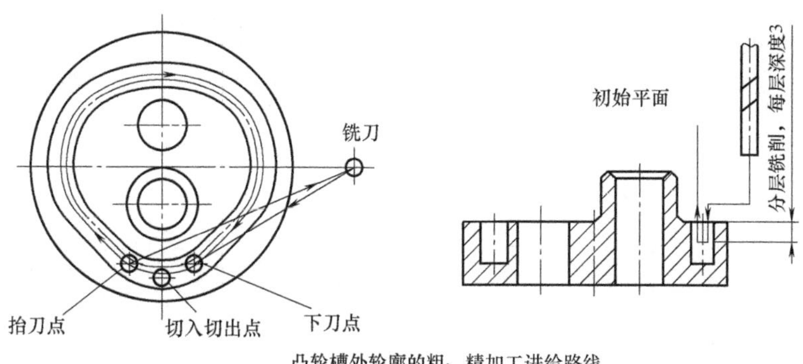

凸轮槽外轮廓的粗、精加工进给路线

思考与练习题

1. 曲面的粗加工方式有__________、__________、__________、__________、__________、__________、__________。

2. 曲面的精加工方式有__________、__________、__________、__________、__________、__________、__________、__________、__________、__________。

3. 整体式硬质合金（涂层）铣刀型号：ES4300-10 中，铣刀的切削刃数是__________，刀具直径是__________。整体式硬质合金（涂层）铣刀型号 ES2300B-6 中，铣刀的切削刃数是__________，刀具类型是__________。

4. 曲面刀具轨迹的生成方法有__________、__________、__________、__________。

5. 刀具型号 Z04.0600.060 中，刀具的类型是__________，刀具直径是__________、顶角为__________。

6. 刀具型号 ϕ20H7 * 40 * 103-30 中，刀具的类型是__________，刀具直径是__________、刀具的有效切削刃长度为__________。

项目八 箱体类工件加工中心工艺编制

［学习目标］

1. 了解箱体类零件图样的工艺分析方法；了解加工中心的分类和结构，会合理选择机床类型。

2. 理解加工中心加工中常见的装夹方式以及其他夹具。

3. 掌握加工中心的对刀方法、工艺路线的拟定方法和切削用量的选择方法。

4. 掌握钻头的选择方法、扩孔刀的选择方法、镗孔刀的选择方法、铰孔刀的选择方法、刀柄的选择方法、90°面铣刀的选择方法和整体式硬质合金 *R* 角立铣刀的选择方法。

5. 掌握加工中心进给路线图的设计方法。

［项目重点］

1. 加工中心的对刀、工艺路线的拟定、切削用量的选择。

2. 钻头的选择、扩孔刀的选择、镗孔刀的选择、铰孔刀的选择、刀柄的选择、90°面铣刀的选择、整体式硬质合金 *R* 角立铣刀的选择。

3. 加工中心进给路线图的设计。

［项目难点］

1. 加工中心专用夹具的设计、组合夹具的选择。

2. 钻头的选择、扩孔刀的选择、镗孔刀的选择、铰孔刀的选择、刀柄的选择、90°面铣刀的选择、整体式硬质合金 *R* 角立铣刀的选择。

任务一　图 样 识 别

一、零件图样工艺分析

图 8-1 所示为一个常见的箱体类零件。工件材料为 2A12，毛坯尺寸为 200mm × 76mm × 32mm，生产批量为 10 件，壁厚尺寸偏差为 ±0.2mm。

零件的工艺分析是制订加工中心加工工艺的首要工作，其任务是分析零件技术要求，检查零件图的完整性和正确性，分析零件的结构工艺性，选择加工中心的加工内容等。

（1）分析零件技术要求　分析零件技术要求时主要考虑以下问题。

1）各加工表面的尺寸精度要求。

2）各加工表面的几何精度要求。

3）各加工表面之间的相互位置精度要求。

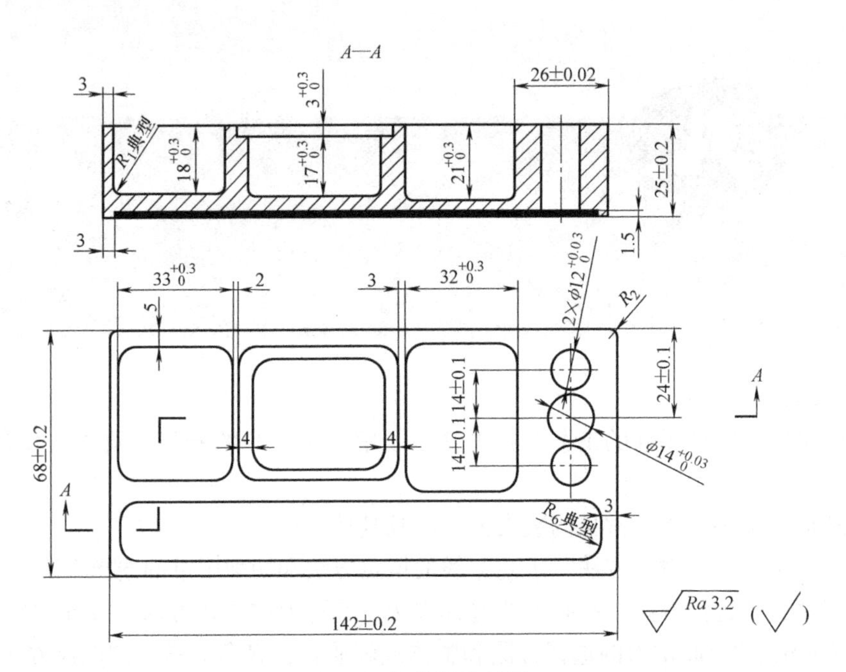

图 8-1　箱体类零件图

4）各加工表面精度要求以及表面质量方面的其他要求。

5）热处理要求以及其他要求。

首先，要根据零件在产品中的功能，研究分析零件与部件或产品的关系，从而认识零件的加工质量对整个产品质量的影响，并确定零件的关键加工部位和精度要求较高的加工表面等。认真分析上述各精度和技术要求是否合理，其次要考虑在加工中心上加工能否保证零件的各项精度和技术要求，进而具体考虑在哪一种加工中心上加工最为合理。

（2）检查零件图的完整性和正确性　一方面要检查零件图是否正确，尺寸、公差和技术要求是否标注齐全；另一方面要特别注意准备在加工中心上加工的零件，其各个方向上的尺寸是否有一个统一的设计基准，以便简化编程，保证零件图的设计精度要求。当已确定在加工中心上加工后，如发现零件图中没有一个统一的设计基准，则应向设计部门提出，要求修改图样或考虑选择统一的工艺基准，计算转化各尺寸，并标注在工艺附图上。

（3）分析零件结构的工艺性　在加工中心上加工的零件，其结构工艺性应具备以下几点要求。

1）零件的切削加工量要小，以便减少加工中心的切削加工时间。

2）零件上光孔和螺纹的尺寸规格尽可能少，减少加工时钻头、铰刀及丝锥等刀具的数量，以防刀库存量不够。

3）零件尺寸规格尽量标准化，以便采用标准刀具。

4）零件加工表面应具有加工的可能性和方便性。

5）零件结构应具有足够的刚性，以减少夹紧变形和切削变形。

零件的孔加工工艺性对比实例见表 8-1。

表 8-1　零件的孔加工工艺性对比实例

序号	工艺性差的结构	工艺性好的结构	说明
1	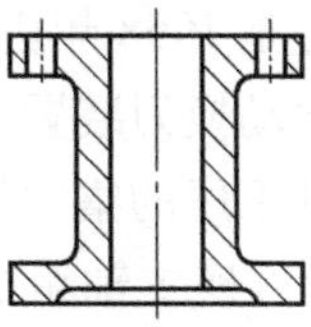	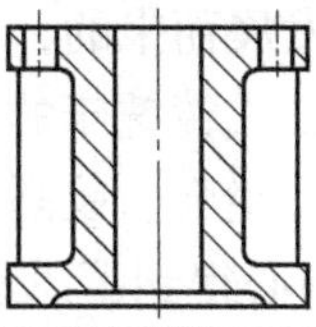	右图结构刚性好
2	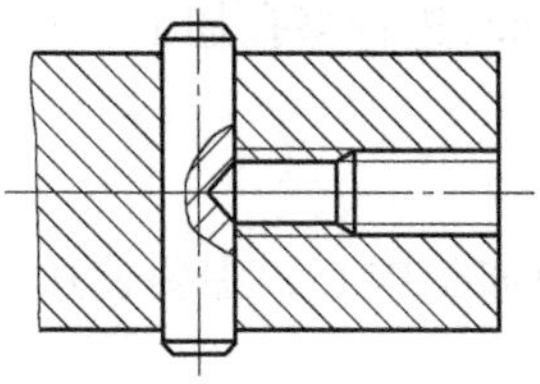	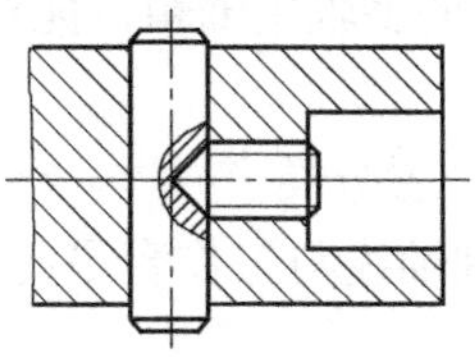	右图结构可减少深孔的螺纹加工
3	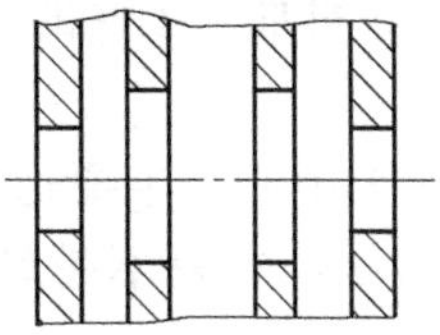	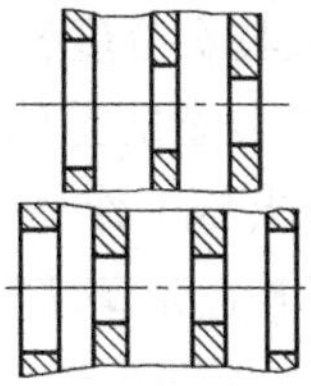	右图结构孔径从一个方向递减或从两个方向递减，便于加工
4	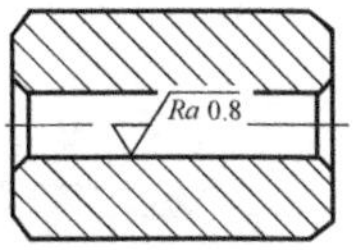	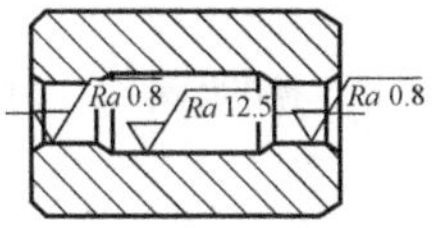	右图结构减少了配合孔的加工面积
5	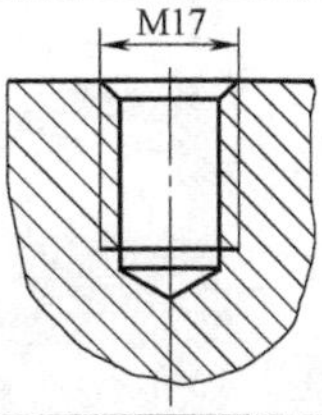	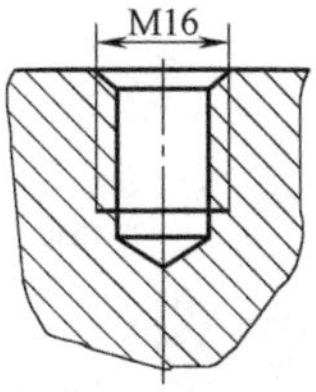	左图结构不能采用标准丝锥攻螺纹
6	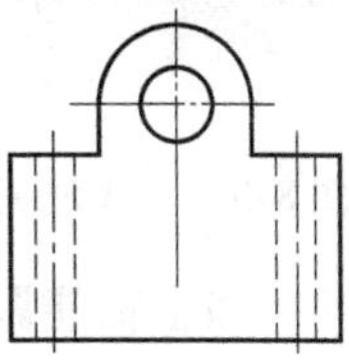	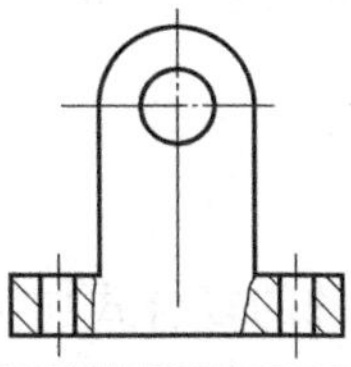	右图结构节省材料，同时避免了深孔加工
7	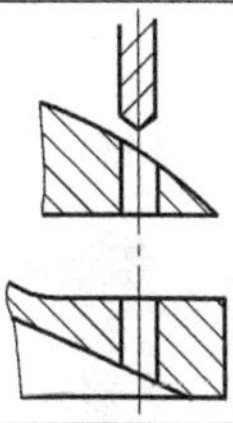	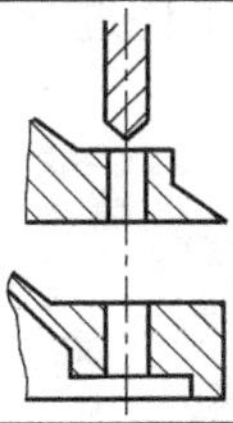	右图结构避免了钻头钻入和钻出时因工件表面倾斜而造成的引偏或断损
8	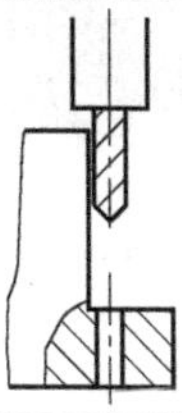	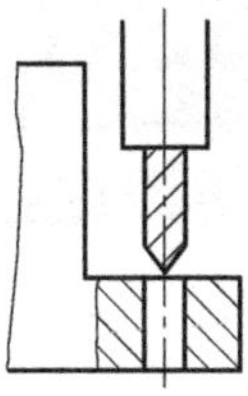	左图结构不便引入刀具，难以实现孔的加工

二、数控机床的选择

加工中心最初是从数控铣床发展而来的，第一台加工中心是1958年由美国卡尼-特雷克公司首先研制成功的。它在数控卧式镗铣床的基础上增加了自动换刀装置，从而实现了工件一次装夹后即可进行铣削、钻削、镗削、铰削和攻螺纹等多种工序的集中加工。

20世纪70年代以来，加工中心得到了迅速发展，出现了可换主轴箱加工中心，它备有多个可以自动更换的装有刀具的多轴主轴箱，能对工件同时进行多孔加工。

加工中心的分类如下：

1）按主轴与工作台相对位置分类。

① 卧式加工中心。指主轴轴线与工作台平行设置的加工中心，主要适用于加工箱体类零件。

卧式加工中心（图8-2）一般具有分度转台或数控转台，可加工工件的各个侧面，也可做多个坐标的联合运动，以便加工复杂的空间曲面。

② 立式加工中心。指主轴轴线与工作台垂直设置的加工中心，主要适用于加工板类、盘类、模具及小型壳体类复杂零件。立式加工中心（图8-3）一般不带转台，仅做顶面加工。

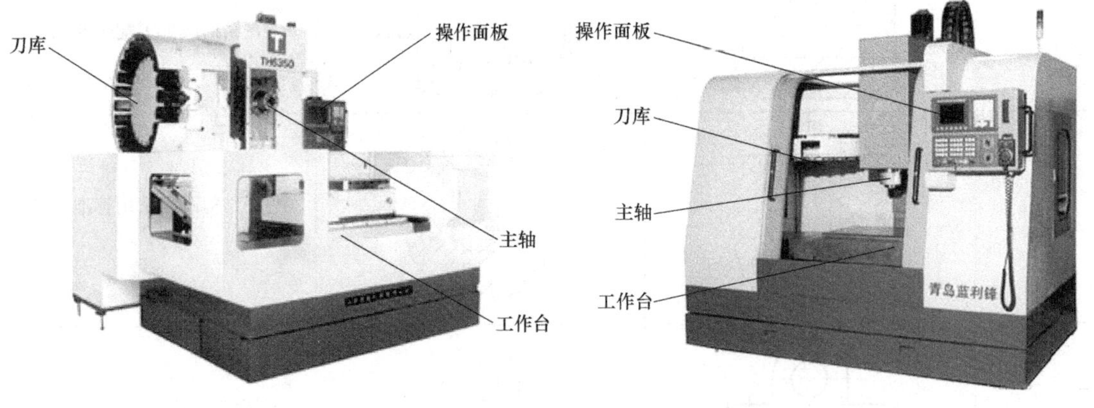

图8-2　卧式加工中心　　　　图8-3　立式加工中心

此外，还有带立、卧两个主轴的复合式加工中心（图8-4）和主轴能调整成卧轴或立轴的立卧可调式加工中心，它们能对工件进行五个面的加工。

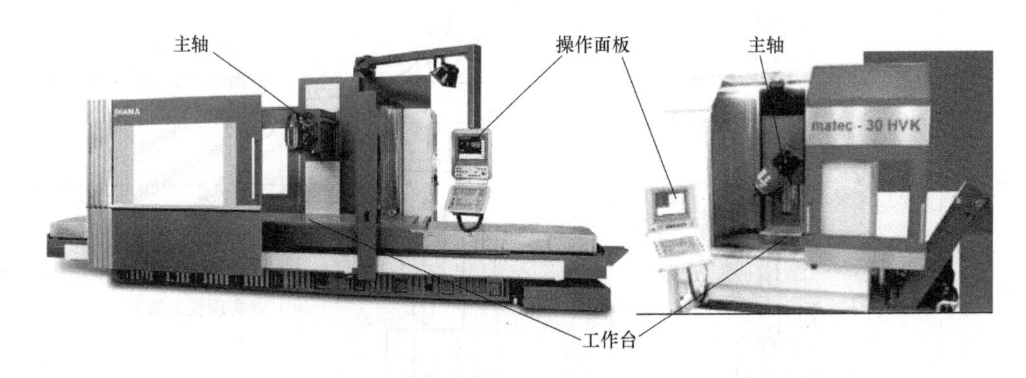

图8-4　复合式加工中心

③ 万能加工中心（又称多轴联动型加工中心）。指通过加工主轴轴线与工作台回转轴线的角度可控制联动变化，完成复杂空间曲面加工的加工中心，适用于具有复杂空间曲面的叶轮转子、模具、刀具等工件的加工。五轴联动加工中心的外形如图 8-5 所示。

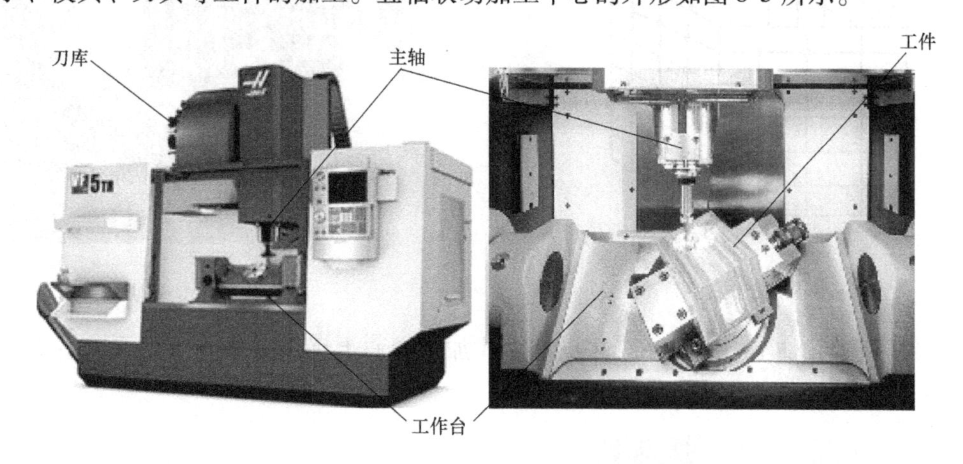

图 8-5　五轴联动加工中心的外形

多工序集中加工的形式扩展到了其他类型数控机床，例如车削中心，它是在数控车床上配置多个自动换刀装置，能控制三个以上的坐标，除车削外，主轴可以停转或分度，而由刀具旋转进行铣削、钻削、铰孔和攻螺纹等工序，适于加工复杂的旋转体零件。

2）按换刀形式分类。

① 带刀库、机械手的加工中心。加工中心的换刀装置一般由刀库和机械手组成。其中，刀库按结构形式分为圆盘式刀库（图 8-6）、链式刀库（图 8-7）、箱式刀库（图 8-8）和直线式刀库（图 8-9）。

图 8-6　圆盘式刀库

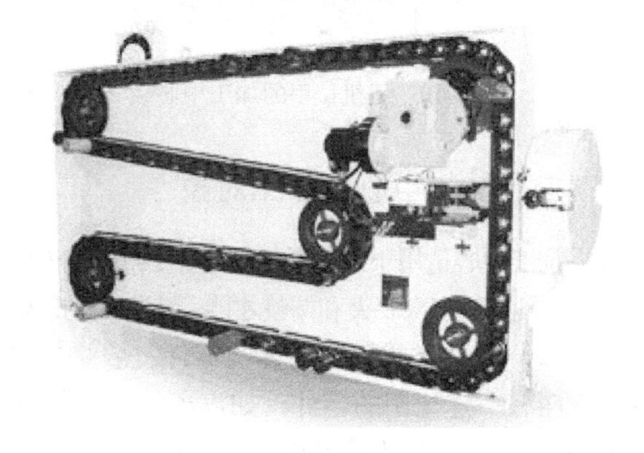

图 8-7　链式刀库

② 无机械手的加工中心。这种加工中心的换刀是通过刀库和主轴箱的配合动作来完成的。一般是采用把刀库放在主轴可以运动到的位置，或整个刀库或某一刀位能移动到主轴箱可以达到的位置。刀库中刀具的存放位置方向与主轴装刀方向一致。换刀时，主轴运动到刀位上的换刀位置，由主轴直接取走或放回刀具，多用于采用 40 号以下刀柄的小型加工中心（图 8-10）。

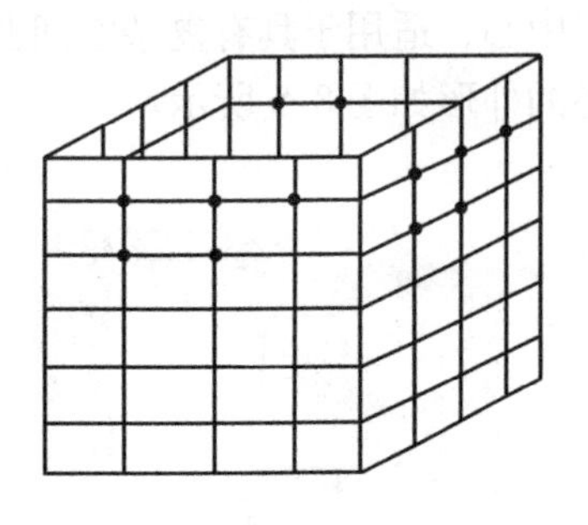

图 8-8　箱式刀库

图 8-9　直线式刀库

③ 转塔刀库式加工中心。一般在小型立式加工中心上采用转塔刀库形式，主要以孔加工为主（图 8-11）。

图 8-10　无机械手的加工中心

图 8-11　转塔刀库式加工中心

三、加工中心的加工对象

加工中心适用于加工形状复杂、工序多、精度要求较高，需用多种类型的普通机床和众多的刀具、夹具且经多次装夹和调整才能完成加工的零件。下面介绍适合加工中心加工的零件的种类。

（1）箱体类零件　箱体类零件一般是指具有孔系和平面，内部有一定型腔，在长、宽、高方向有一定比例的零件，如汽车的发动机缸体、变速器箱体，机床的主轴箱和齿轮泵壳体等。图 8-12 所示为控制阀壳体，图 8-13 所示为热电机车主轴箱体。

箱体类零件一般都需要进行多工位孔系及平面加工，精度要求较高，特别是几何精度要求严格，通常要经过铣、钻、扩、镗、锪、铰、攻螺纹等工序（或工步），需要的刀具较多。此类零件在普通机床上加工难度大，工装套数多，费用高，加工周期长，需多次装夹、找正，手工测量次数多，换刀次数多，精度难以保证。而在加工中心上加工，一次装夹可完成普通机床 60% ~95% 的工序内存，零件各项精度一致性好，质量稳定，同时可节省费用，生产周期短。

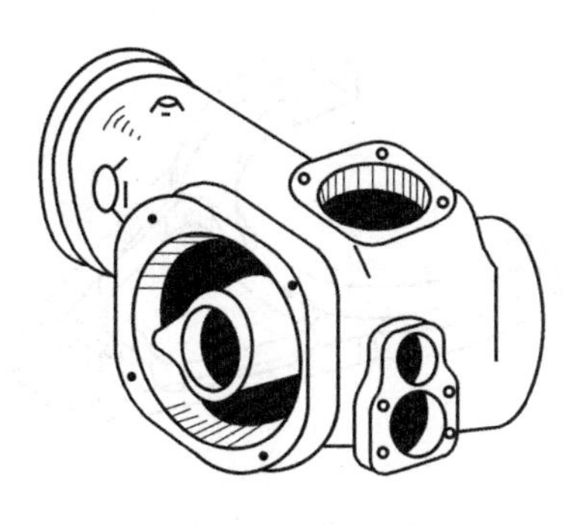

图 8-12　控制阀壳体

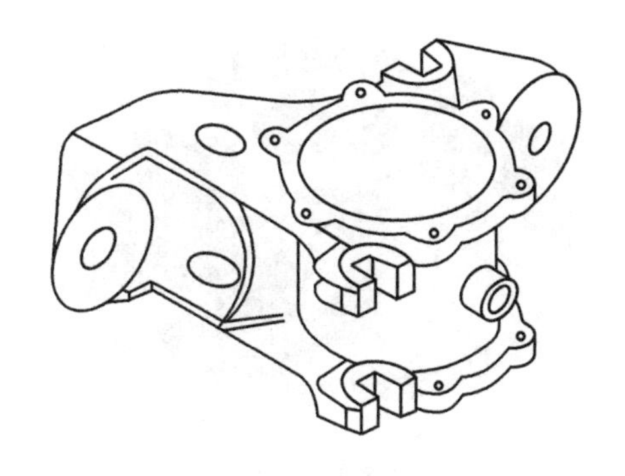

图 8-13　热电机车主轴箱体

（2）盘、套、板类零件　带有键槽、径向孔或端面有分布的孔系及曲面的盘、套或轴类零件，如带法兰的轴套、带键槽或方头的轴类零件，具有较多孔的板类零件和各种壳体类零件等，适合在加工中心上加工。图 8-14 所示的板类零件加工部位集中在单一端面上，宜选择立式加工中心；加工部位不在同一方向表面上的零件，可选卧式加工中心。

（3）凸轮类零件　这类零件有各种曲线的盘形凸轮（图 8-15）、圆柱凸轮、圆锥凸轮和端面凸轮等，加工时可根据凸轮表面的复杂程度，选用三轴、四轴或五轴加工中心。

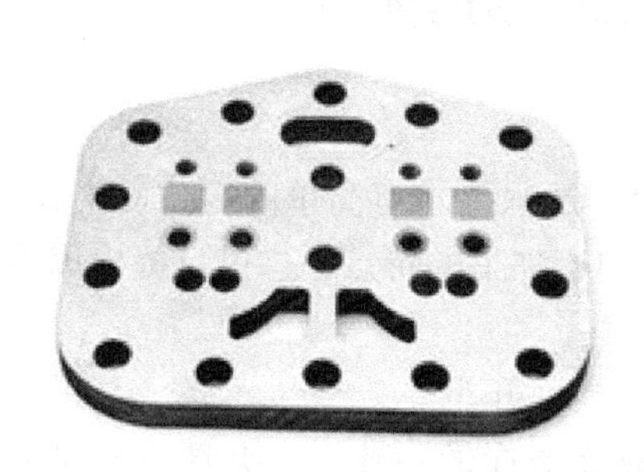

图 8-14　板类零件

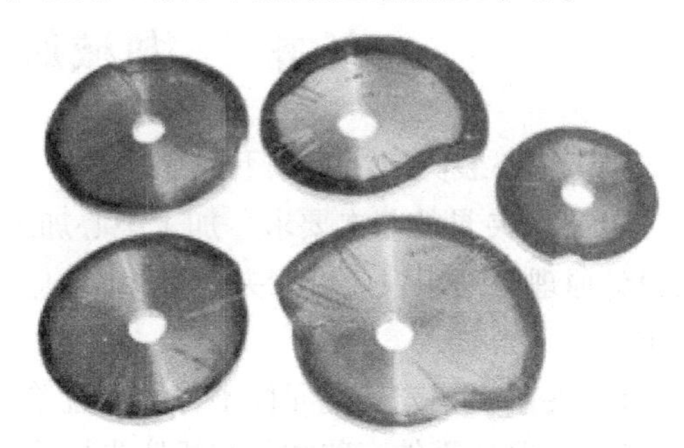

图 8-15　凸轮

（4）叶轮类零件　整体叶轮常见于航空发动机的压气机、空气压缩机和船舶水下推进器等，它除具有一般曲面加工的特点外，还存在许多特殊的加工难点，如通道狭窄、刀具很容易与加工表面和邻近曲面发生干涉。图 8-16 所示叶轮的叶面是一个典型的三维空间曲面，加工这样的型面，可采用四轴以上联动的加工中心。

（5）异形类零件　异形件是外形不规则的零件，大都需要点、线、面多工位混合加工，图 8-17 所示，是一种异形支架零件，还有各种样板、靠模等均属异形件。由于其外形不规则，在普通机床上只能采取工序分散的原则加工，需要的工装多、周期长。异形件的刚性一般较差，夹压变形难以控制，加工精度也难以保证，甚至某些零件有的加工部位用普通机床无法加工。用加工中心加工时，利用加工中心多工位点、线、面混合加工的特点，通过采取合理的工艺措施，一次或两次装夹即能完成多道工序或全部的工序内容。

加工异形件时，形状越复杂、精度要求越高，使用加工中心越能显示优越性。

图 8-16　叶轮

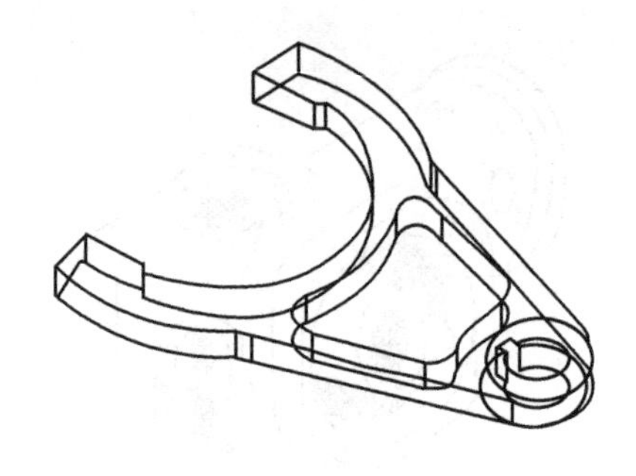

图 8-17　支架零件

四、选择并确定加工中心的加工内容

通常选择下列加工表面。

1）尺寸精度要求较高的表面。

2）相互位置精度要求较高的表面。

3）不便于普通机床加工的复杂曲线、曲面。

4）能够集中加工的表面。

任务二　机械加工工艺过程卡的编写

加工中心装夹应注意以下问题。

（1）对夹具的基本要求　加工中心加工时实际上一般只要求有简单的定位、夹紧机构，其设计原理与通用镗、铣床夹具是相同的。结合加工中心加工的特点，这里只提出以下基本要求。

1）夹紧机构或其他元件不得影响进给，加工部位要敞开。

2）为保持零件安装方位与机床坐标系及编程坐标系方向的一致性，夹具应能保证在机床上实现定向安装，还要求能使零件定位面与机床之间保持一定的坐标联系。

3）夹具的刚性和稳定性要好。

4）装卸方便，辅助时间尽量短。

5）对小型零件或工序不长的零件，可以考虑在工作台上同时装夹几件进行加工，以提高加工效率。

6）夹具结构应力求简单。

7）减少更换夹具的准备、结束时间。

8）减小夹具在机床上的使用误差。

（2）常用的夹具种类及选择　根据加工中心的特点和加工需要，目前常用的夹具类型有专用夹具、组合夹具（图 8-18）、可调夹具、成组夹具以及工件统一基准定位装夹系统，在选择时要综合考虑各种因素，选择较经济、较合理的夹具形式。

选择夹具的一般顺序：在单件生产中尽可能采用通用夹具；批量生产时优先考虑组合夹具，其次考虑可调夹具，最后考虑成组夹具和专用夹具；当装夹精度要求很高时，可配置工

图 8-18　槽系组合夹具和孔系组合夹具

件统一基准定位装夹系统。

（3）确定零件在机床工作台上的最佳位置　在卧式加工中心上加工零件时，工作台要带着工件旋转，进行多工位加工，这时就要考虑零件（包括夹具）在机床工作台上的最佳位置。该位置是在技术准备过程中根据机床行程，考虑各种干涉情况，优化匹配各部位刀具长度而确定的。如果考虑不周，将会造成机床超程，需要更换刀具，重新试切，影响加工精度和加工效率，也增大了出现废品的可能性。

加工中心具有的自动换刀功能决定了其最大的弱点是刀具悬臂式加工，在加工过程中不能设置镗模、支架等。因此，在进行多工位零件的加工时，应综合计算各工位的各加工表面到机床主轴端面的距离以选择最佳的刀具长度，提高工艺系统的刚性，从而保证加工精度。

图 8-1 所示的箱体类工件的机械加工工艺过程卡参见表 8-2。该工件尺寸不大，生产批量为 10 件，属于单件小批生产，加工工序采用工序集中的原则，选择一台加工中心，型号为 VMC650，外形结构如图 8-19 所示，机床参数见表 8-3。

表 8-2　机械加工工艺过程卡

机械加工工艺过程卡				产品型号			零件图号	
				产品名称	短轴		零件名称	
材料牌号	2A12	毛坯种类	板材	毛坯尺寸	200mm×76mm×32mm		备注	
工序号	工序名称	工序内容		车间	工段	设备	工艺装备	工时
1	备料	板材：200mm × 76mm × 32mm						
2	铣	铣上、下表面；加工工艺孔；加工孔；铣削上、下表面的型腔和外形轮廓		数控加工		VMC650	一面两销专用夹具	
3	钳	去除工艺凸台；去毛刺						
4	尺寸检验							
5	检查入库							
编制			审核				共　页	第　页

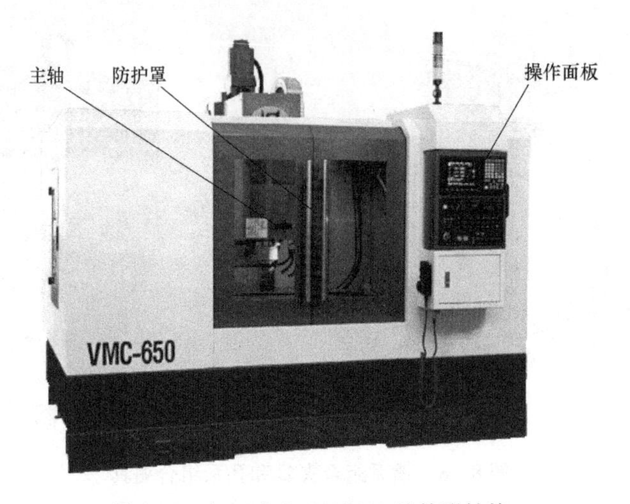

图 8-19　加工中心 VMC650 的外形结构

表 8-3　加工中心 VMC650 参数表

项　目	技　术　参　数
X 轴行程	600mm
Y 轴行程	500mm
Z 轴行程	500mm
主轴鼻端至工作台面的距离	100～600mm
主轴中心至立柱导轨面的距离	480mm
X/Y 轴快速进给	24000mm/min
Z 轴快速进给	15000mm/min
切削进给	1～10000mm/min
定位精度	±0.005/300
重复定位精度	±0.003/300
工作台面积	800mm×420mm
工作台载重能力	600kg
T 型槽数/宽度/间距	3/18mm/135mm
主轴最高转速	8000r/min
主轴电动机功率	5.5kW
主轴鼻端锥度	BT40
刀库容量	16 把
换刀时间(刀对刀)	2.5s
机床净重	5000kg
外形尺寸	2400mm×2300mm×2300mm

任务三　数控加工工序卡的编写

一、加工中心的对刀

加工中心的对刀操作分为 X、Y 向对刀和 Z 向对刀。根据现有条件和加工精度要求

选择对刀方法，可采用试切法、寻边器对刀、机外对刀仪对刀和自动对刀等。其中试切法对刀精度较低，加工中常用寻边器和 Z 轴设定器对刀，因其效率高，能保证对刀精度。

（1）寻边器　寻边器主要用于确定工件坐标系原点在机床坐标系中的 X、Y 值，也可以测量工件的简单尺寸。寻边器有光电式（图 8-20）和偏心式（图 8-21）等类型，其中以光电式较为常用。光电式寻边器的测头一般为 10mm 的钢球，用弹簧拉紧在光电式寻边器的测杆上，碰到工件时可以退让，并将电路导通，发出光信号，通过光电式寻边器的指示和机床坐标位置即可得到被测表面的坐标位置。

图 8-20　光电式寻边器

图 8-21　偏心式寻边器

光电式寻边器的对刀过程如图 8-22 所示，先后定位到工件正对的两侧表面，记下对应的 X_1、X_2、Y_1、Y_2 坐标值，则对称中心在机床坐标系中的坐标应是$[(X_1+X_2)/2,(Y_1+Y_2)/2]$。

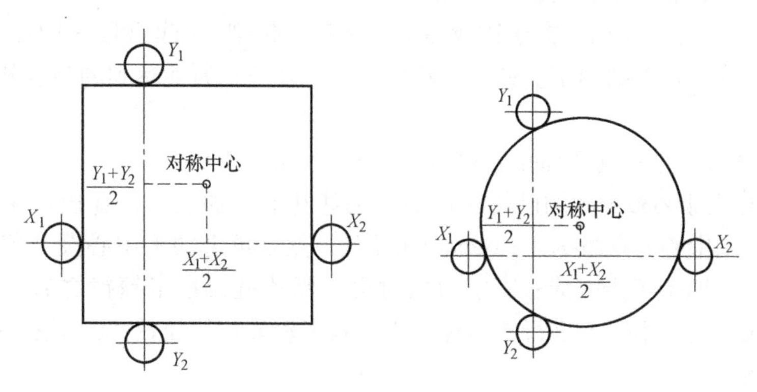

图 8-22　光电式寻边器的对刀过程

（2）Z 轴设定器　Z 轴设定器主要用于确定工件坐标系原点在机床坐标系中的 Z 轴坐标，或者说是确定刀具在机床坐标系中的高度。Z 轴设定器有指针式（图 8-23）和光电式（图 8-24）等类型，通过光电指示或指针判断刀具与对刀器是否接触，对刀精度一般可达 0.005mm。Z 轴设定器带有磁性表座，可以牢固地附着在工件或夹具上，其高度一般为 50mm 或 100mm。

光电式 Z 轴设定器的对刀过程如图 8-25 所示。

图 8-23 指针式 Z 轴设定器

图 8-24 光电式 Z 轴设定器

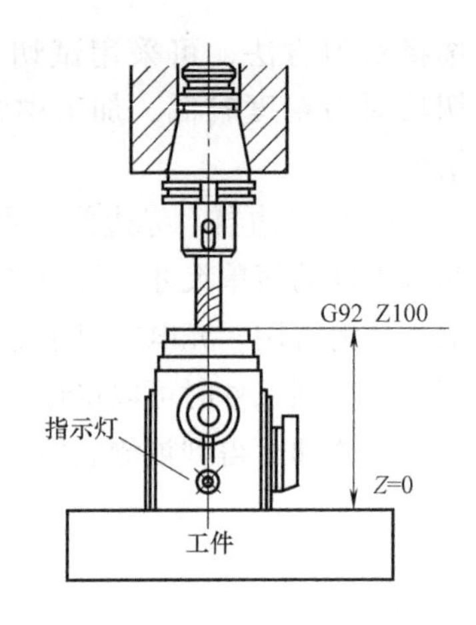

图 8-25 光电式 Z 轴设定器的对刀过程

二、加工中心加工工艺路线的拟定

(1) 加工方法的选择　在加工中心上通常采用铣削、钻削、扩削、铰削、镗削和攻螺纹等加工方法，完成平面、平面轮廓、曲面、曲面轮廓、孔和螺纹等的加工，所选加工方法要与零件的表面特征、所要达到的精度及表面粗糙度值相适应。

1）平面、平面轮廓及曲面的加工方法。粗铣平面，其尺寸公差等级可达 IT12 ~ IT14（指两平面之间的尺寸），表面粗糙度值 Ra 可达 12.5 ~ 50μm。粗、精铣平面，其尺寸公差等级可达 IT7 ~ IT9，表面粗糙度值 Ra 可达 1.6 ~ 3.2μm。

2）孔的加工方法。孔加工方法比较多，有钻削、扩削、铰削和镗削等，大直径孔还可采用圆弧插补方式进行铣削加工。钻削、扩削、铰削及镗削所能达到的精度和表面粗糙度值见表 8-4。

① 所有孔系都应先完成全部孔的粗加工，再进行精加工。

② 对于直径大于 ϕ30 mm 的已铸出或锻出毛坯孔的孔加工，在普通机床上先完成毛坯孔加工，留给加工中心的余量为 4 ~ 6mm（直径），然后再上加工中心按“粗镗—半精镗—孔端倒角—精镗”四个工步完成；有空刀槽时可用锯片铣刀在半精镗之后、精镗之前用圆弧插补方式完成，也可用镗刀进行单刀镗削，但效率较低；孔径较大的可采用立铣刀粗铣—精铣的加工方案。

③ 直径小于 ϕ30mm 的孔可以不铸出毛坯孔，全部加工都在加工中心上完成，可分为“锪平端面—钻中心孔—钻—扩—孔端倒角—铰”等工步；有同轴度要求的小孔，须采用“锪平端面—钻中心孔—钻—半精镗—孔端倒角—精镗（或铰）”工步来完成。为提高孔的位置精度，在钻孔工步前需安排锪平端面和钻中心孔工步。孔端倒角安排在半精加工之后、精加工之前，以防孔内产生毛刺。

④ 在孔系加工中，先加工大孔，再加工小孔，特别是在大、小孔相距很近的情况下，更要采取这一措施。

⑤ 对于跨距较大箱体的同轴孔加工，尽量采取调头加工的方法，以缩短刀辅具的长径比，增加刀具刚性，提高加工质量。

⑥ 螺纹的加工根据孔径大小选择加工方法。一般情况下，直径为 M6 ~ M20 的螺纹，通常采用攻螺纹的方法加工；直径在 M6 以下的螺纹，在加工中心上完成底孔加工，通过其他手段攻螺纹，因为在加工中心上攻螺纹不能随机控制加工状态，小直径丝锥容易折断；直径在 M20 以上的螺纹，可采用镗刀片镗削加工。

表 8-4　不同精度孔加工方案

孔公差	孔的毛坯性质	
	实体	预铸或冲出的孔
H12、H13	一次钻孔	扩或镗、铰
H11	孔径≤10mm：一次钻孔	孔径≤80mm：粗扩、精扩，或用镗刀粗镗、精镗，或根据余量镗、扩
	孔径 10 ~ 30mm：钻、扩	
	孔径≥30 ~ 80mm：钻、扩、镗	
H10、H9	孔径≤10mm：钻、铰	孔径≤80mm：粗扩、精扩，或用镗刀粗镗、精镗，或根据余量镗、扩
	孔径 10 ~ 30mm：钻、扩、铰或二次铰	
	孔径≥30 ~ 80mm：钻、扩、镗或钻、扩、铰或铣	
H8、H7	孔径≤10mm：钻、铰	孔径≤80mm：粗镗（次数根据加工余量制订）、半精镗，精镗或精铰
	孔径 10 ~ 30mm：钻、扩、铰或二次铰	
	孔径≥30 ~ 80mm：钻、扩、镗或钻、扩、铰或铣	

（2）加工阶段的划分　一般情况下，在加工中心上加工的零件已在其他机床上经过粗加工，加工中心只是完成最后的精加工，所以不必划分加工阶段。

对加工质量要求较高的零件，若其主要表面未在加工中心上加工之前没有经过粗加工，则应尽量将粗、精加工分开进行，使零件在粗加工后有一段自然时效过程，以消除残余应力，恢复切削力、夹紧力引起的弹性变形和切削热引起的热变形，必要时还可以进行人工时效处理，最后通过精加工消除各种变形。

对加工精度要求不高，而毛坯质量较高、加工余量不大、生产批量很小的零件或新产品试制中的零件，利用加工中心良好的冷却系统，可把粗、精加工合并进行，但粗、精加工应划分成两道工序分别完成，粗加工用较大的夹紧力，精加工用较小的夹紧力。

（3）加工余量的确定　加工余量的大小对零件的加工质量和生产率及经济性均有较大的影响。正确规定加工余量的数值，是制订工艺规程的重要任务之一，特别是对加工中心，所有刀具的尺寸都是按各工步加工余量调整的，选好加工余量就显得尤为重要。加工余量过小，会由于上道工序与加工中心的安装找正误差，不能保证切去金属表面的缺陷层而产生废品，有时还会使刀具处于恶劣的工作条件，如切削很硬的夹砂外皮，会导致刀具迅速磨损等；如果加工余量过大，则浪费工时，增加工具损耗，浪费金属材料。

确定加工余量的基本原则是在保证加工质量的前提下，尽量减少加工余量。最小加工余量的数值，应保证能将具有各种缺陷和误差的金属层切去，从而提高加工表面的精度和表面质量。一般，最小加工余量的大小决定于下列因素。

1）表面粗糙度值。

2）表面缺陷层深度。

3）空间偏差。

4）表面几何误差。

5）装夹误差。

在具体确定工序间的加工余量时，应根据下列条件选择其大小。

1）对最后的工序，加工余量应能保证得到图样上所规定的表面质量和精度要求。

2）考虑加工方法、设备的刚性以及工件可能发生的变形。

3）考虑零件热处理时引起的变形。

4）考虑被加工零件的大小。零件越大，由于切削力、内应力引起的变形也越大，因此要求加工余量也相应地大一些。

实体材料上孔的加工方式及余量见表8-5。

表8-5　实体材料上孔的加工方式及余量　（单位：mm）

孔的直径/mm	直　径							
	钻		粗加工		半精加工		精加工	
	第一次	第二次	粗镗	或扩孔	粗铰	或半精镗	精铰	或精镗
3	2.9	—	—	—	—	—	3	—
4	3.9	—	—	—	—	—	4	—
5	4.8	—	—	—	—	—	5	—
6	5.0	—	—	5.85	—	—	6	—
8	7.0	—	—	7.85	—	—	8	—
10	9.0	—	—	9.85		—	10	—
12	11.0	—	—	11.85	11.95	—	12	—
13	12.0	—	—	12.85	12.95	—	13	—
14	13.0	—	—	13.85	13.95	—	14	—
15	14.0	—	—	14.85	14.95	—	15	—
16	15.0	—	—	15.85	15.95	—	16	—
18	17.0	—	—	17.85	17.95	—	18	—
20	19.0	—	19.8	19.8	19.95	19.90	20	20
22	20.0	—	21.8	21.8	21.95	21.90	22	22
24	22.0	—	23.8	23.8	23.95	23.90	24	24
25	23.0	—	24.8	24.8	24.95	24.90	25	25
26	24.0	—	25.8	25.8	25.95	25.90	26	26
28	26.0	—	27.8	27.8	27.95	27.90	28	28
30	15.0	28.0	29.8	29.8	29.95	29.90	30	30
32	15.0	30.0	31.7	31.7	31.93	31.90	32	32
35	20.0	33.0	34.7	34.7	34.93	34.90	35	35
38	20.0	36.0	37.7	37.7	37.93	37.90	38	38
40	25.0	38.0	39.7	39.7	39.93	39.90	40	40
42	25.0	40.0	41.7	41.7	41.93	41.90	42	42
45	36.0	43.0	44.7	44.7	44.93	44.90	45	45
48	36.0	46.0	47.7	47.7	47.93	47.90	48	48
50	36.0	48.0	49.7	49.7	49.93	49.90	50	50

已预铸或冲出孔的工序间加工余量见表 8-6。

表 8-6 已预铸或冲出孔的工序间加工余量 （单位：mm）

孔的直径	直径					孔的直径	直径				
	粗镗		半精镗	粗铰或二次半精镗	精铰或精镗 H7、H8		粗镗		半精镗	粗铰或二次半精镗	精铰或精镗 H7、H8
	第一次	第二次					第一次	第二次			
30	—	28.0	29.8	29.93	30	100	95	98.0	99.3	99.85	100
32	—	30.0	31.7	31.93	32	105	100	103.0	104.3	104.8	105
35	—	33.0	34.7	34.93	35	110	105	108.0	109.3	109.8	110
38	—	36.0	37.7	37.93	38	115	110	113.0	114.3	114.8	115
40	—	38.0	39.7	39.93	40	120	115	118.0	119.3	119.8	120
42	—	40.0	41.7	41.93	42	125	120	123.0	124.3	124.8	125
45	—	43.0	44.7	44.93	45	130	125	128.0	129.3	129.8	130
48	—	46.0	47.7	47.93	48	135	130	133.0	134.3	134.8	135
50	45	48.0	49.7	49.93	50	140	135	138.0	139.3	139.8	140
52	47	50.0	51.5	51.93	52	145	140	143.0	144.3	144.8	145
55	51	53.0	54.5	54.92	55	150	145	148.0	149.3	149.8	150
58	54	56.0	51.5	57.92	58	155	150	153.0	154.3	154.8	155
60	56	58.0	59.5	59.92	60	160	155	158.0	159.3	159.8	160
62	58	60.0	61.5	61.92	62	165	160	163.0	164.3	164.8	165
65	61	63.0	64.5	64.92	65	170	165	168.0	169.3	169.8	170
68	64	66.0	67.5	67.90	68	175	170	173.0	174.3	174.8	175
70	66	68.0	69.5	69.90	70	180	175	178.0	179.3	179.8	180
72	68	70.0	71.5	71.90	72	185	180	183.0	184.3	184.8	185
75	71	73.0	74.5	74.90	75	190	185	188.0	189.3	189.8	190
78	74	76.0	77.5	77.90	78	195	190	193.0	194.3	194.8	195
80	75	78.0	79.5	79.90	80	200	194	197.0	199.3	199.8	200
82	80	80.0	81.3	81.85	82	210	204	207.0	209.3	209.8	210
85	80	83.0	84.3	84.85	85	220	214	217.0	219.3	219.8	220
88	83	86.0	87.3	87.85	88	250	244	247.0	249.3	249.8	250
90	85	88.0	89.3	89.85	90	280	274	277.0	279.3	279.8	280
92	87	90.0	91.3	91.85	92	300	294	297.0	299.3	299.8	300
95	90	93.0	94.3	94.85	95	320	314	317.0	319.3	319.8	320
98	93	96.0	97.3	97.85	98	350	342	347.0	349.3	349.8	350

（4）加工中心的工步设计　理想的加工工艺不仅应保证加工出符合图样要求的合格工件，同时应能使加工中心的功能得到合理应用与充分发挥。安排加工顺序时，主要遵循以下几方面原则。

1）同一加工表面按粗加工、半精加工、精加工次序完成；或全部加工表面按先粗加工，然后半精加工、精加工分开进行。加工尺寸精度要求较高时，考虑零件尺寸、精度、零件刚度和变形等因素，可采用前者；加工位置精度要求较高时，采用后者。

2）对于既有铣面又有镗孔的零件，可以先铣后镗。按这种方法划分工步，可以提高孔的加工精度。铣削时，切削力较大，工件易发生变形。先铣面后镗孔，使其有一段时间的恢复，可减少由变形引起的对孔的精度的影响。反之，如果先镗孔后铣面，则铣削时必然在孔口产生毛刺，从而降低孔的精度。

3）当一个设计基准和孔加工的位置精度与机床定位精度、重复定位精度相接近时，采用相同设计基准集中加工的原则，这样可以解决同一工位设计尺寸基准多于一个时的加工精度问题。

4）相同工序集中加工，应尽量在就近位置加工，以缩短刀具移动距离，减少空行程时间。

5）按所用刀具划分工步。如某些机床工作台回转时间较换刀时间短，在不影响精度的前提下，为了减少换刀次数，减少空行程时间，减少不必要的定位误差，可以采取刀具集中工序，也就是用同一把刀把零件上相同的部位都加工完，再换第二把刀。

6）考虑到加工中存在着重复定位误差，对于同轴度要求很高的孔系，就不能采取原则5)。应该在一次定位后，通过连续换刀，顺序加工完该同轴孔系的全部孔后，再加工其他坐标位置的孔，以提高孔系的同轴度。

7）在一次定位装夹中，尽可能完成所有能够加工表面的加工。

三、切削用量的选择

加工中心加工时，高速钢钻头加工铸铁的切削用量可以参考表8-7，高速钢钻头加工钢件的切削用量可以参考表8-8，高速钢铰刀铰孔的切削用量可以参考表8-9，镗孔的切削用量可以参考表8-10，攻螺纹的切削用量可以参考表8-11。

表8-7 高速钢钻头加工铸铁的切削用量

钻头直径/mm	材料硬度					
	160～200HBW		200～300HBW		300～400HBW	
	v_c /(m/min)	f/(mm/r)	v_c /(m/min)	f/(mm/r)	v_c /(m/min)	f/(mm/r)
1～6	16～24	0.07～0.12	10～18	0.05～0.1	5～12	0.03～0.08
6～12	16～24	0.12～0.2	10～18	0.1～0.18	5～12	0.08～0.15
12～22	16～24	0.2～0.4	10～18	0.18～0.25	5～12	0.15～0.2
22～50	16～24	0.4～0.8	10～18	0.25～0.4	5～12	0.2～0.3

注：采用硬质合金钻头加工铸铁时取 v_c = 20～30m/min。

表8-8 高速钢钻头加工钢件的切削用量

钻头直径/mm	材料强度					
	R_m = 520～700MPa (35、45钢)		R_m = 700～900MPa (15Cr、20Cr钢)		R_m = 1000～1100MPa (合金钢)	
	v_c/(m/min)	f/(mm/r)	v_c/(m/min)	f/(mm/r)	v_c/(m/min)	f/(mm/r)
1～6	8～25	0.05～0.1	12～30	0.05～0.1	8～15	0.03～0.08
6～12	8～25	0.1～0.2	12～30	0.1～0.2	8～15	0.08～0.15
12～22	8～25	0.2～0.3	12～30	0.2～0.3	8～15	0.15～0.25
22～50	8～25	0.3～0.45	12～30	0.3～0.45	8～15	0.25～0.35

表 8-9　高速钢铰刀铰孔的切削用量

钻头直径/mm	材料					
	铸铁		钢及合金钢		铝铜及其合金	
	v_c/(m/min)	f/(mm/r)	v_c/(m/min)	f/(mm/r)	v_c/(m/min)	f/(mm/r)
6~10	2~6	0.3~0.5	1.2~5	0.3~0.4	8~12	0.3~0.5
10~15	2~6	0.5~0.1	1.2~5	0.4~0.5	8~12	0.5~1
15~25	2~6	0.8~1.5	1.2~5	0.5~0.6	8~12	0.8~1.5
25~40	2~6	0.8~1.5	1.2~5	0.4~0.6	8~12	0.8~1.5
40~60	2~6	1.2~1.8	1.2~5	0.5~0.6	8~12	1.5~2

注：采用硬质合金钻头加工铸铁时取 v_c=8~10m/min，铰铝时取 v_c=12~15m/min。

表 8-10　镗孔的切削用量

工序	刀具材料	材料					
		铸铁		钢及合金钢		铝铜及其合金	
		v_c/(m/min)	f/(mm/r)	v_c/(m/min)	f/(mm/r)	v_c/(m/min)	f/(mm/r)
粗镗	高速钢 硬质合金	20~25 35~50	0.4~1.5	15~30 50~70	0.35~0.7	100~150 100~250	0.5~1.5
半精镗	高速钢 硬质合金	20~25 50~70	0.15~0.45	15~50 95~135	0.15~0.45	100~200	0.2~0.5
精镗	高速钢 硬质合金	70~90	<0.08 0.12~0.15	100~135	0.12~0.15	150~400	0.06~0.1

注：采用高精度镗头镗孔时，由于余量较小，直径余量不大于0.2mm，切削速度可提高一些，加工铸铁时取 v_c=100~150m/min，加工钢件时取 v_c=150~200m/min，加工铝合金时取 v_c=200~400m/min。进给量可在0.03~0.1mm/r范围内选取。

表 8-11　攻螺纹的切削用量

加工材料	铸铁	钢及其合金钢	铝铜及其合金
v_c/(m/min)	2.5~5	1.5~5	5~15

根据表8-2机械加工工艺过程卡，工序2采用加工中心加工，其数控加工工序卡见表8-12。

表 8-12　数控加工工序卡

数控加工工序卡	产品型号		零件图号	
	产品名称		零件名称	

材料牌号	2A12	毛坯种类	板材	毛坯外形尺寸	200mm×76mm×32mm	备注	

工序号	工序名称	设备名称	设备型号	程序编号	夹具代号	夹具名称	切削液	车间
2	铣							

工步号	工步内容	刀具号	刀具直径/mm	量具及检具	主轴转速/(r/min)	切削速度/(m/min)	进给速度/(mm/min)	背吃刀量/mm	备注
1	1. 粗铣下表面，留0.5mm余量 2. 精铣下表面	T01	ϕ40		300 400		100 40		

（续）

工步号	工步内容	刀具号	刀具直径/mm	量具及检具	主轴转速/(r/min)	切削速度/(m/min)	进给速度/(mm/min)	背吃刀量/mm	备注
2	1. 粗铣上表面，留 0.5mm 余量 2. 精铣上表面	T01	ϕ40		300 400		100 40		
3	钻两个工艺孔底孔	T02	ϕ6		800		50		
4	钻两个工艺孔至 ϕ11.8mm	T03	ϕ11.8		400		50		
5	铰两个工艺孔至 ϕ12mm	T04	ϕ12		400		50		
6	粗铣下表面型腔，留 0.2mm 余量	T05	ϕ10		1000		120		
7	精铣下表面型腔	T05	ϕ10		1400		100		
8	钻 3 个孔底孔	T02	ϕ6		800		50		
9	钻 ϕ12mm 孔至 ϕ11.8mm	T03	ϕ11.8		400		50		
10	钻 ϕ14mm 孔至 ϕ13.8mm	T06	ϕ13.8		400		50		
11	铰 ϕ12mm 孔至尺寸要求	T04	ϕ12		100		40		
12	铰 ϕ14mm 孔至尺寸要求	T07	ϕ14		100		40		
13	粗铣上表面型腔及外形	T05	ϕ10		1000		120		
14	精铣上表面型腔及外形	T05	ϕ10		1400		100		
编制		审核		批准			共 页		第 页

任务四　数控加工刀具卡的编写

加工中心使用的刀具由刀具和刀柄两部分组成。刀具部分和通用刀具一样，如钻头、铣刀、铰刀和丝锥等。加工中心有自动交换刀具功能，刀柄要满足机床主轴的自动松开和拉紧定位，并能准确地安装各种切削刃具，适应机械手的夹持和搬运及在刀库中储存和识别等要求。

刀具的正确选择和使用是决定零件加工质量的重要因素，对成本昂贵的加工中心更要强调选用高性能刀具，充分发挥机床的效率，降低加工成本，提高加工精度。

为了提高生产率，国内外加工中心正向着高速、高刚性和大功率方向发展。这就要求刀具必须具有能够承受高速切削和强力切削的性能，而且要稳定。同一批刀具在切削性能和刀具寿命方面不得有较大差异。在选择刀具材料时，一般尽可能选用硬质合金刀具，精密镗孔等还可以选用性能更好、更耐磨的立方氮化硼和金刚石刀具。

加工中心加工内容的多样性决定了所使用刀具的种类很多，除铣刀以外，加工中心使用比较多的是孔加工刀具，包括加工各种大小孔径的麻花钻、扩孔钻、锪孔钻、铰刀、镗刀、丝锥以及螺纹铣刀等。为了适应加工要求，这些孔加工刀具一般都采用硬质合金材料且带有各种涂层，分为整体式和机夹可转位式两类。

一、钻头的选择

（1）麻花钻　在加工中心上钻孔，普通麻花钻应用最广泛，尤其是加工 ϕ30mm 以下的孔时，以麻花钻为主（图 8-26）。麻花钻有高速钢和硬质合金两种，主要由工作部分和柄部组成，工作部分包括切削部分和导向部分。

图 8-26　麻花钻

麻花钻导向部分起导向、修光、排屑和输送切削液作用，也是切削部分的后备。根据柄部不同，麻花钻有莫氏锥柄和圆柱柄两种。直径为 $\phi8 \sim \phi80$mm 的麻花钻多为莫氏锥柄，可自接装在带有莫氏锥孔的刀柄内，刀具长度不能调节。直径为 $\phi0.4 \sim \phi20$mm 的麻花钻多为圆柱柄，可装在钻夹头刀柄上。中等尺寸麻花钻两种形式均可选用。

（2）可转位浅孔钻　图 8-27 所示为硬质合金可转位浅孔钻，适合在数控车床上加工 $D=17.5 \sim 80$mm、$L/D \leqslant 3$ 的中等直径浅孔。这种结构的钻头不仅加工时功率消耗少、切削效率高，而且可以节省原材料，降低成本，是中等直径孔批量生产时常用的方法之一。

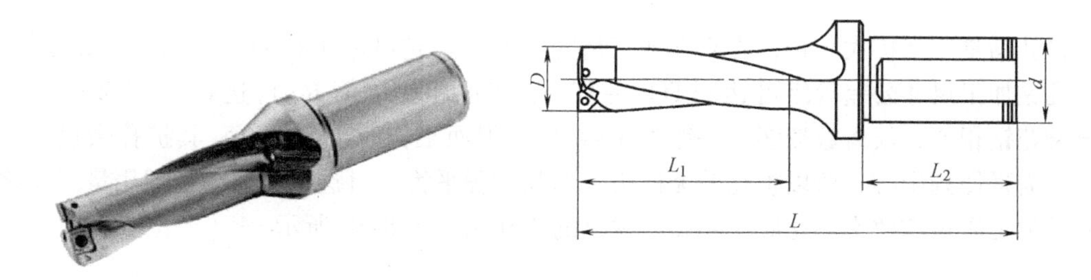

图 8-27　硬质合金可转位浅孔钻

（3）硬质合金扁钻　钻削大直径深孔时，可以选择硬质合金扁钻，其外形如图 8-28 所示。

扁钻切削部分磨成一个扁平体，主切削刃磨出顶角、后角并形成横刃；副切削刃磨出后角与副偏角并控制钻孔直径。扁钻前角小，没有螺旋槽，排屑困难，但制造简单，成本低。

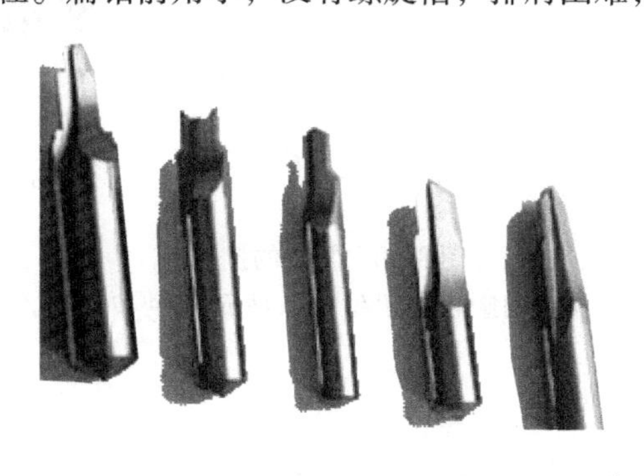

图 8-28　硬质合金扁钻的外形

（4）喷吸钻　对于直径较大的深孔，其孔深度与直径之比为5～100，由于切削量很大，必须较好地解决排屑和冷却问题。喷吸钻是常用的深孔加工钻头，其工作原理如图8-29所示。工作时，将压力切削液从刀体外压入切削区并用喷吸法进行内排屑。喷吸钻刀齿排列有利于分屑。切削液从进液口流入连接套，其1/3从内管四周月牙形喷嘴喷入内管。由于牙槽缝隙很窄，切削液喷出时产生的喷射效应能使内管里形成负压区。另2/3切削液经内管与外管之间流入切削区，汇同切屑被负压吸入内管中，迅速向后排出，增强了排屑效果。

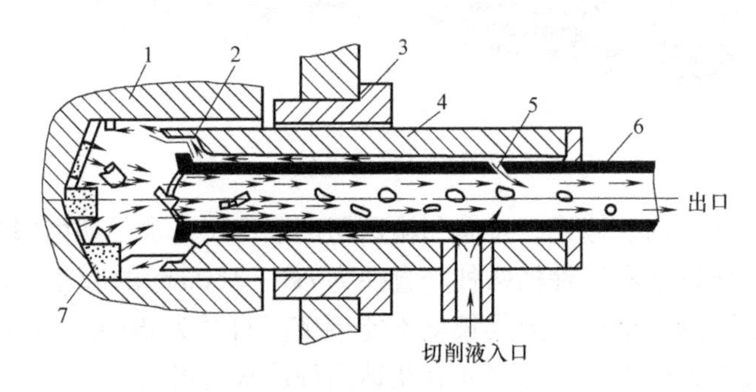

图8-29　喷吸钻的工作原理

1—工件　2—小孔　3—钻套　4—外钻管　5—喷嘴　6—内钻管　7—钻头

二、扩孔刀的选择

扩孔钻是用来扩大孔径，提高孔加工精度的刀具。它可用于孔的半精加工或最终加工。用扩孔钻加工尺寸公差等级可达到IT11～IT10，表面粗糙度值 *Ra* 可达6.3～3.2μm。扩孔钻与麻花钻相似，仅齿数较多，一般为3～4齿，因而工作时导向性好。其扩孔余量小，切削刃无需延伸到中心，所以扩孔钻无横刃，切削过程平稳，可选择较大的切削用量。总之扩孔钻的加工质量和效率均比麻花钻高。常见的扩孔钻如图8-30所示。

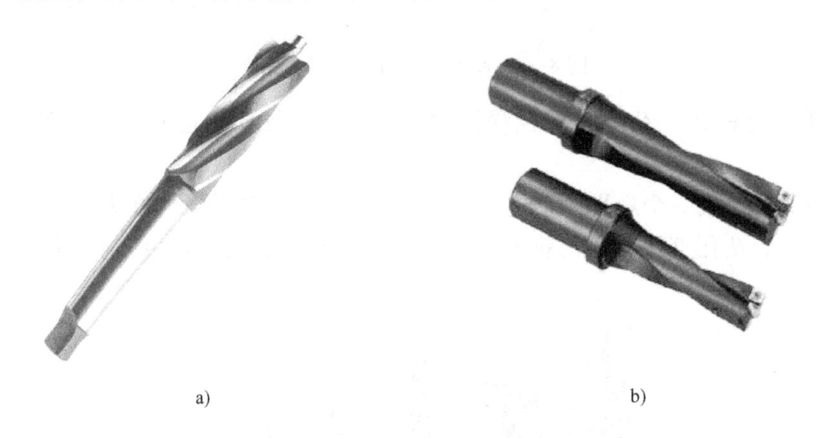

图8-30　常见的扩孔钻

a）高速钢整体式扩孔钻　b）硬质合金可转位扩孔钻

三、镗刀的选择

镗刀用于加工机座、箱体、支架等外形复杂的大型零件上直径较大的孔，特别是有位置

精度要求的孔和孔系。镗刀的类型按切削刃数量可分为单刃镗刀、双刃镗刀和多刃镗刀；按工件的加工表面特征可分为通孔镗刀、不通孔镗刀、阶梯孔镗刀和端面镗刀；按刀具结构可分为整体式镗刀、装配式镗刀和可调式镗刀。

（1）单刃镗刀　普通单刃镗刀只有一条主切削刃在单方向参加切削，其结构简单、制造方便、通用性强，但刚性差，镗孔尺寸调节不方便，生产率低，对工人操作技术要求高。图8-31所示为不同结构的单刃镗刀。加工小直径孔的镗刀通常做成整体式，加工大直径孔的镗刀可做成机夹式或机夹可转位式。单刃镗刀镗杆不宜太细、太长，以免切削时产生振动。

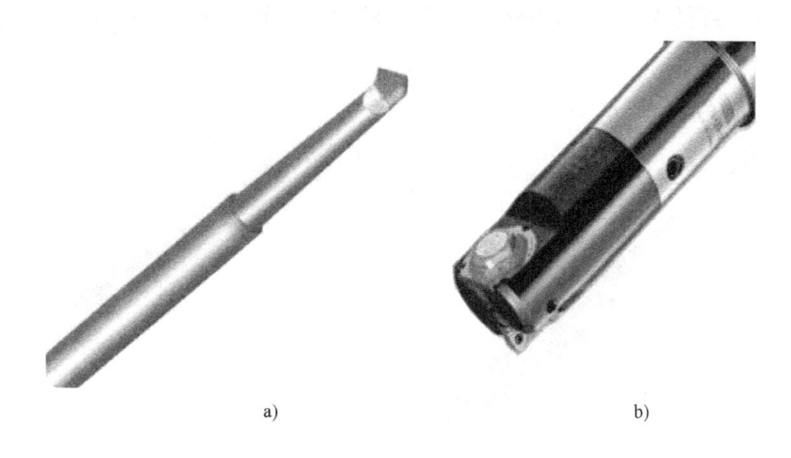

a)　　b)

图 8-31　单刃镗刀

a）整体式镗刀　b）可调式单刃镗刀

镗铸铁孔或精镗时，一般取主偏角 $\kappa_r=90°$；粗镗钢件孔时，取主偏角 $\kappa_r=60°\sim75°$，以延长刀具寿命。单刃镗刀一般均有调整装置，效率低，只能用于单件小批生产，但其结构简单、适应性较广，粗、精加工都适用。

（2）双刃镗刀　双刃镗刀是定尺寸的镗孔刀具，通过改变两切削刃之间距离，实现对不同直径孔的加工。常用的双刃镗刀有固定式双刃镗刀（图 8-32a）、可调式双刃镗刀（图 8-32b）和浮动镗刀三种。

固定式双刃镗刀用于粗镗或半精镗直径大于 40mm 的孔。可调式双刃镗刀采用一定的机

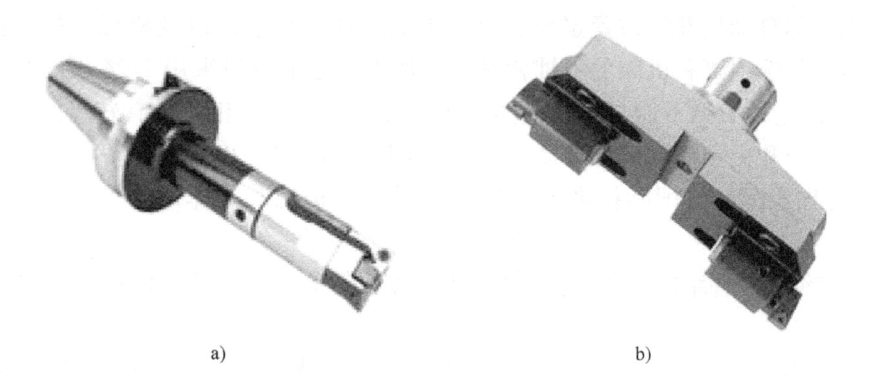

a)　　b)

图 8-32　双刃镗刀

a）固定式双刃镗刀　b）可调式双刃镗刀

械结构，可以调整两刀片之间的距离，从而使一把刀具可以加工不同直径的孔，并可以补偿刀具磨损的影响。

四、铰刀的选择

加工中心上使用的铰刀多是通用标准铰刀，还有机夹硬质合金刀片单刃铰刀和可调浮动铰刀等。铰刀加工尺寸公差等级可达 IT9 ~ IT8，表面粗糙度值 *Ra* 可达 1.6 ~ 0.4μm。通用标准铰刀有直柄（图 8-33a）、锥柄（图 8-33b）和套式三种。锥柄铰刀直径为 ϕ10 ~ ϕ32mm；直柄铰刀直径为 ϕ6 ~ ϕ20mm，小孔直柄铰刀直径为 ϕ1 ~ ϕ6mm；套式铰刀直径为 ϕ25 ~ ϕ80mm。

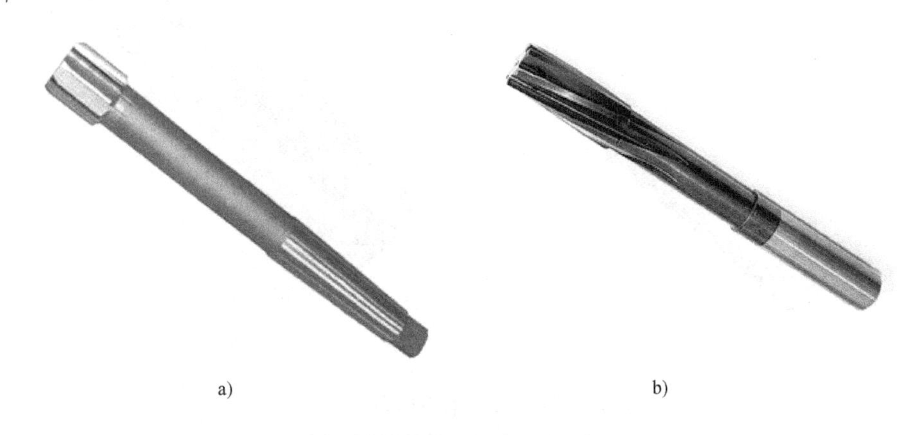

a)　　b)

图 8-33　通用铰刀

a）直柄铰刀　b）锥柄铰刀

铰削公差等级为 IT7 ~ IT6，表面粗糙度值 *Ra* 为 1.6 ~ 0.8μm 的大直径通孔时，可选用专为加工中心设计的可调浮动铰刀。

五、刀柄的选择

（1）7:24 刀柄　刀柄是机床主轴和刀具之间的连接工具，是加工中心必备的辅助工具。刀柄可分为直柄和锥柄两大类。它除了能够准确无误地安装各种刀具外，还应满足在机床主轴上的自动松开和拉紧定位、刀库中的存储和识别，以及机械手的夹持和搬运等需要。刀柄的选用要和机床的主轴相对应。加工中心上一般采用 7:24 圆锥的刀柄，如图 8-34 所示。这种刀柄不能自锁，但换刀比较方便，与直柄相比具有较高的定心精度和刚度，锥柄部分和机械抓拿部分遵循国家标准 GB/T 10944—2013《自动换刀 7:24 圆锥工具柄》。这个国家标准与国际标准 ISO 7388/2 等效，选用时具体尺寸可以查阅有关国家标准。

标准的拉钉有两种结构，图 8-35a 所示为 A 型拉钉的结构，图 8-35b 所示为 B 型拉钉的结构。

（2）HSK 刀柄　高速切削加工已成为机械加工制造技术重要的环节，传统的 BT 刀具系统的加工性能已难以满足高速切削的要求。目前高速切削应用较广泛的有德国的 HSK（德文 Hohl Shaft Kegel 的缩写）刀具系统、美国的 KM 刀具系统、日本的 NC5 和 BIG-PLUS 刀

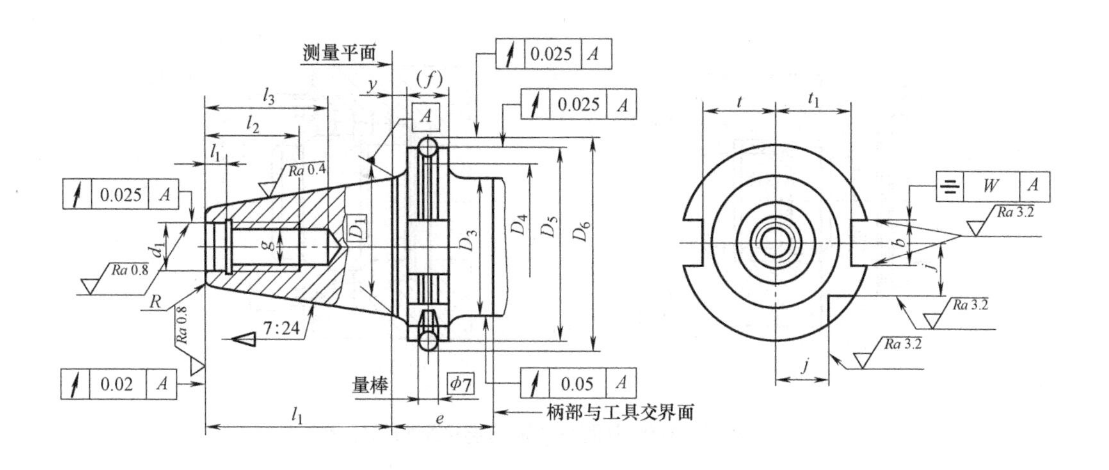

图 8-34　7:24 圆锥刀柄结构

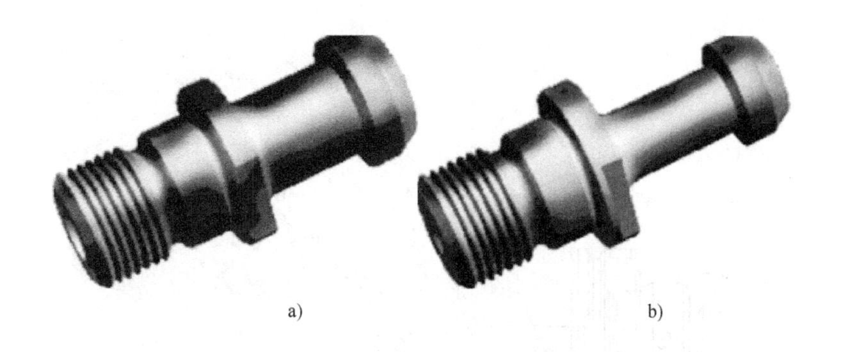

图 8-35　标准拉钉的结构

a）A 型拉钉　b）B 型拉钉

具系统等，都属于两面拘束刀柄。本项目以 HSK 刀柄为例，其尾部短锥的锥度为 1:10，结构如图 8-36 所示。HSK 刀柄与主轴的连接结构与原理如图 8-37 所示。

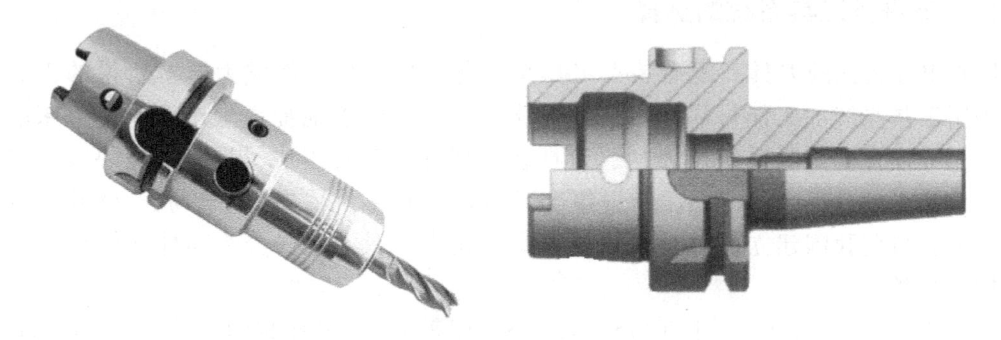

图 8-36　HSK 刀柄的结构

HSK 刀柄有 8 种规格和 6 种型号，以 HSK A63 为例，选用的规格是 63mm 的 A 型号刀柄，如图 8-38 所示。

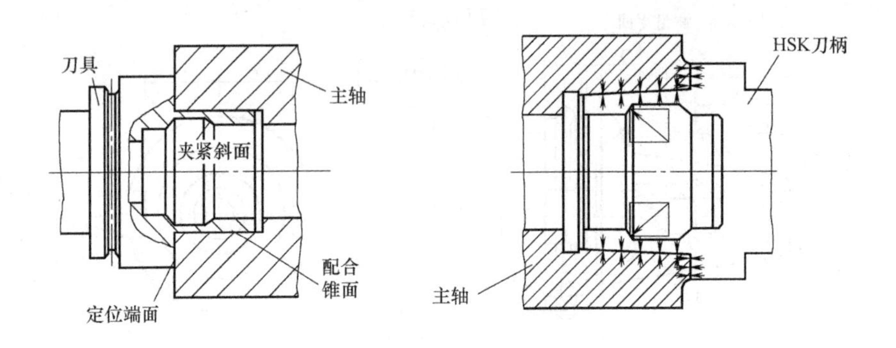

图 8-37　HSK 刀柄与主轴的连接结构与原理

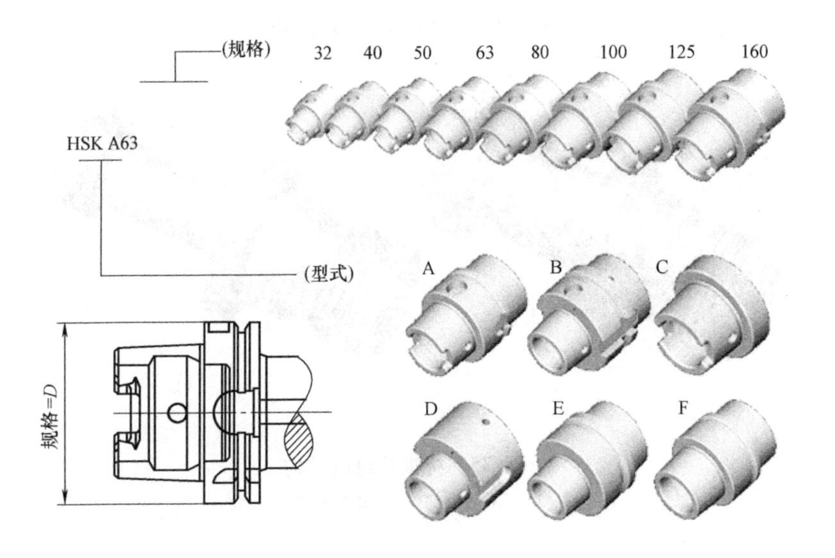

图 8-38　HSK 刀柄的规格和型号

六、镗铣类工具系统的选择

把通用性较强的刀具和配套装夹工具系列化、标准化，就成为通常所说的工具系统。采用工具系统加工能可靠地保证加工质量，最大限度地提高生产率，使机床的性能得以充分发挥。工具系统由刀柄、刀具装夹部分和刀具组成，是一种模块式、层次化，可分级更换、组合的体系，经过组合后可以完成钻孔、扩孔、铰孔、镗孔、攻螺纹等加工。目前我国建立的工具系统主要是镗铣类工具系统，分为整体式结构和模块式结构两大类。

(1) 整体式工具系统　我国的 TSG 工具系统就属于整体式结构的工具系统。它的特点是将锥柄和接杆连成一体，不同品种和规格的工作部分都必须带有与机床相连的柄部。其优点是结构简单，使用方便、可靠，更换迅速等；缺点是锥柄的品种和数量较多，见表 8-13 (森泰英格刀具系统)，选用时一定要按图进行配置。

表 8-13 锥柄的种类

种类	液压刀柄	强力刀柄	侧固式刀柄	2°侧固式刀柄	ER 弹簧夹头刀柄	无扁尾莫氏圆锥孔刀柄
图示						
种类	有扁尾莫氏圆锥孔刀柄	整体式钻夹头刀柄	套式立铣刀刀柄	面铣刀刀柄	三面刃铣刀刀柄	锯片铣刀刀柄
图示						

以森泰英格刀具系统 JT40-KPU16-105 为例，工具系统型号分为三个部分。第一部分 JT40 表示柄部形式及尺寸，JT 系列表示采用国际标准，BT 系列表示采用日本标准，CAT 系列表示采用美国标准；其后的数字表示相应的 ISO 锥度号，如 50 表示大端直径为 69.85mm、40 表示大端直径为 44.45mm 的 7:24 锥度。第二部分 KPU16 表示刀柄的用途及主参数，KPU 等代码的具体含义见表 8-14；其后的数字 16 表示刀具夹持部位的直径范围，不同刀具所对应的含义不同，本刀具的含义为夹持直径范围是 3 ~ 16mm。第三部分 105 表示夹持刀具的工作长度。

表 8-14　整体式工具系统型号第二部分的代码及含义

代码	含义	代码	含义	代码	含义
HC	液压刀柄	ER	弹簧夹头刀柄	XM	套式立铣刀刀柄
C	强力刀柄	MW	无扁尾莫氏圆锥孔刀柄	XMC	面铣刀刀柄
XP	侧固式刀柄	M1-M5	有扁尾莫氏圆锥孔刀柄	XS	三面刃铣刀刀柄
XPD	2°侧固式刀柄	KPU	整体式钻夹头刀柄	XSD	锯片铣刀刀柄

（2）模块式工具系统　模块式工具系统是把工具和工作部分分开，如图 8-39 所示，制成系统化的主柄模块、中间模块和工作模块。每类模块中又分为若干小类和规格，然后用不同规格的中间模块组装成不同用途、不同规格的模块式刀具。这样既方便了制造、使用和保管，又减少了工具的规格、品种和数量的储备。目前模块式工具系统已成为数控刀具的发展方向，世界上模块式工具系统有几十种结构，其主要区别在于模块之间的定位方式和锁紧方式不同。国外有许多比较成熟的和广泛的模块化工具系统，如瑞士的山特维克公司有比较完善的模块式工具系统，国内的 TMG10 和 TMG21 工具系统就属于这一类。

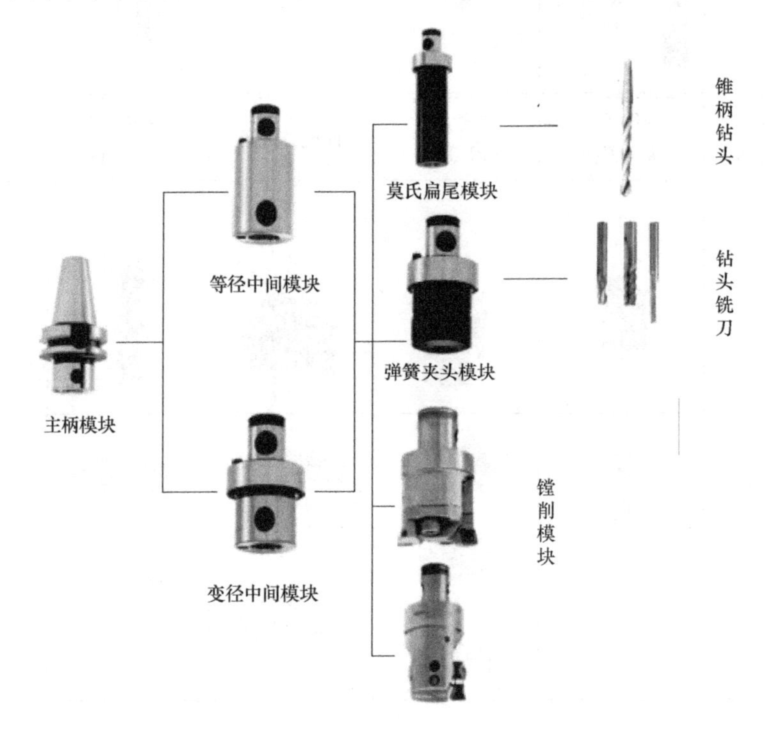

图 8-39　森泰英格 TMG21 工具系统

七、90°面铣刀的选择

本任务选用的 90°可转位硬质合金面铣刀的外形结构如图 8-40 所示。

90°可转位硬质合金面铣刀的参数见表 8-15。

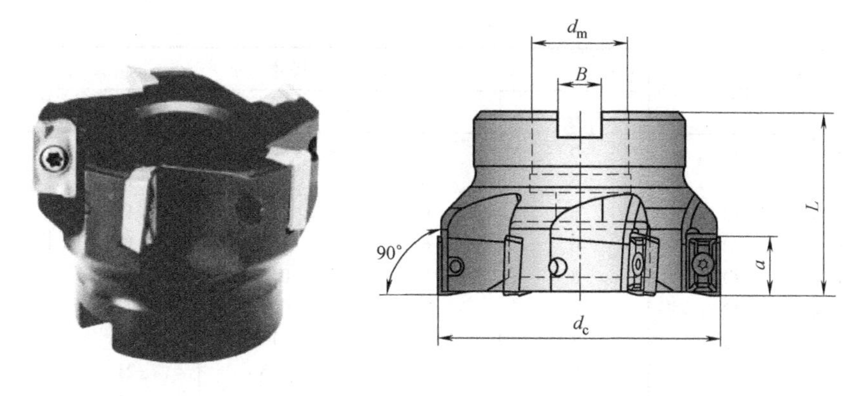

图 8-40　90°可转位硬质合金面铣刀的外形结构

图 8-15　90°可转位硬质合金面铣刀的参数

型号	库存	尺寸/mm					齿数	刀片	螺钉	扳手	重量/kg
		d_c	d_m	a	B	L					
FM90-40AP16N	○	40	16	14	8.4	40	4				0.3
FM90-50AP16N	○	50	22	14	10.4	40	4				0.4
FM90-63AP16N	○	63	22	14	10.4	45	5				0.6
FM90-80AP16N	○	80	27	14	12.4	50	6	AP. . 1604. .	C040A09S	WT15	1.1
FM90-100AP16N	○	100	32	14	14.4	50	7				1.9
FM90-125AP16N	○	125	40	14	16.4	63	8				3.9
FM90-160AP16N	○	160	40	14	16.4	63	10				4.9

八、整体式硬质合金 R 角立铣刀的选择

本任务选用的整体式硬质合金 R 角立铣刀的外形结构如图 8-41 所示。

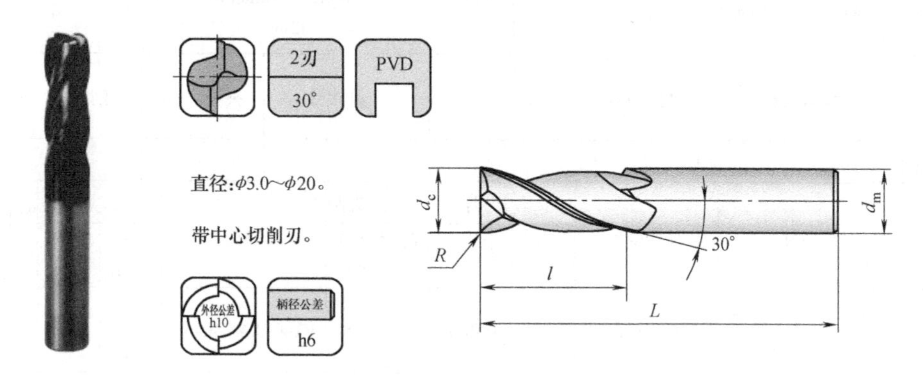

图 8-41　整体式硬质合金 R 角立铣刀的外形结构

标准型整体式硬质合金 R 角立铣刀的参数见表 8-16。

表 8-16　标准型整体式硬质合金 R 角立铣刀的参数

型号	库存	尺寸/mm				
		d_c	d_n	R	l	L
ES2300R03-4	○	4	4	0.3	14	51
ES2300R05-4	○	4	4	0.5	14	51

（续）

型号	库存	尺寸/mm				
		d_c	d_n	R	l	L
ES2300R03-6	○	6	6	0.3	19	61
ES2300R05-6	○	6	6	0.5	19	61
ES2300R10-6	○	6	6	1	19	61
ES2300R15-6	○	6	6	1.5	19	61
ES2300R03-8	○	8	8	0.3	21	61
ES2300R05-8	○	8	8	0.5	21	61
ES2300R10-8	○	8	8	1	21	61
ES2300R15-8	○	8	8	1.5	21	61
ES2300R20-8	○	8	8	2	21	61
ES2300R05-10	○	10	10	0.5	22	70
ES2300R10-10	○	10	10	1	22	70
ES2300R15-10	○	10	10	1.5	22	70
ES2300R20-10	○	10	10	2	22	70
ES2300R30-10	○	10	10	3	22	70
ES2300R05-12	○	12	12	0.5	25	76
ES2300R10-12	○	12	12	1	25	76
ES2300R15-12	○	12	12	1.5	25	76
ES2300R20-12	○	12	12	2	25	76
ES2300R30-12	○	12	12	3	25	76

图 8-1 所示工件的第 2 道工序所对应的数控刀具卡见表 8-17。

表 8-17　数控加工刀具卡

数控加工刀具卡	产品型号		零件图号	
	产品名称		零件名称	

材料牌号	2A12	毛坯种类	板材	毛坯外形尺寸	200mm×76mm×32mm	备注	

工序号	工序名称	设备名称	设备型号	程序编号	夹具代号	夹具名称	切削液	车间
2	铣							

工步号	刀具号	刀具名称	刀具型号	刀片		刀尖圆弧半径/mm	刀柄型号	刀具		补偿量/mm	备注
				型号	牌号			直径/mm	刀长/mm		
1	T01	90°可转位硬质合金面铣刀	FM90-40AP16N	APKT1001PDTR		0.8	BT40-XMC40-60	ϕ40	40		
2	T01	90°可转位硬质合金面铣刀	FM90-40AP16N	APKT1001PDTR		0.8	BT40-XMC40-60	ϕ40	40		
3	T02	60°定心钻	Z04.0600.060				BT40-KPU16-100	ϕ6	72		
4	T03	4 刃麻花钻	ϕ11.8－4D				BT40-KPU16-100	ϕ11.8	118		
5	T04	硬质合金铰刀	12H8*35*77-30				BT40-ER20-60	ϕ12	77		
6	T05	硬质合金 R 角立铣刀	EX2300-10			1	BT40-ER20-60	ϕ10	130		

（续）

工步号	刀具号	刀具名称	刀具型号	刀片		刀尖圆弧半径/mm	刀柄型号	刀具		补偿量/mm	备注
				型号	牌号			直径/mm	刀长/mm		
7	T05	硬质合金R角立铣刀	EX2300-10			1	BT40-ER20-60	ϕ10	130		
8	T02	60°定心钻	Z04.0600.060				BT40-KPU16-100	ϕ6	72		
9	T03	4刃麻花钻	ϕ11.8-4D				BT40-KPU16-100	ϕ11.8	118		
10	T06	4刃麻花钻	ϕ13.8-4D				BT40-KPU16-100	ϕ13.8	124		
11	T04	硬质合金铰刀	12H8*35*77-30				BT40-ER20-60	ϕ12	77		
12	T07	硬质合金铰刀	14H8*30*77-30				BT40-KPU16-100	ϕ14	77		
13	T05	硬质合金R角立铣刀	EX2300-10			1	BT40-ER20-60	ϕ10	130		
14	T05	硬质合金R角立铣刀	EX2300-10			1	BT40-ER20-60	ϕ10	130		
编制				审核			批准		共　页		第　页

任务五　数控加工进给路线图的编写

加工中心上刀具的进给路线可分为孔加工进给路线和铣削加工进给路线。铣削加工进给路线就是铣削加工刀具轨迹生成问题，已在前面相关项目里详细介绍，这里不再赘述。下面主要介绍孔加工进给路线。

孔加工时，一般是将刀具在 *XOY* 平面内快速定位运动到孔中心线的位置上，然后刀具再沿 *Z* 向（轴向）运动进行加工。

一、*XOY* 平面内的进给路线设计

孔加工时，刀具在 *XOY* 平面内的运动属点位运动，确定进给路线时，需要考虑以下两点内容。

（1）定位要迅速　也就是在刀具不与工件、夹具、机床相碰撞的前提下空行程的时间尽可能短。如加工图 8-42a 所示工件，按图 8-42b 所示进给路线进给比按图 8-42c 所示进给路线进给节省近一半定位时间。这是因为在点位运动情况下，刀具由一点运动到另一点时，通常是沿 *X*、*Y* 坐标轴方向同时快速移动，当 *X*、*Y* 轴各自移距不同时，短移距方向的运动先停，待长移距方向的运动停止后刀具才达到目标位置。图 8-42b 所示方案使沿两轴方向的移距接近，所以定位过程迅速。

（2）定位要准确　安排进给路线时，要避免机械进给系统反向间隙对孔位精度的影响。如铰削图 8-43a 所示零件上的 4 个孔，按图 8-43b 所示进给路线加工，由于孔 4 与孔 1、2、3 的定位方向相反，*Y* 向反向间隙会使定位误差增加，从而影响孔 4 与其他孔的位

置精度。按图 8-43c 所示进给路线，加工完孔 3 后往上多移动一段距离至 B 点，然后再折回来在孔 4 处进行定位加工，这样方向一致，就可避免反向间隙的引入，提高了孔 4 的定位精度。

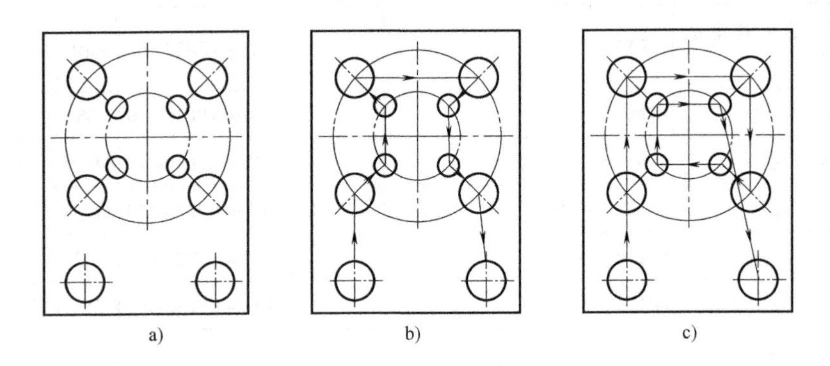

图 8-42　最短进给路线示意图

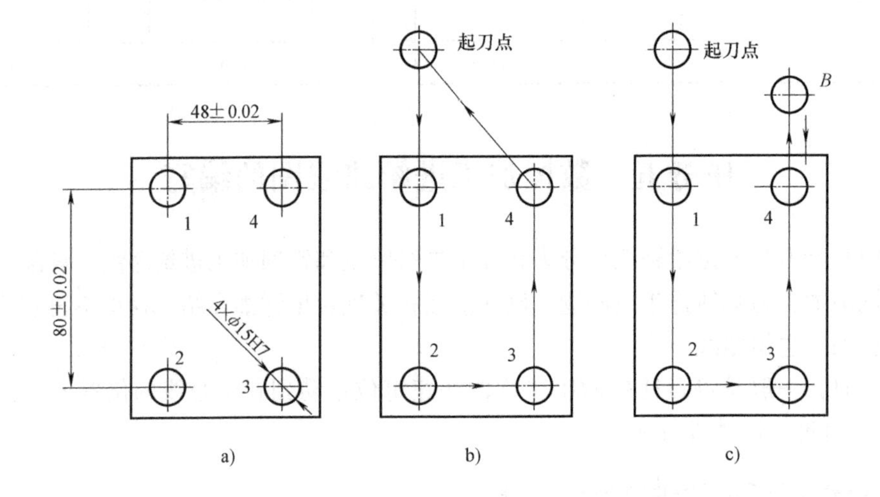

图 8-43　提高定位精度的进给路线示意图

定位迅速和定位准确两者有时难以同时满足，在上述两例中，图 8-42b 是按最短路线进给，但不是从同一方向趋近目标位置，影响了刀具定位精度，图 8-43c 是从同一方向趋近目标位置，但不是最短路线，增加了刀具的空行程。这时应抓主要矛盾，若按最短路线进给能保证定位精度，则取最短路线；反之，应取能保证定位准确的路线。

二、Z 向（轴向）的进给路线设计

为了缩短刀具的空行程，Z 向进给路线分为快速移动进给路线和工作进给路线。刀具先从起始平面快速运动到距工件加工表面一定距离的 R 平面上，然后按工作进给速度运动进行加工。图 8-44a 所示为加工单个孔时刀具的进给路线。对多孔加工，为减少刀具空行程进给时间，加工中间孔时，刀具不必退回到初始平面，只要退到 R 平面上即可，其进给路线

如图 8-44b 所示。

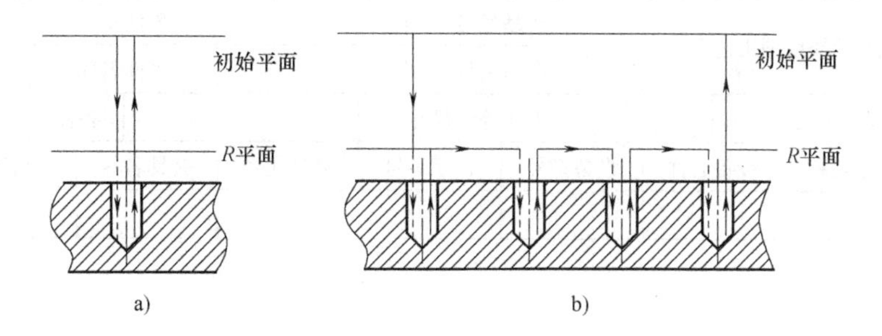

图 8-44　Z 方向的进给路线示意图

在工作进给路线中，工作进给距离 Z_F 包括被加工孔的深度 H、刀具的切入距离 Z_a 和切出距离 Z_0（加上通孔），如图 8-45 所示。

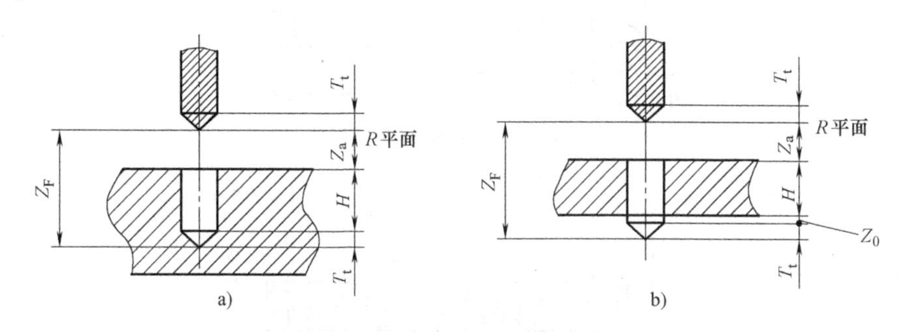

图 8-45　工作进给距离

加工不通孔时，工作进给距离为

$$Z_F = Z_a + H + T_t$$

加工通孔时，工作进给距离为

$$Z_F = Z_a + H + Z_0 + T_t$$

式中，刀具切入、切出距离的经验数据见表 8-18。

表 8-18　刀具切入、切出距离的经验数据

加工方式	表面状态	
	已加工表面	毛坯表面
钻孔	2～3mm	5～8mm
扩孔	3～5mm	5～8mm
镗孔	3～5mm	5～8mm
铰孔	3～5mm	5～8mm
铣削孔	3～5mm	5～8mm
攻螺纹	5～10mm	5～10mm

图 8-1 所示平面工件的进给路线图工艺卡见表 8-19。

表 8-19　数控加工进给路线图工艺卡

数控加工进给路线图工艺卡				产品型号		零件图号		
				产品名称		零件名称		
材料牌号	2A12	毛坯种类		毛坯外形尺寸			备注	
工序号	工序名称	设备名称	设备型号	程序编号	夹具代号	夹具名称	切削液	车间
2	铣							

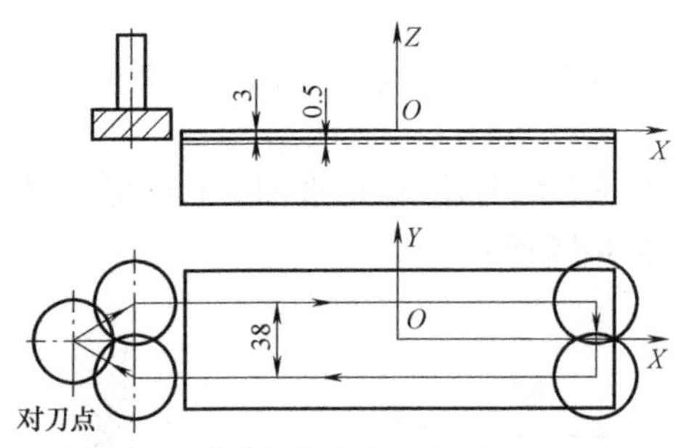

上 下表面铣削进给路线图

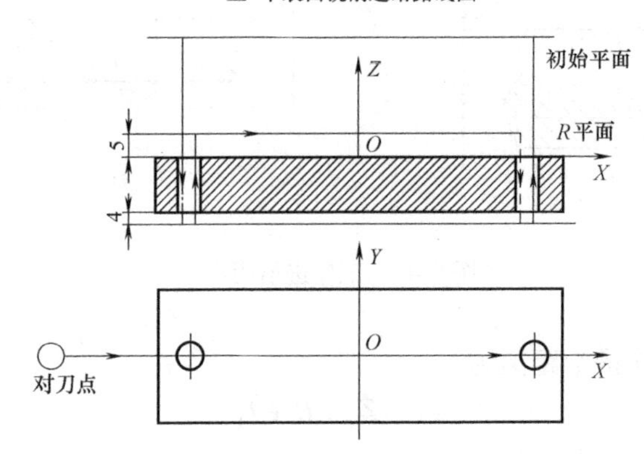

工艺孔钻、扩、铰削进给路线图

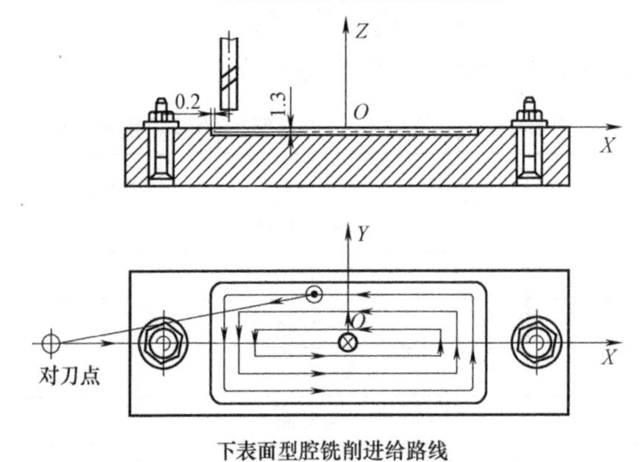

下表面型腔铣削进给路线

（续）

工序号	工序名称	设备名称	设备型号	程序编号	夹具代号	夹具名称	切削液	车间
2	铣							

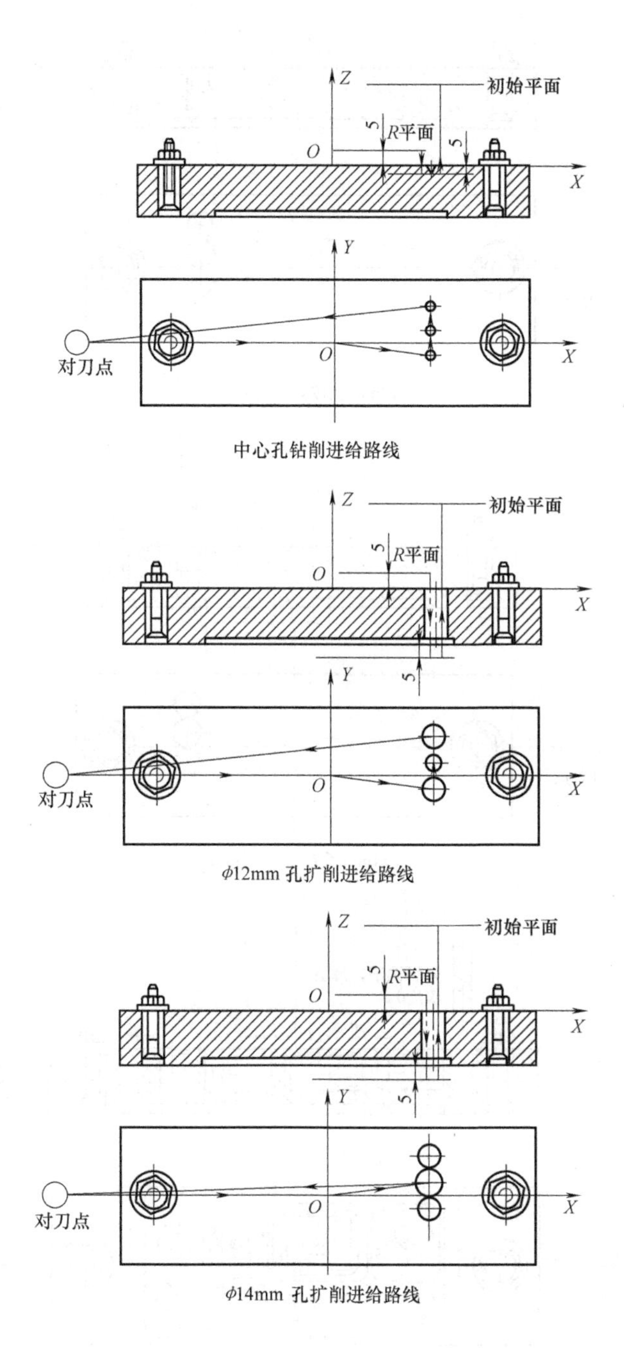

（续）

工序号	工序名称	设备名称	设备型号	程序编号	夹具代号	夹具名称	切削液	车间
2	铣							

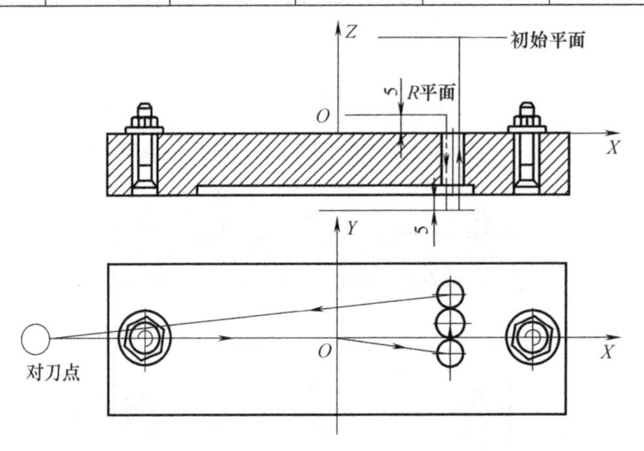

ϕ12mm 孔铰削进给路线

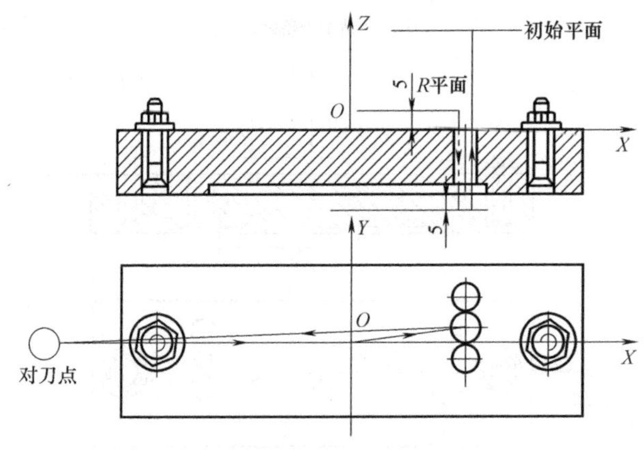

ϕ14mm 孔铰削进给路线

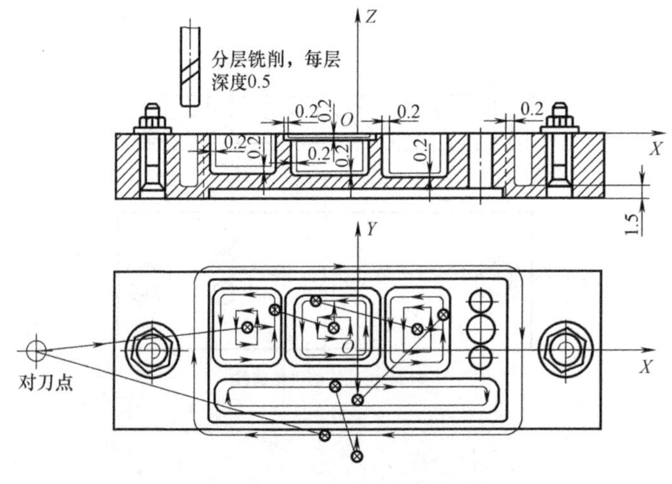

粗、精铣上表面型腔及外形进给路线

思考与练习题

1. 加工中心按换刀形式分类，可以分为________、________、________。

2. 加工中心的对刀操作分为________向对刀和________向对刀，前者常采用________设备进行对刀，后者常采用________设备进行对刀。

3. 常见的钻削类刀具有________、________、________、________。

4. 镗刀的类型按切削刃数量可分为________、________和________。

5. 锥度为7:24的刀柄可以分为________和________两大类；HSK刀柄有________种规格、________种型号。

6. 镗铣类工具系统分为________和________两大类。

7. 森泰英格刀具系统中，编号为JT40-KPU16-105的刀柄，其JT40表示________，KPU表示________，16表示________，105表示________。

8. 模块式结构中TMG21刀具系统分为________、________和________三个模块。

9. 铣刀编号FM90-63AP16N中，刀具类型为________，主偏角为________，刀具直径为________。

10. 铣刀编号ES2300R15-8中，切削刃数为________，底角半径为________，刀具直径为________。

项目九 叶轮类工件加工中心工艺编制

[学习目标]

了解叶轮类工件的工艺编制方法。

[项目重点]

叶轮类工件的工艺编制。

[项目难点]

叶轮类工件的工艺编制。

任务一 图样识别

一、零件图样工艺分析

图9-1所示叶轮工件的材料为2A11，生产批量为2000件，毛坯尺寸为ϕ105mm×50mm，其三维图如图9-2所示。

该工件由外圆柱面、端面、孔、扭曲的直纹面以及倒角组成。工件的毛坯为棒料，叶轮底面和ϕ20mm孔的表面粗糙度值Ra为1.6μm，加工要求高；其余表面的表面粗糙度值Ra

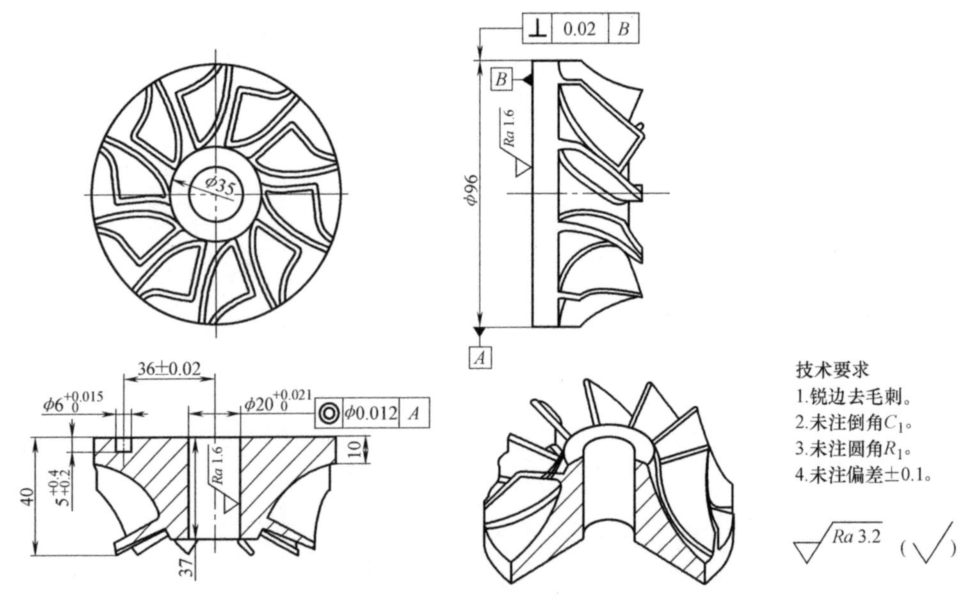

图9-1 叶轮零件图

图 9-2　叶轮三维图

均为 3.2μm，加工要求较高；ϕ20mm 孔的中心与外圆柱面有 0.012mm 的同轴度要求，底面和外圆柱面有 0.02mm 的垂直度要求。该工件材料为 2A11，可加工性良好。

根据上述分析，外圆、左右端面的加工采用粗车—精车两个加工阶段；ϕ20mm 孔的加工阶段分为钻—扩—铰三个加工阶段；ϕ6mm 孔的加工阶段分为粗铣—精铣两个加工阶段；叶轮部分的加工阶段分为流道面的粗加工—叶片面的半精加工—流道面的半精加工—流道面的精加工—叶片面的精加工—清根加工六个阶段。

二、机床的选择

由于该工件的加工批量为 2000 件，可以确定即其生产类型为中批量生产。

本工件采用工序集中的加工原则，以机床来划分工序，考虑到设备的合理使用，选择一台 CKA6136 数控车床，一台 XH714 数控铣床，一台五轴联动的加工中心，型号为 VMC-0656e，其外形如图 9-3 所示。

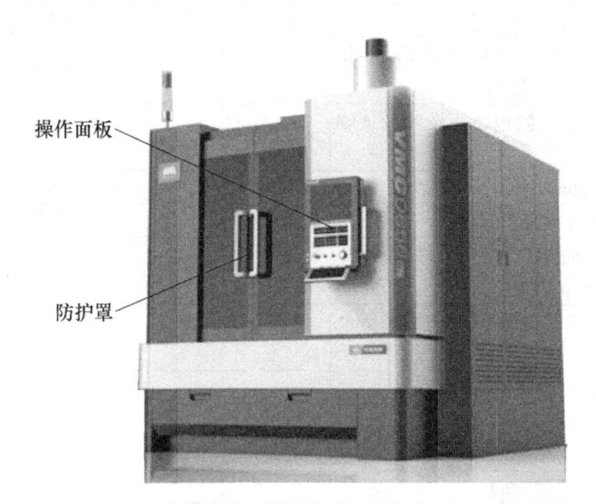

图 9-3　五轴联动加工中心 VMC-0656e 外形图

在数控车床上完成中心孔及叶轮包覆面的粗、精加工；在数控加工中心上完成 ϕ6mm 工艺孔的加工；在五轴加工中心上进行叶轮流道面和叶片面的粗、半精、精加工，最后进行倒圆的清根处理。

加工中心 VMC-0656e 的参数见表 9-1。

表 9-1 加工中心 VMC-0656e 的参数

项　目	技术参数	项　目	技术参数
X 轴行程	600mm	功率	7.5/11kW
Y 轴行程	560mm	转矩	47.7/70N · m
Z 轴行程	450mm	刀柄形式	BT40
A 轴行程	±115°	刀具最大直径(满刀/空刀)	75mm/120mm
C 轴行程	360°	刀库容量	20 把
A/C 轴速度	16.6/33.3r/min	最大刀具长度	250mm
$X/Y/Z$ 轴快移速度	20m/min	最大刀具重量	8kg
$X/Y/Z$ 轴加速度	6m/s²	换刀时间	6s
$X/Y/Z$ 轴定位/重复定位精度	0.015mm/0.012mm	机床净重	10t
主轴最大转速	8000r/min		

任务二　机械加工工艺过程卡的编写

本工件的机械加工工艺过程卡见表 9-2。

表 9-2 机械加工工艺过程卡片

机械加工工艺过程卡片			产品型号		零件图号		
			产品名称		零件名称		
材料牌号 2A11	毛坯种类	棒料	毛坯外形尺寸	ϕ105mm × 50mm	备注		
工序号	工序名称	工序内容	车间	工段	设备	工艺装备	工时
1	备料	ϕ105mm × 50mm					
2	车	装夹工件，车 B 端面，车光即可，粗、精车外圆 ϕ96mm 至图样要求，长 25mm	数控		CKA6136	自定心卡盘	
		钻 ϕ20mm 孔至 ϕ15mm	数控		CKA6136	自定心卡盘	
		扩 ϕ20mm 孔至 ϕ19.5mm	数控		CKA6136	自定心卡盘	
		铰 ϕ20mm 孔至尺寸要求	数控		CKA6136	自定心卡盘	
	调头车	调头粗车叶轮外侧包覆面及叶轮顶端部分，留余量 1mm	数控		CKA6136	自定心卡盘	
		精车叶轮外侧包覆面及叶轮顶端部分	数控		CKA6136	自定心卡盘	
3	铣	加工 ϕ6mm 孔	数控		XH714	自定心卡盘	
4	铣	加工叶片面及流道面	数控		VMC-0656e	专用夹具(心轴)	
		以 B 端面定位，装夹工件，粗铣叶轮各部分，留余量 1mm					
		半精加工流道面及各叶片面，留余量 0.1mm					
		精加工流道面及各叶片面					
		叶轮圆角的清根处理					
5	钳	去毛刺					
6	尺寸检验	尺寸及精度检验					
7	检查入库						
编制		审核				共　页	第　页

工序 4 所使用的一面两销专用夹具结构示意图如图 9-4 所示。

由于工件是回转体且有中心孔，中心孔同外圆表面有同轴度和垂直度要求，所以相对于夹具，工件以底面为定位基准面。工件 11 在轴套 8 和心轴 12 上定位，拧动螺母 9 可夹紧工

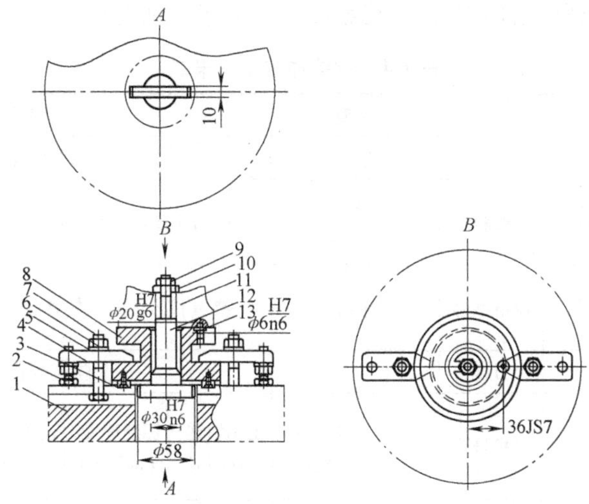

图 9-4　叶轮加工专用夹具（心轴）结构示意图

1—回转工作台　2、7—螺栓　3—定位键　4—压板　5—垫片　6、9—螺母
8—轴套　10—开口垫圈　11—工件　12—心轴　13—菱形销

件，为了保证限制工件的六个自由度，用菱形销 13 限制工件绕 Z 轴的旋转。定位键 3 用来限制夹具在 *XY* 平面内的转动，用压板 4、螺母 6 和螺栓 2、7 将夹具联接在回转工作台上。

任务三　数控加工工序卡的编写

根据表 9-2 机械加工工艺过程卡，工序 2 采用数控车削的加工方式，其数控加工工序卡见表 9-3。

表 9-3　数控加工工序卡一

数控加工工序卡				产品型号		零件图号			
				产品名称		零件名称			
材料牌号	2A11	毛坯种类	棒料	毛坯外形尺寸	ϕ105mm×50mm	备注			
工序号	工序名称	设备名称	设备型号	程序编号	夹具代号	夹具名称	切削液	车间	
2	车	数控车床	CKA6136			自定心卡盘			
工步号	工步内容	刀具号	刀具	量具及检具	主轴转速/(r/min)	切削速度/(m/min)	进给速度/(mm/min)	背吃刀量/mm	备注
1	精车 *B* 端面及外圆部分	T01	机夹可转位车刀		1000		100		
2	精车 *B* 端面及外圆部分，精车外圆 ϕ96mm 至图样要求，长 25mm	T01			1400		120		
3	钻 ϕ20mm 孔至 ϕ15mm	T02	4 刃麻花钻		400		45		
4	扩 ϕ20mm 孔至 ϕ19.5mm	T03	4 刃麻花钻		400		45		
5	铰 ϕ20mm 孔至尺寸要求	T04	硬质合金铰刀		450		50		
6	调头粗车叶轮外侧包覆面及叶轮顶端部分，留余量 1mm	T01	机夹可转位车刀		1000		100		
7	精车叶轮外侧包覆面及叶轮顶端部分	T01			1400		140		
编制		审核		批准		共　页		第　页	

工序3采用数控铣削的加工方式，其数控加工工序卡见表9-4。

表9-4　数控加工工序卡二

数控加工工序卡				产品型号		零件图号			
				产品名称		零件名称			
材料牌号	2A11	毛坯种类	棒料	毛坯外形尺寸		ϕ105mm×50mm	备注		
工序号	工序名称	设备名称	设备型号	程序编号	夹具代号	夹具名称	切削液	车间	
3	铣	数控加工中心	XH714			自定心卡盘			
工步号	工步内容	刀具号	刀具	量具及检具	主轴转速/(r/min)	切削速度/(m/min)	进给速度/(mm/min)	背吃刀量/mm	备注
1	粗铣 ϕ6mm 孔	T05			1200		100		
2	精铣 ϕ6mm 孔	T05			1500		130		
编制		审核		批准		共　页		第　页	

工序4采用五轴联动的加工方式，其数控加工工序卡见表9-5。

表9-5　数控加工工序卡三

数控加工工序卡				产品型号		零件图号			
				产品名称		零件名称			
材料牌号	2A11	毛坯种类	棒料	毛坯外形尺寸		ϕ105mm×50mm	备注		
工序号	工序名称	设备名称	设备型号	程序编号	夹具代号	夹具名称	切削液	车间	
4	铣	五轴联动加工中心	VMC-0656e			专用夹具（心轴）			
工步号	工步内容	刀具号	刀具	量具及检具	主轴转速/(r/min)	切削速度/(m/min)	进给速度/(mm/min)	背吃刀量/mm	备注
1	粗铣流道面	T11	ϕ6mm 键槽铣刀		3600		300		
2	粗铣叶片面	T11			3600		300		
3	半精铣叶片面	T12	ϕ6mm 球头铣刀		4600		400		
4	半精铣流道面	T12			4600		400		
5	精铣流道面	T12			6000		500		
6	精加工叶片面	T12			6000		500		
7	清根加工	T13	ϕ2mm 球头铣刀		6000		600		
编制		审核		批准		共　页		第　页	

任务四 数控加工刀具卡的编写

图 9-1 所示工件的第 2 道工序所对应的数控加工刀具卡见表 9-6。

表 9-6 数控加工刀具卡一

数控加工刀具卡				产品型号			零件图号				
				产品名称			零件名称				
材料牌号	2A11	毛坯种类	棒材	毛坯外形尺寸	ϕ105mm×50mm		备注				
工序号	工序名称	设备名称	设备型号	程序编号	夹具代号		夹具名称	切削液	车间		
2	车	数控车床	CKA6136				自定心卡盘				
工步号	刀具号	工步名称	刀具型号	刀片		刀尖圆弧半径/mm	刀柄型号	刀具		补偿量/mm	备注
				型号	牌号			直径/mm	刀长/mm		
1～4	T01	机夹可转位车刀	SCLCR1212F09	CCMT09T308-EMF		0.8					
5	T02	4 刃麻花钻	ϕ15－4D					ϕ15	133		
6	T03	4 刃麻花钻	ϕ19.5－4D					ϕ19.5	153		
7	T04	硬质合金铰刀	20H7＊40＊103-30					ϕ20	103		
编制				审核			批准		共 页		第 页

工序 3 所对应的数控加工刀具卡见表 9-7。

图 9-7 数控加工刀具卡二

数控加工刀具卡				产品型号			零件图号				
				产品名称			零件名称				
材料牌号	2A11	毛坯种类	棒材	毛坯外形尺寸	ϕ105mm×50mm		备注				
工序号	工序名称	设备名称	设备型号	程序编号	夹具代号		夹具名称	切削液	车间		
3	铣	数控加工中心	XH714				自定心卡盘				
工步号	刀具号	刀具名称	刀具型号	刀片		刀尖圆弧半径/mm	刀柄型号	刀具		补偿量/mm	备注
				型号	牌号			直径/mm	刀长/mm		
1、2	T05	硬质合金铣刀	ES2300-4				BT40-ER20-60	ϕ4	51		
编制				审核			批准		共 页		第 页

工序 4 所对应的数控加工刀具卡见表 9-8。

表 9-8　数控加工刀具卡三

数控加工刀具卡				产品型号		零件图号	
				产品名称		零件名称	
材料牌号	2A11	毛坯种类	棒材	毛坯外形尺寸	ϕ105mm×50mm	备注	

工序号	工序名称	设备名称	设备型号	程序编号	夹具代号	夹具名称	切削液	车间
4	铣	五轴联动加工中心	VMC-0656e			专用夹具（心轴）		

工步号	刀具号	刀具名称	刀具型号	刀片		刀尖圆弧半径/mm	刀柄型号	刀具		补偿量/mm	备注
				型号	牌号			直径/mm	刀长/mm		
1、2	T11	硬质合金铣刀	EX2300-6				BT40-ER20-60	ϕ6	130		
3～6	T12	ϕ6mm 球头铣刀	EX2300B-6				BT40-ER20-60	ϕ6	100		
7	T13	ϕ2mm 球头铣刀	EX2300B-2				BT40-ER20-60	ϕ2	80		
编制				审核			批准		共　页	第　页	

任务五　数控加工进给路线图的编写

图 9-1 所示工件的第 2 道工序所对应的数控加工进给路线图工艺卡见表 9-9。

表 9-9　数控加工进给路线图工艺卡一

数控加工进给路线图工艺卡				产品型号		零件图号	
				产品名称		零件名称	
材料牌号	2A11	毛坯种类	棒材	毛坯外形尺寸	ϕ105mm×50mm	备注	

工序号	工序名称	设备名称	设备型号	程序编号	夹具代号	夹具名称	切削液	车间
2	车							

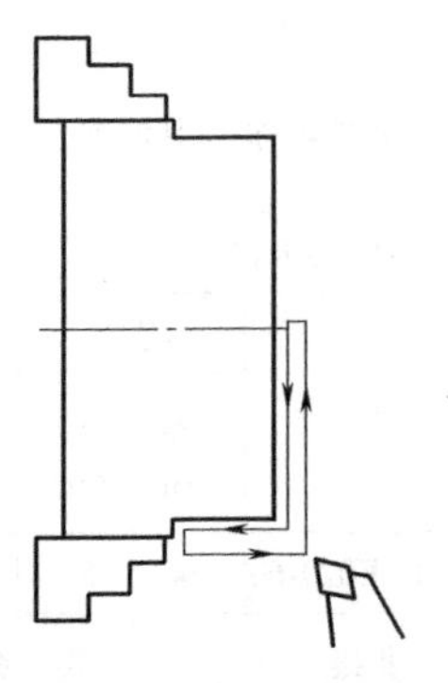
左端面及外圆的加工进给路线

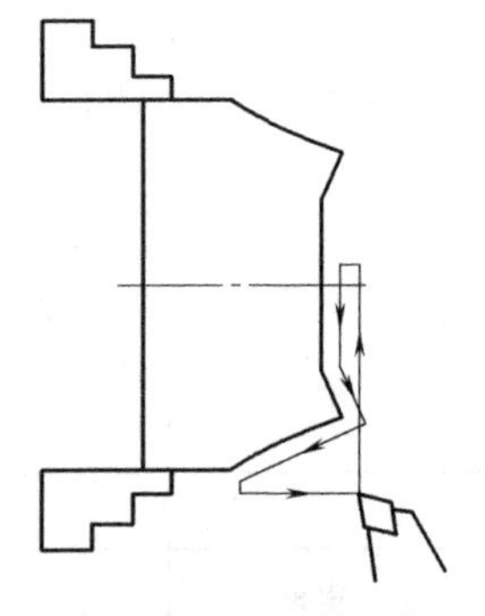
右端面、外圆的加工进给路线

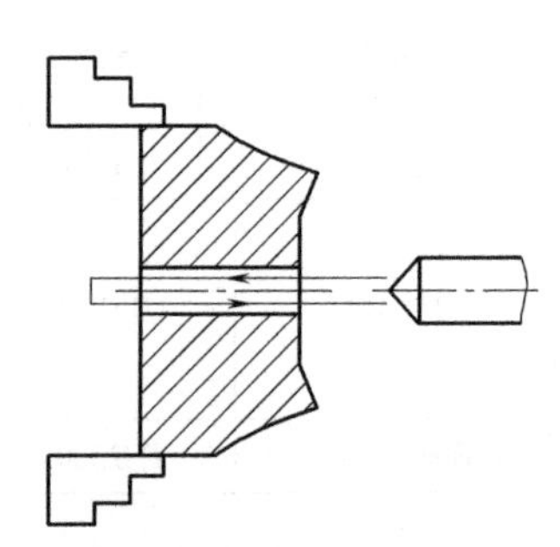
ϕ20mm孔的钻、扩、铰加工进给路线

图 9-1 所示工件的第 3 道工序所对应的数控加工进给路线图工艺卡见表 9-10。

表 9-10 数控加工进给路线图工艺卡二

数控加工进给路线图工艺卡				产品型号		零件图号		
				产品名称		零件名称		
材料牌号	2A11	毛坯种类	棒材	毛坯外形尺寸	ϕ105mm×50mm	备注		
工序号	工序名称	设备名称	设备型号	程序编号	夹具代号	夹具名称	切削液	车间
3	铣							

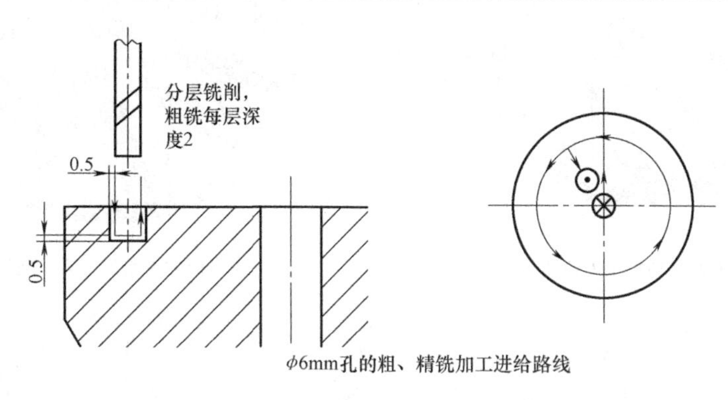

ϕ6mm孔的粗、精铣加工进给路线

图 9-1 所示工件的第 4 道工序所对应的数控加工进给路线图工艺卡见表 9-11。

表 9-11 数控加工刀位轨迹图

数控加工刀位轨迹图				产品型号		零件图号		
				产品名称		零件名称		
材料牌号	2A11	毛坯种类	棒料	毛坯外形尺寸	ϕ105mm×50mm	备注		
工序号	工序名称	设备名称	设备型号	程序编号	夹具代号	夹具名称	切削液	车间
4	铣	五轴联动加工中心	VMC-0656e			专用夹具(心轴)		

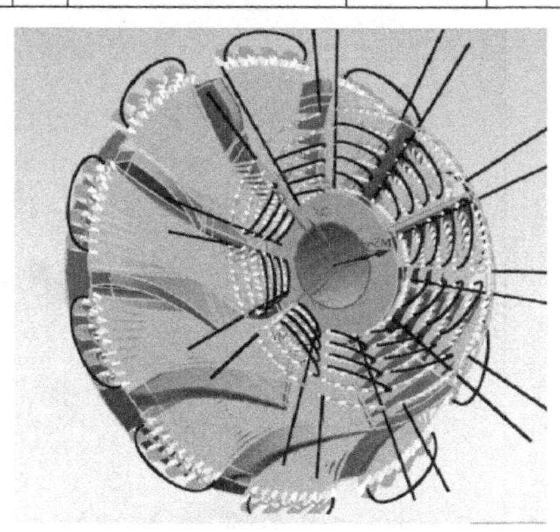

流道面的粗加工刀位轨迹图

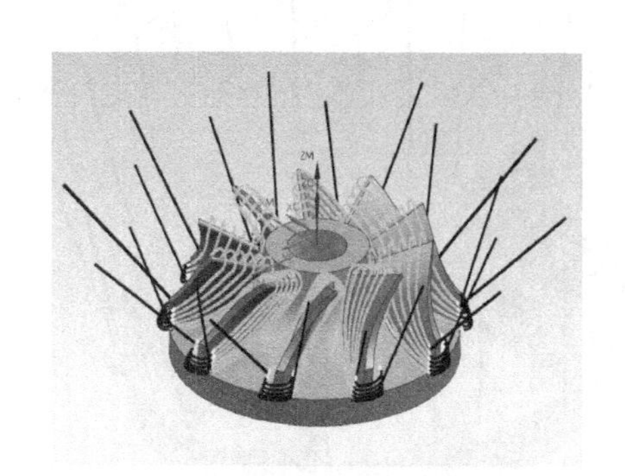

叶片面的粗加工刀位轨迹图

（续）

工序号	工序名称	设备名称	设备型号	程序编号	夹具代号	夹具名称	切削液	车间
4	铣							

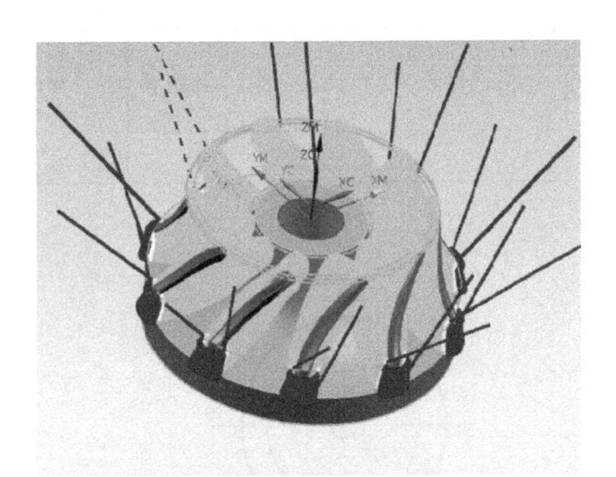

叶片面的半精加工刀位轨迹图

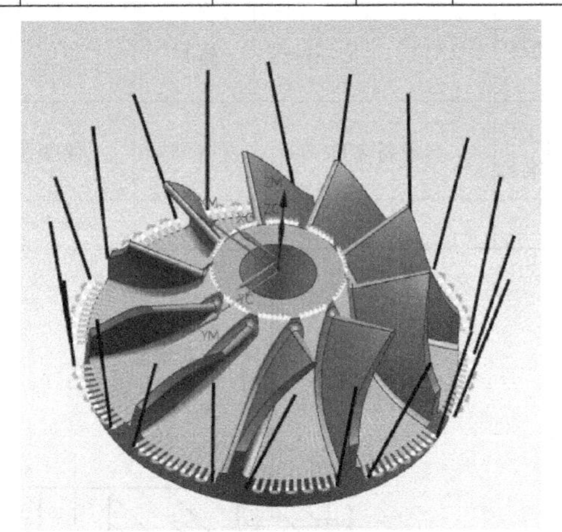

流道面的半精加工刀位轨迹图

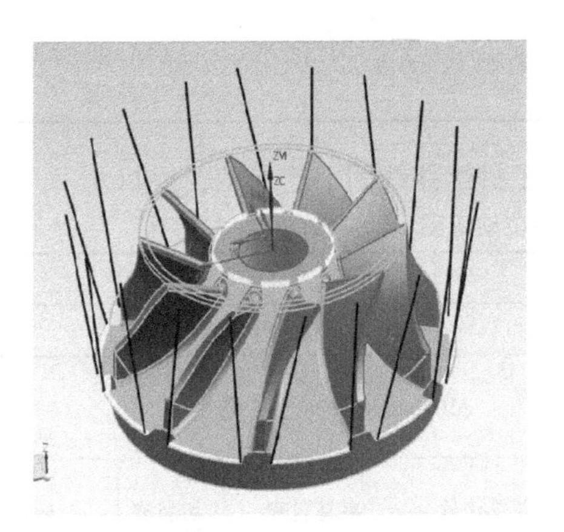

流道面的精加工刀位轨迹图

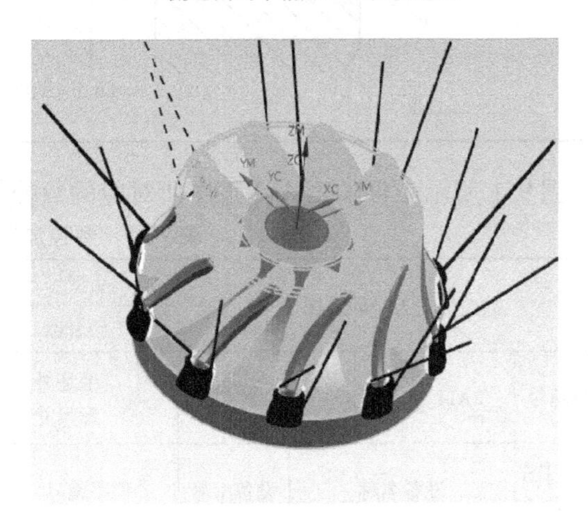

叶片面的精加工刀位轨迹图

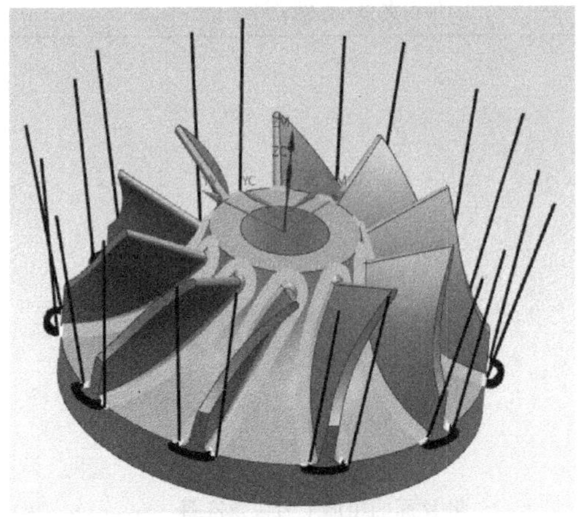

叶轮的清根加工刀位轨迹图

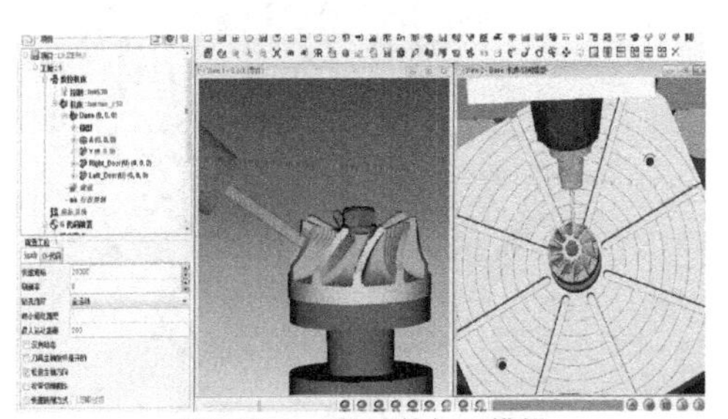

基于 Vericut 的叶轮加工模拟

思考与练习题

图9-5所示的工件是加工中心高级工的试题，单件生产，毛坯材料为45钢，试编写机械加工工艺过程卡（表9-12）、数控加工工艺卡（表9-13）、数控加工刀具卡（表9-14）和数控加工进给路线图工艺卡（表9-15）。

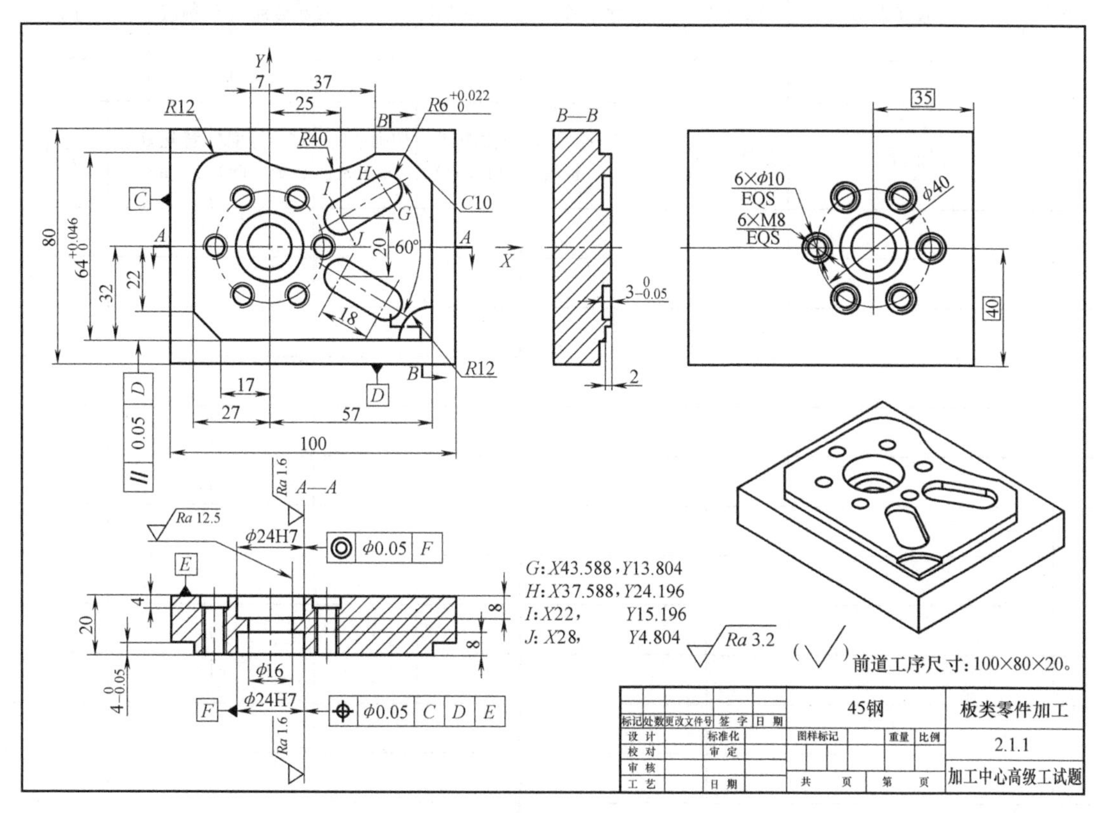

图9-5 加工中心高级工试题

表9-12 机械加工工艺过程卡

机械加工工艺过程卡				产品型号		零件图号	
				产品名称		零件名称	
材料牌号		毛坯种类		毛坯外形尺寸		备注	
工序号	工序名称	工序内容	车间	工段	设备	工艺装备	工时
编制			审核			共 页	第 页

表 9-13　数控加工工序卡

数控加工工序卡		产品型号		零件图号	
		产品名称		零件名称	

材料牌号		毛坯种类		毛坯外形尺寸		备注	

工序号	工序名称	设备名称	设备型号	程序编号	夹具代号	夹具名称	切削液	车间

工步号	工步内容	刀具号	刀具	量具及检具	主轴转速/(r/min)	切削速度/(m/min)	进给速度/(mm/min)	背吃刀量/mm	备注

编制		审核		批准		共　页	第　页

表 9-14　数控加工刀具卡

数控加工刀具卡		产品型号		零件图号	
		产品名称		零件名称	

材料牌号		毛坯种类		毛坯外形尺寸		备注	

工序号	工序名称	设备名称	设备型号	程序编号	夹具代号	夹具名称	切削液	车间
2	车							

（续）

工步号	刀具号	刀具名称	刀具型号	刀片		刀尖圆弧半径/mm	刀柄型号	刀具		补偿量/mm	备注
				型号	牌号			直径/mm	刀长/mm		
编制				审核			批准		共 页		第 页

表 9-15 数控加工进给路线图工艺卡

<table>
<tr><td colspan="4" rowspan="2">数控加工进给路线图工艺卡</td><td colspan="2">产品型号</td><td colspan="2"></td><td colspan="2">零件图号</td><td></td></tr>
<tr><td colspan="2">产品名称</td><td colspan="2"></td><td colspan="2">零件名称</td><td></td></tr>
<tr><td>材料牌号</td><td></td><td>毛坯种类</td><td></td><td colspan="2">毛坯外形尺寸</td><td colspan="3"></td><td>备注</td><td></td></tr>
<tr><td>工序号</td><td>工序名称</td><td>设备名称</td><td>设备型号</td><td>程序编号</td><td>夹具代号</td><td>夹具名称</td><td>切削液</td><td colspan="3">车间</td></tr>
<tr><td></td><td></td><td></td><td></td><td></td><td></td><td></td><td></td><td colspan="3"></td></tr>
</table>

附录

思考与练习题参考答案

项　目　一

1. 阅读零件图样；工艺分析；制订工艺；数控编程；程序传输；数控加工

2. 平均无故障时间 MTBF；平均修复时间 MTTR；平均有效度 A

3. 齿轮传动方式；带传动方式；调速电动机直接驱动主轴传动方式

4. 定位精度；重复定位精度

5. 滑动导轨；滚动导轨；静压导轨

6. 开环控制系统；闭环控制系统；半闭环控制系统

7. 油脂润滑；油液循环润滑；油雾润滑；油气润滑

8. 垫片调整间隙法；齿差调整间隙法；螺纹调整间隙法

9. 镗孔精度检查；斜线铣削精度检查；面铣刀铣削平面精度检查；圆弧铣削精度检查；直线铣削精度检查

10. 高速化；高精化；智能化；复合化；高柔性化；信息网络化

11. B

12. A

13. A

14. C

15. D

项　目　二

1. 平床身；斜床身；平床身斜滑板；立床身

2. 试切法对刀；机外对刀仪对刀；ATC 对刀；自动对刀

3. 水溶液；乳化液；切削油

4. 外圆车刀；端面车刀；切断车刀；螺纹车刀；内孔车刀

5. 高速钢；硬质合金；陶瓷；立方氮化硼；聚晶金刚石

6. 0.3～0.8；0.1～0.3；0.05～0.2

7. 刀片；定位元件；夹紧元件；刀体

8. D

9. A
10. D
11. D
12. D

项 目 三

1. 径向进给；斜向进给；轴向进给
2. 右切；3；16
3. 外螺纹；右切；25
4. 钢制刀杆；正三角形；90°

项 目 四

附表 1 机械加工工艺过程卡

机械加工工艺过程卡				产品型号		零件图号	
				产品名称		零件名称	
材料牌号	45 钢	毛坯种类	棒料	毛坯外形尺寸	ϕ50mm × 150mm	备注	
工序号	工序名称	工序内容	车间	工段	设备	工艺装备	工时
1	备料	棒料：ϕ50mm × 150mm					
2	车	加工凹件外圆及左端面；加工凸件外圆，车断后，加工凹件内型腔；加工凸件右端面	数控加工		CKA6136	自定心卡盘	
3	去毛刺						
4	尺寸检验						
5	检查入库						
编制		审核			共 页	第 页	

附表 2 数控加工工序卡

数控加工工序卡				产品型号		零件图号		
				产品名称		零件名称		
材料牌号		45 钢	毛坯种类	棒料	毛坯外形尺寸	ϕ50mm × 150mm	备注	
工序号	工序名称	设备名称	设备型号	程序编号	夹具代号	夹具名称	切削液	车间
2	车	数控车床	CKA6136					

（续）

工步号	工步内容	刀具号	刀具	量具及检具	主轴转速/(r/min)	切削速度/(m/min)	进给速度/(mm/min)	背吃刀量/mm	备注
1	粗车凹件左端面及外圆，留0.2mm余量	T01			600		180		
2	精车凹件左端面及外圆	T01			1200		100		
3	用铜皮包已加工凹件外圆								
4	粗车凸件左端面及外圆，留0.2mm余量	T01			600		180		
5	精车凸件左端面及外圆	T01			1200		100		
6	粗车反向圆弧表面，留0.2mm余量	T02			600		180		
7	精车反向圆弧表面	T02			1200		100		
8	车断凸件，右端面留2mm余量；保证凹件总长	T03			300		30		
9	钻底孔至 ϕ25mm	T04			500		50		
10	粗车内型腔，留0.2mm余量	T05			600		150		
11	精车内型腔	T05			1200		100		
12	车凸件右端面，保证总长	T01			600		180		
编制			审核		批准			共 页	第 页

附表3 数控加工刀具卡

数控加工刀具卡	产品型号		零件图号	
	产品名称		零件名称	

材料牌号	45钢	毛坯种类	棒材	毛坯外形尺寸	ϕ50mm×150mm	备注	

工序号	工序名称	设备名称	设备型号	程序编号	夹具代号	夹具名称	切削液	车间
2	车	数控车床	CKA6136					

工步号	刀具号	刀具名称	刀具型号	刀片 型号	刀片 牌号	刀尖圆弧半径/mm	刀柄型号	刀具 直径/mm	刀具 刀长/mm	补偿量/mm	备注
1～4	T01	机夹可转位车刀	SCLCR1212F09	CCMT09T304-EMF		0.4					
5、6	T02	机夹可转位车刀（左刀）	SCLCL1212F09	CCMT09T304-EMF		0.4					
7	T03	机夹可转位车刀	GRE. R2020MTC16	QD2525R02M16							
8	T04	ϕ25mm 标准麻花钻		ϕ25－4D							
9、10	T05	机夹可转位车刀	S12S-SVUCR11	VCGT110204FN-27		0.4					
11	T01	机夹可转位车刀	SCLCR1212F09	CCMT09T304-EMF		0.4					
编制			审核			批准			共 页	第 页	

附表 4 数控加工进给路线图工艺卡

数控加工进给路线图工艺卡				产品型号		零件图号		
				产品名称		零件名称		
材料牌号	45 钢	毛坯种类	棒料	毛坯外形尺寸	ϕ50mm×150mm		备注	
工序号	工序名称	设备名称	设备型号	程序编号	夹具代号	夹具名称	切削液	车间
2	车	数控车床	CKA6136					

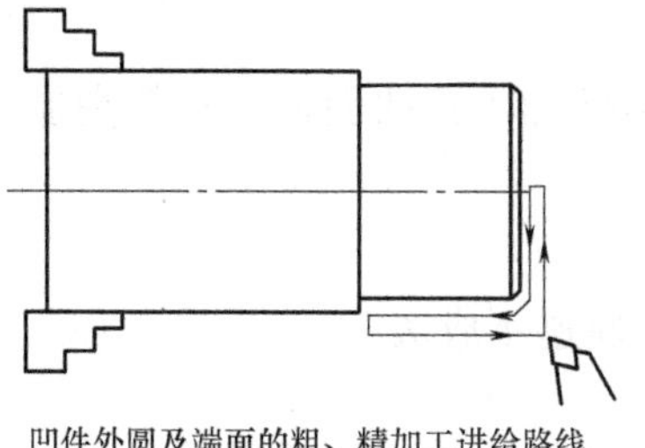

凹件外圆及端面的粗、精加工进给路线

凸件外圆及端面的粗、精加工进给路线

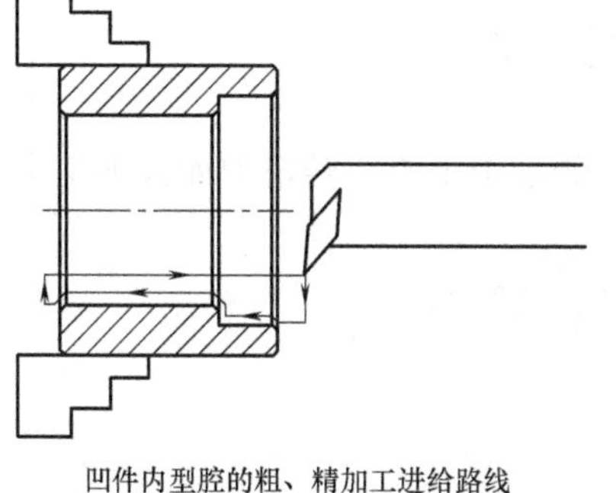

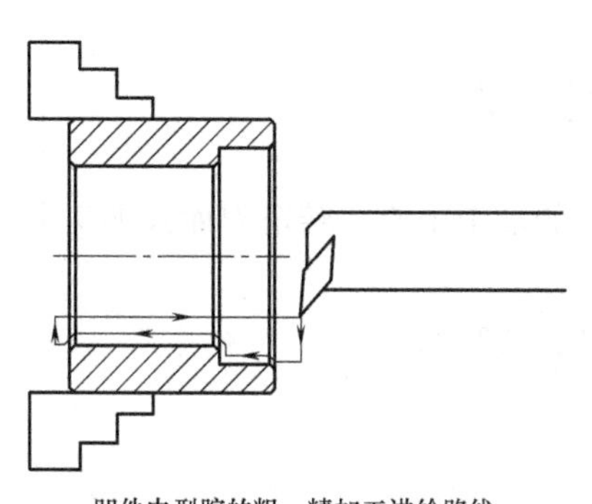

凹件内型腔的粗、精加工进给路线

凹件端面的粗、精加工进给路线

项 目 五

1. 立式；卧式；立卧两用式
2. 斜楔夹紧机构；螺旋夹紧机构；偏心夹紧机构
3. 顺铣；逆铣
4. 背吃刀量 a_p；侧吃刀量 a_e
5. 背吃刀量或侧吃刀量；进给速度；切削速度
6. 立铣刀；面铣刀；模具铣刀；键槽铣刀；鼓形铣刀；成形铣刀
7. 行切法；环切法
8. 可转位立铣刀；75°；16mm；正方形
9. A
10. B

项 目 六

1. 500mm；0.025mm；0.015mm

2. 直接下刀法；预钻孔下刀法；插铣法；坡走铣法；螺旋插补法

3. Z形走刀路线；环切走刀路线；先用行切法粗加工，后环切一周半精加工

项　目　七

1. 平行铣削；放射状加工；投影加工；曲面流线；等高加工；挖槽粗加工；钻削式加工

2. 平行铣削；陡斜面加工；投影加工；放射状加工；曲面流线；等高加工；浅平面加工；交线清角；残料加工；环绕等距

3. 4刃；10mm；4刃；球头铣刀

4. 投影法；回转截面法；截平面法；参数线轨迹生成法

5. 定心钻；6mm；60°

6. 铰刀；20mm；40mm

项　目　八

1. 带刀库和机械手的加工中心；无机械手的加工中心；转塔刀库式加工中心

2. *X*和*Y*；*Z*；寻边器；Z轴设定器

3. 麻花钻；可转位浅孔钻；硬质合金扁钻；喷吸钻

4. 单刃镗刀；双刃镗刀；多刃镗刀

5. 直柄；锥柄；8；6

6. 整体式结构；模块式结构

7. 国际标准且大端直径为44.45mm的7∶24锥度；整体式钻夹头刀柄；刀具直径为16mm；夹持刀具的工作长度

8. 主柄模块；中间模块；工作模块

9. 面铣刀；90°；63mm

10. 2刃；1.5mm；8mm

项　目　九

附表5　机械加工工艺过程卡

<table>
<tr><td colspan="4" rowspan="2">机械加工工艺过程卡</td><td>产品型号</td><td></td><td>零件图号</td><td colspan="2"></td></tr>
<tr><td>产品名称</td><td></td><td>零件名称</td><td colspan="2"></td></tr>
<tr><td>材料牌号</td><td>45钢</td><td>毛坯种类</td><td>板材</td><td>毛坯外形尺寸</td><td>100mm×80mm×20mm</td><td colspan="2">备注</td><td></td></tr>
<tr><td>工序号</td><td>工序名称</td><td colspan="2">工序内容</td><td>车间</td><td>工段</td><td>设备</td><td>工艺装备</td><td>工时</td></tr>
<tr><td>1</td><td>备料</td><td colspan="2">板材:100mm×80mm×20mm</td><td></td><td></td><td></td><td></td><td></td></tr>
</table>

（续）

工序号	工序名称	工序内容	车间	工段	设备	工艺装备	工时
2	铣	加工外形轮廓、键槽、ϕ16mm 通孔、ϕ24mm 沉孔；调头加工 ϕ24mm 沉孔、6×M8 及沉孔	数控加工		VMC-0656e	台虎钳	
3	去毛刺						
4	尺寸检验						
5	检查入库						
编制		审核			共　页	第　页	

附表 6　数控加工工序卡

数控加工工序卡				产品型号		零件图号			
				产品名称		零件名称			
材料牌号	45 钢	毛坯种类	棒料	毛坯外形尺寸	100mm×80mm×20mm	备注			
工序号	工序名称	设备名称	设备型号	程序编号	夹具代号	夹具名称	切削液	车间	
2	铣	加工中心	VMC-0656e						

工步号	工步内容	刀具号	刀具	量具及检具	主轴转速/(r/min)	切削速度/(m/min)	进给速度/(mm/min)	背吃刀量/mm	备注
1	粗铣外形轮廓，留 0.2mm 余量	T01			800		160		
2	精铣外形轮廓及角边料	T01			1200		120		
3	粗铣键槽，留 0.2mm 余量	T01			800		160		
4	精铣键槽	T01			1200		120		
5	钻削 ϕ16mm 通孔	T02			500		50		
6	粗铣 ϕ24mm 沉孔	T01			800		160		
7	精铣 ϕ24mm 沉孔	T01			1200		120		
8	调头；以 ϕ16mm 通孔为找正基准								
9	粗铣 ϕ24mm 沉孔	T01			800		160		
10	精铣 ϕ24mm 沉孔	T01			1200		120		
11	钻 6×M8 底孔	T03							
12	粗铣 ϕ10mm 沉孔	T01			800		160		
13	精铣 ϕ10mm 沉孔	T01			1200		120		
14	攻 6×M8 螺纹	T04			100		125		
编制		审核		批准			共　页	第　页	

附表7　数控加工刀具卡

数控加工刀具卡				产品型号			零件图号				
				产品名称			零件名称				
材料牌号	45钢	毛坯种类	板材	毛坯外形尺寸		100mm×80mm×20mm	备注				
工序号	工序名称	设备名称	设备型号	程序编号		夹具代号	夹具名称		切削液	车间	
2	铣	加工中心	VMC-0656e								
工步号	刀具号	刀具名称	刀具型号	刀片		刀尖圆弧半径/mm	刀柄型号	刀具		补偿量/mm	备注
				型号	牌号			直径/mm	刀长/mm		
1~3	T01	硬质合金立铣刀	ES2300-8				BT40-ER20-60	ϕ8	21		
4	T01	ϕ16mm普通麻花钻	ϕ16-4D				BT40-KPU16-100	ϕ16	133		
5~8	T01	硬质合金立铣刀	ES2300-8				BT40-ER20-60	ϕ8	21		
9	T03	ϕ6.8mm普通麻花钻	ϕ6.8-2D				BT40-KPU16-100	ϕ6.8	79		
10	T01	硬质合金立铣刀	ES2300-8				BT40-ER20-60	ϕ8	21		
11	T01	硬质合金立铣刀	ES2300-8				BT40-ER20-60	ϕ8	21		
12	T04	机用丝锥M8	M8				BT40-ER16-60	ϕ8	72		
编制				审核			批准		共　页		第　页

附表8　数控加工进给路线图工艺卡

数控加工进给路线图工艺卡					产品型号		零件图号	
					产品名称		零件名称	
材料牌号	45钢	毛坯种类	板材		毛坯外形尺寸	100mm×80mm×20mm	备注	
工序号	工序名称	设备名称	设备型号	程序编号	夹具代号	夹具名称	切削液	车间
2	铣	加工中心	VMC-0656e					

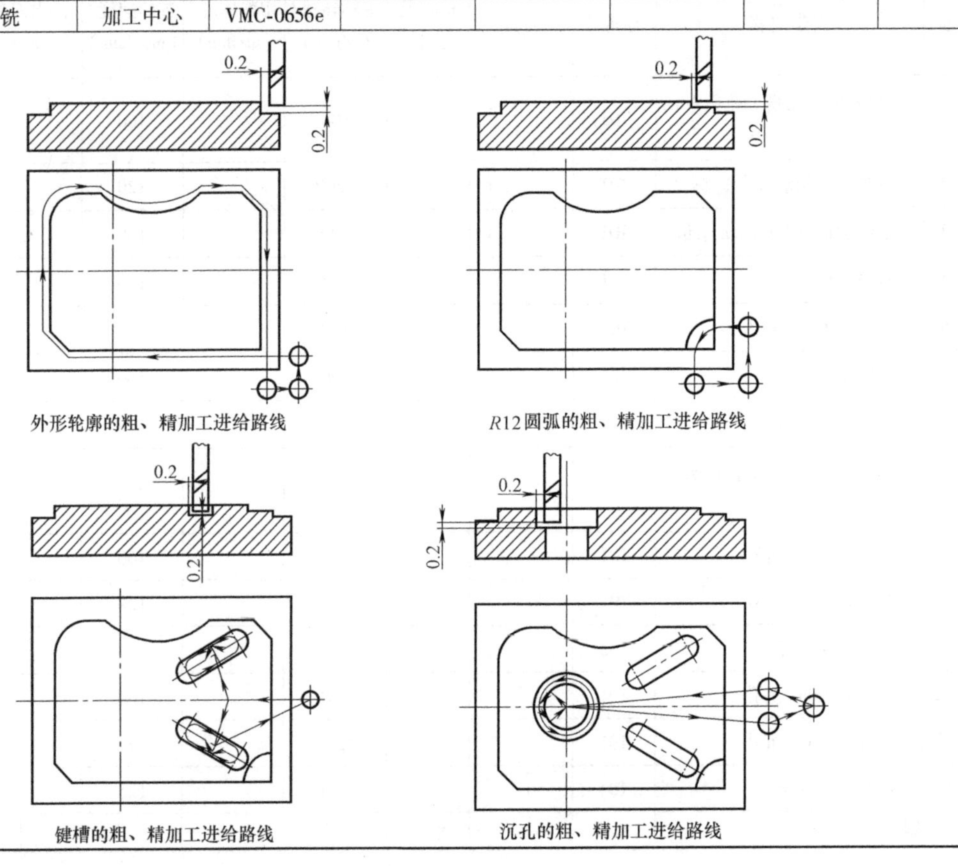

外形轮廓的粗、精加工进给路线

*R*12圆弧的粗、精加工进给路线

键槽的粗、精加工进给路线

沉孔的粗、精加工进给路线

参考文献

[1] 王爱玲. 机床数控技术［M］. 北京：高等教育出版社，2006.
[2] 赵长明，刘万菊. 数控加工工艺及设备［M］. 北京：高等教育出版社，2013.
[3] 谭积明. 数控加工中心典型零件加工［M］. 北京：国防工业出版社，2012.
[4] 田培棠. 夹具结构设计手册［M］. 北京：国防工业出版社，2011.
[5] 王凌云. 数控编程与加工技术［M］. 长沙：中南大学出版社，2006.
[6] 李名望. 机械夹具选用简明手册［M］. 北京：化学工业出版社，2012.
[7] 晏初宏. 数控机床与机械结构［M］. 北京：机械工业出版社，2006.
[8] 孙召瑞，房玉胜. 数控加工工艺［M］. 北京：北京师范大学出版社，2006.
[9] 徐宏海. 数控机床刀具及其应用［M］. 北京：化学工业出版社，2010.

参考文献